动力弹塑性分析在结构设计中的理解与应用

Comprehension and Application of Dynamic Elasto-plastic Analysis on Structural Design

张　谨　杨律磊等　编著

中国建筑工业出版社

图书在版编目（CIP）数据

动力弹塑性分析在结构设计中的理解与应用/张谨，杨律磊等编著. —北京：中国建筑工业出版社，2016.5（2022.7重印）
ISBN 978-7-112-19295-3

Ⅰ.①动… Ⅱ.①张…②杨… Ⅲ.①弹塑性-应用-工业设计-结构设计-研究 Ⅳ.①TB47

中国版本图书馆 CIP 数据核字（2016）第 060896 号

　　动力弹塑性分析已成为结构性能化设计的重要手段。本书以数值仿真技术特征为切入点，从数值模型建立、数值分析方法、分析结果解读等几方面，全面介绍了动力弹塑性分析的背景知识、计算原理和应用方法；对目前应用中存在的问题也进行了研究探讨，并以实际工程为基础，通过对比不同分析软件，对动力弹塑性分析在工程中的设计与研究应用提供了详细的案例资料。

　　本书既可作为工程设计人员快速了解并掌握动力弹塑性分析基本知识的工具书，也可供专业从事分析工作的技术人员参考。

责任编辑：刘婷婷　刘瑞霞
责任校对：陈晶晶　关　健

动力弹塑性分析在结构设计中的理解与应用

Comprehension and Application of Dynamic Elasto-plastic Analysis on Structural Design

张　谨　杨律磊 等　编著

*

中国建筑工业出版社出版、发行（北京西郊百万庄）
各地新华书店、建筑书店经销
北京科地亚盟排版公司制版
北京建筑工业印刷厂印刷

*

开本：787×1092毫米　1/16　印张：16¾　字数：415千字
2016年10月第一版　　2022年7月第三次印刷
定价：**42.00**元
ISBN 978-7-112-19295-3
（28559）

序一

我国《建筑抗震设计规范》GBJ 11—89 首次提出了"小震不坏、中震可修、大震不倒"的三水准抗震设防目标以及"小震作用下的截面抗震验算，大震作用下抗倒塌变形验算"两阶段抗震设计方法。同时也提出了对于特别不规则的和较高的高层建筑采用时程分析方法进行补充验算的要求。《建筑抗震设计规范》GB 50011—2001 吸取了国内外重大地震，特别是 1995 年日本阪神地震和 1999 年中国台湾集集地震的建筑震害经验，并借鉴了美国 UBC（Uniform Building Code）和 IBC（International Building Code）、日本 BSL（建筑基准法）和欧洲 Eurocode Part 8 等国家或地区的规范，引入了大震作用下结构验算的静力非线性方法（Push-over Method），同时对结构弹塑性时程分析中地震动输入、计算模型及软件作了基本规定。在《建筑抗震设计规范》GB 50011—2010 中进一步作了细化，并新增了建筑抗震性能化设计的原则要求和参考指标，如：地震动水准、预期破坏目标、构件承载力要求和变形控制指标、弹塑性分析模型和基本方法、层间位移角和破坏状态的对应关系等，向基于性能要求的抗震设计迈出了重要的一步。

自 20 世纪 80 年代起，我国的工程技术人员陆续引进并开发了建筑结构专用的动力弹塑性分析软件，从早期用于平面结构到后来用于多、高层建筑三维结构的程序等。近年来更是开发出一些力学模型更为精细多样和求解效率更高的结构动力弹塑性分析商业化软件，并在超高层建筑抗震设计工作中得到应用。在为我国建筑结构弹塑性分析技术及软件的快速发展和广泛应用感到欣喜的同时，也应看到不同计算软件的数值模型及结果表达具有共同点及差异性，在实际应用时应准确区分和把握。例如，在进行结构时程分析时，输入地震波数量和特征应满足一定的统计要求，还要区分是基底激励还是惯性力激励，这对动力方程中阻尼力的计算会产生一定的影响；在建立数值模型时，应了解模型假定与试验的对应关系，如集中塑性铰模型对应于构件往复加载试验，纤维模型则对应于材料的单轴应力应变试验；在对分析结果进行解读时，应判断关键构件和节点的损伤、残余变形数值大小、能量耗散比例分布、结构刚度退化程度等，从而评估结构是否达到抗震性能目标。

多年以来，中衡设计集团股份有限公司在工作中对动力弹塑性分析技术作了许多的研究，在应用不同软件的过程有许多心得体会，积累了不少经验。为了与工程界同行分享这些经验和知识，特将有关的知识框架、问题与解决办法进行了梳理，编写了本书。此书可作为动力弹塑性分析的工具书，对从事结构抗震设计与研究的结构工程师、研究人员及高校结构工程专业的研究生有较高的参考价值。

王亚勇

全国工程勘察设计大师

国家一级注册结构工程师

中国建筑科学研究院研究员

博士生导师

2016 年 9 月于北京

序二

  建筑结构的抗震设计通常按规范方法（Prescriptive Method）进行。此方法融入了地震工程领域的研究成果及工程实践经验，通过制定一系列设计规则，如地震作用折减系数，限制建筑的高度、不规则性、扭转周期比、扭转位移比、剪重比和刚重比，以及双重抗侧向力结构体系中的框架剪力调整等，来实现结构抗震设计目标——减少经济损失、避免人员伤亡。其他工程领域的设计，如汽车结构的抗碰撞设计等，则多采用性能化设计方法（Performance-Based Method）。非性能化的规范设计方法在建筑结构设计中应用较为普遍，但是随着社会需求的提升与工程实践的发展，其局限性和缺陷也逐渐被结构工程师们认知。首先，不在规范适用范围内的建筑，如北京国贸三期主塔楼（高度超限）、中央电视台新总部大楼和深圳证券交易所新运营中心大楼（不规则性超限）、鸟巢（大跨度及非常规建筑结构）等，其抗震设计难以在规范框架内完成。其次，随着相关领域研究成果和工程实践经验的不断积累，规范逐步得到修订与改进。按旧版规范设计的现有建筑，自然会有一项或多项不满足现行规范的规定。虽然结构工程师们可以有较高信心认为满足规范各项规则的设计能够实现抗震设计目标，但是满足规范只是手段并非目的，不满足者也并非意味着不能实现抗震设计目标。因此结构工程师们需另辟蹊径，建立一个性能化的抗震设计方法体系来克服规范方法的局限性和缺陷，以便解决在规范框架内难以解决的工程问题。

  1995 年加州结构工程师学会的 Vision 2000 委员会发表了著名的《建筑结构的性能化地震工程》（Performance-Based Seismic Engineering of Buildings）研究报告，不久后 ATC-40 报告、FEMA 273 和 FEMA 356 指导文件相继发表，2010 年加州大学伯克利校区的太平洋地震工程研究中心（PEER）发表了《高层建筑性能化抗震设计指南》（Guidelines for Performance-Based Seismic Design of Tall Buildings），建立了第一代建筑性能化抗震设计方法的框架。过去二十年里，性能化抗震设计方法在国外现有建筑结构的抗震鉴定、加固、新建高层和超高层建筑结构的抗震设计中得到了越来越多的应用；在国内，近十几年里超限高层与超高层建筑结构的抗震设计也越来越多地采用了性能化抗震设计方法。

  非线性动力时程分析是性能化抗震设计方法的一个重要组成部分。在设防地震与罕遇地震作用下，结构的地震响应通常是非线性的，不仅结构材料进入弹塑性工作阶段出现强度和刚度退化与结构性破坏，而且侧移引起的几何非线性效应也更为显著。结构性破坏程度取决于结构整体与构件的弹塑性变形，计算结构在强震作用下的此类响应参数也就成为评定结构破坏程度即抗震性能的先决条件。传统的线性分析方法不再适用，必须采用非线性动力时程分析方法来计算与结构性破坏程度相关的结构变形响应参数，如弹塑性层间位移角、梁及柱端部和剪力墙底部的塑性铰转角、钢中心支撑与防屈曲支撑的轴向伸长与缩短等；以及避免脆性破坏所需进行的能力保护设计所需要的与构件脆性破坏相关的内力响应参数，如塑性铰区的剪力值、连接与节点的内力值等。

非线性动力时程分析以现代计算力学为理论基础，分析模型同时考虑材料与几何非线性力学行为。单元与材料的弹塑性本构关系建立在构件或材料的试验室往复静载试验、或拟动力试验、或振动台试验结果基础之上。因此，非线性动力时程分析方法有坚实的理论及试验验证基础，结构工程师们可将此方法看作一个数值虚拟试验室并用来检验所设计的建筑结构的抗震性能。从 20 世纪 70 年代初著名学者、加州大学伯克利校区 Powell 教授开始研发 DRAIN-2D 及后续系列软件到现在国际与国内广为应用的 PERFORM-3D，建筑结构的非线性动力时程分析方法及其计算软件已有四十多年的研发历史。

美国从 2006 年开始用了六年时间完成了 ATC-58 研究项目，建立了第二代建筑性能化抗震设计的理论与方法体系。与确定性的第一代方法不同，第二代方法是不确定性的，考虑地震动的不确定性用至少 7~11 组或更多组与目标反应谱一致的真实地震记录作为输入，用增量动力分析方法（Incremental Dynamic Analysis）计算 8 个地震动烈度作用下结构与构件的各类非线性响应参数，并用易损性函数（Fragility Function）给出结构和构件达到一系列破坏状态的概率分布。可见非线性动力时程分析方法在第二代性能化抗震设计方法中得到更广泛的应用。

笔者从 20 世纪 80 年代中期开始学习非线性动力时程分析方法并应用于硕士、博士学位论文及博士后研究员的研究工作中。1996~2011 年在英国伦敦奥雅纳工程顾问公司的高技术与研究部（Advanced Technology ＋ Research，Ove Arup & Partners）任职结构地震工程专家期间，领导结构地震工程团队主持研发了多个大型通用非线性动力有限元软件 LS-DYNA 中用于结构非线性动力时程分析的单元、材料与阻尼模型及其二次开发编程，并主持众多奥雅纳全球工业、民用、桥梁与基础设施结构工程项目的非线性动力时程分析及性能化抗震设计，包括多个国内已建成的超限建筑项目，如国家体育场（鸟巢）、中央电视台总部大楼、深圳证券交易所运营中心等。笔者也曾在几个高层建筑项目上与国内结构工程师合作，相互验证对比用 LS-DYNA、PERFORM-3D 和 ABAQUS 独立进行非线性动力时程分析所得结果。

最近几年在与国内同行的交流过程中，很欣喜地看到中衡设计集团的结构工程师们在自己的工程项目设计实践中不仅应用非线性动力时程分析方法，而且对应用过程中碰到的一些议题还进行了细致与深入的研究与探讨，更进一步在 ABAQUS 软件平台上研发新的分析及前、后处理功能及其二次开发编程实施。现在，他们将自己数年来应用非线性动力时程分析的经验体会、研发成果及工程项目实例编著成《动力弹塑性分析在结构设计中的理解与应用》一书与国内结构工程界同行分享。本书图文并茂、深入浅出，既有分析方法的数学与力学理论背景，也有实际工程项目应用实例。介绍了构件及材料弹塑性恢复力模型及结构整体分析模型的建模过程，也讨论了非线性动力时程分析结果的理解及其在结构抗震性能评定中的应用。笔者相信此书的出版对从事结构抗震设计与研究的结构工程师、研究人员及高校结构工程专业的研究生有较好的参考价值，并将对性能化结构抗震设计及非线性动力时程分析在国内结构工程界的推广与应用起到积极的促进作用。因此，笔者毫无保留地将此书推荐给国内的结构工程师们。

段小廿 博士 英国注册结构工程师
合伙人，结构工程师
福斯特及合伙人有限公司
2015 年 12 月于英国伦敦

前言

　　随着建筑形式的日益丰富多样，以及建筑结构在地震作用下安全性能需求的不断提升，基于性能的抗震设计受到越来越高的重视。动力弹塑性分析作为结构分析技术发展的重要成果，也是数值仿真技术在工程领域的典型应用，目前在结构性能化设计中已成为不可或缺的重要手段。对于越来越多超高、大型和复杂建筑的结构设计与研究而言，更是不可回避、亟需了解掌握的方法。但由于其涉及的理论知识、技术途径，以及软件应用均不同于传统的静力或线性分析，目前大部分工程师和技术人员很难深入了解和掌握。

　　笔者在某次参加由"建筑结构"杂志社组织的"动力弹塑性分析技术研讨沙龙"中了解到，不少工程师表示对"动力弹塑性分析"技术是"雾里看花，越看越花"。有人认为该技术是"无所不能"的"神器"，也有人认为其不过是为超限审查过关而算的一笔"糊涂账"。而笔者经与团队多年的工程应用与学习，认为对于动力弹塑性分析的认识不应被"神化"，更不应被"妖化"。从应用角度，它其实可被理解为基于计算力学、数值分析、材料力学、结构试验等多领域的研究深入，以及计算机软硬件技术的快速发展而形成的一种"数值仿真试验"。在设计与研究中有其独特优势，也有其不完善之处。对于应用者和软硬件有较高的要求，且正是因为这种高要求，技术掌握相对处于较封闭的状态。因此目前行业内迫切需要总结切实可行的弹塑性时程分析方法和软件应用准则，并应总结工程应用经验来供从业者相互探讨交流。

　　本书在参考大量文献以及多年实际工程应用的基础上，以数值仿真技术特征为切入点，从数值模型建立、数值分析方法、分析结果解读等几方面，深入浅出地介绍了动力弹塑性分析的相关知识及运用要点。书中第 1 章首先描述了数值仿真技术和结构分析技术方面的发展应用，介绍了对"动力弹塑性分析"基本概念的正确理解及相关应用特点，并对比了常用的几类分析软件。第 2 章至第 4 章为数值模型建立、数值分析方法及分析结果解读，全方面介绍了动力弹塑性分析的背景知识、计算原理和应用方法。其中数值模型建立方面，分别对基于构件、基于截面和基于材料的不同模型、滞回规则、几何非线性以及地震作用输入等作了较详细的介绍，并基于不同软件（ABAQUS、PERFORM-3D 和 MIDAS 系列等）分别描述了整体数值模型的建立过程；在数值分析方法方面，书中以直接分析法为重点，详细描述并对比了隐式和显式方法的计算原理和特点；对于分析结果的解读，本书对如内力、位移和能量等指标的宏观结果，以及构件损伤等微观结果都作出了完整描述。此外，在第 5 章对目前应用中存在的问题进行了研究探讨，并涉及更为深入和前沿的研究进展。以中衡设计自行开发的 BEAM＿FIBER 和 MTATB 2013 等为例，对各类用户自定义材料、单元及有限元前处理、后处理程序进行了介绍。最后，在第 6 章以实际工程案例为基础（均已实施或已通过抗震超限审查），采用不同分析软件，对动力弹塑性分析在工程中的设计与研究应用提供了较为详细的案例资料。

　　本书既可作为工程设计人员快速了解并掌握动力弹塑性分析基本知识的工具书，也可供专业从事分析工作的技术人员参考。

本书是"江苏省生态建筑与复杂结构工程技术中心"系列工作报告之一。"江苏省生态建筑与复杂结构工程技术中心"由中衡设计集团股份有限公司与国内外多个重点院校、科研机构和专家顾问团队密切合作建立，致力于从工程实际应用角度出发，对生态建筑技术、复杂结构计算分析、数字化建模与参数化设计等方面开展较深入的研究，并形成工作研究报告，供广大一线工程设计人员交流探讨。

参与编写本书的成员有张谨、杨律磊、谈丽华、路江龙、朱寻焱、龚敏锋和郑志刚等，分工如下：张谨策划全书内容及纲目制定；张谨、杨律磊完成主要章节编写；朱寻焱参与编写基于 MIDAS、PERFORM-3D 软件应用及第 5、6 章的部分内容；龚敏锋、郑志刚参与编写基于 ABAQUS 软件应用，第 2、5、6 章的部分内容及"主要符号"；谈丽华、路江龙参与第 6 章的工程案例资料编写；全书最终由张谨统一定稿。另第 6 章案例工程结构设计由张谨、谈丽华和路江龙主持负责。

本书在完成过程中得到了王亚勇大师和段小廿博士的悉心指导，并给出了宝贵意见，对此深表感谢！王亚勇大师是中国著名工程抗震专家，长期从事结构工程抗震和灾害学科与实践，在结构振动理论、强地面震动、现代城市防灾减灾系统工程、高层建筑结构抗震设计、软件技术等领域具有很高的学术水平。段小廿博士自 20 世纪 80 年代中期在清华大学和伦敦大学开展性能化结构设计及非线性动力时程分析研究，之后在英国伦敦奥雅纳工程顾问公司高技术与研究部（Advanced Technology ＋ Research，Ove Arup ＆ Partners）任职结构地震工程专家，现为英国福斯特及合伙人建筑事务所（Foster and Partners）伦敦总部合伙人。对动力弹塑性分析与性能化设计有非常深入的研究与应用，主持研发了有限元软件 LS-DYNA 中用于结构非线性动力时程分析的单元、材料与阻尼模型，并应用到包括多个国内已建成的超限建筑项目，如国家体育场（鸟巢）、中央电视台总部大楼、深圳证券交易所运营中心等，可以说是深耕于该专业领域的专家翘楚！

王亚勇大师和段小廿博士撰写了本书的序言部分，序言中对性能化设计与动力弹塑性分析方法的发展与应用作了翔实介绍，是本书的重要组成部分。而本书许多工程案例的技术也得到超限审查组如王亚勇、傅学怡、汪大绥等大师专家的指导，在此也表示诚挚感谢！本书成稿后，中国建筑工业出版社编辑刘瑞霞、刘婷婷和陈晶晶等同志以高效的工作，为本书正式出版做了细致的校审工作，在此一并表示感谢。

限于编者水平，书中难免有诸多不妥之处，敬请同行读者批评指正，也欢迎共同交流，改进提高！

张谨

中衡设计集团股份有限公司总工程师

江苏省生态建筑与复杂结构工程技术研究中心　主任

研究员级高级工程师

国家一级注册结构工程师

英国注册结构工程师

2016 年 1 月 8 日于苏州

主要符号

a	加速度
A	横截面面积
A_c	核心混凝土横截面面积
A_s	钢管横截面面积
C_d	材料波速
$[C]$	阻尼矩阵
d	损伤因子
d_c	受压损伤因子
d_t	受拉损伤因子
D_c	受压损伤演化参数
D_t	受拉损伤演化参数
E	弹性模量
E_c	混凝土弹性模量
E_d	损伤后的弹性模量
E_s	钢材弹性模量
f	频率
f_d	阻尼力
f_s	恢复力
f_y	钢材屈服强度
f_I	惯性力
$f_{c,r}$	混凝土的单轴抗压强度代表值
$f_{t,r}$	混凝土的单轴抗拉强度代表值
f_{ck}	钢材轴心抗压强度标准值
$[F]$	柔度矩阵
G	剪切模量
I	惯性矩
I_0	初始惯性矩
k	截面刚度
K_d	卸载刚度
$[K]$	刚度矩阵
K_{a3}	梁单元实际剪切刚度
L	长度

m	质量
M	弯矩
M_c	开裂弯矩
M_y	屈服弯矩
$[M]$	质量矩阵
P	集中力
Q	剪力
t_s	稳定时间步长
T	周期
u	位移
u_g	地面的位移
u^t	绝对位移
$\{u\}$	位移向量
$\{\dot{u}\}$	速度向量
$\{\ddot{u}\}$	加速度向量
W_d	等效有损伤材料的弹性余能
W_0	无损伤材料的弹性余能
α	质量阻尼系数
α_c	混凝土单轴受压应力—应变曲线下降段的参数值
α_t	混凝土单轴受拉应力—应变曲线下降段的参数值
α_y	屈服刚度折减系数
β	刚度阻尼系数
γ_y	屈服剪应变
δ	小变形（压弯构件自身挠曲变形）
δ_u	虚位移
Δ	平动位移
Δ_c	压屈曲时轴向变形值
Δ_t	拉屈服时轴向变形值
Δ_u	构件的极限位移
Δ_y	构件的屈服位移
Δu_u	结构的层间极限位移
Δu_y	结构的层间屈服位移
ε_u	材料的极限应变
ε_y	材料的屈服应变
$\varepsilon_{c,r}$	与单轴抗压强度代表值 $f_{c,r}$ 相应的混凝土峰值压应变
$\varepsilon_{t,r}$	与单轴抗拉强度代表值 $f_{t,r}$ 相应的混凝土峰值拉应变
θ	转角
θ_c	开裂转角

θ^e	弹性转角
θ^p	塑性转角
θ_y	屈服转角
μ_ε	材料延性系数
μ_Δ	构件位移延性系数
$\mu_{\Delta u}$	结构层间位移延性系数
μ_ϕ	截面曲率延性系数
ξ	约束效应系数
ρ	材料密度
σ	应力
σ_s	材料屈服强度
$\bar{\sigma}$	有效应力
τ_y	屈服剪应力
ϕ	曲率
ϕ_u	截面的极限曲率
ϕ_y	截面的屈服曲率
ω	圆频率

目　　录

序一

序二

前言

主要符号

第1章　动力弹塑性分析概述 ……………………………………………… 1

1.1　数值仿真技术的应用 ……………………………………………… 1

1.2　结构分析技术的发展 ……………………………………………… 3

1.3　动力弹塑性分析的定义与理解 ……………………………………… 4

1.4　常用动力弹塑性分析软件对比 ……………………………………… 6

第2章　数值模型 …………………………………………………………… 7

2.1　概述 ………………………………………………………………… 7

2.2　基于构件的模型 …………………………………………………… 10

2.2.1　支撑失稳后力学模型 …………………………………………… 10

2.2.2　铅芯橡胶支座恢复力模型 …………………………………… 11

2.3　基于截面的模型 …………………………………………………… 13

2.3.1　分布塑性铰 …………………………………………………… 13

2.3.2　集中塑性铰 …………………………………………………… 14

2.4　基于材料的模型 …………………………………………………… 16

2.4.1　混凝土材料本构模型 ………………………………………… 17

2.4.2　钢材本构模型 ………………………………………………… 19

2.5　滞回规则 …………………………………………………………… 20

2.6　几何非线性 ………………………………………………………… 20

2.6.1　分析方法 ……………………………………………………… 21

2.6.2　$P\text{-}\Delta$ 和大变形理论 …………………………………………… 22

2.6.3　软件应用 ……………………………………………………… 24

2.7　整体数值模型建立 ………………………………………………… 24

2.7.1　基于 MIDAS Building 的数值模型 ………………………… 24

2.7.2　基于 PERFORM-3D 的数值模型 …………………………… 27

2.7.3　基于 ABAQUS 的数值模型 ………………………………… 30

2.8　地震作用输入 ……………………………………………………… 31

2.8.1　运动方程建立方式 …………………………………………… 31

2.8.2　地震激励下的运动方程 ……………………………………… 33

第3章 数值分析方法 ······ 35

3.1 振型叠加法 ······ 35

3.1.1 FNA 方法 ······ 36

3.1.2 悬臂柱的动力非线性分析 ······ 37

3.1.3 隔震系统的动力非线性分析 ······ 40

3.1.4 FNA 方法应用案例分析 ······ 42

3.2 直接积分法 ······ 47

3.3 隐式方法 ······ 47

3.3.1 Newmark-β 法 ······ 48

3.3.2 多自由度表达式 ······ 50

3.3.3 Wilson-θ 法 ······ 51

3.4 显式方法 ······ 52

3.4.1 中心差分法 ······ 52

3.4.2 方法特点对比 ······ 53

第4章 分析结果解读 ······ 55

4.1 宏观分析结果 ······ 55

4.1.1 内力指标 ······ 55

4.1.2 位移指标 ······ 55

4.1.3 能量指标 ······ 56

4.2 微观分析结果 ······ 57

4.2.1 基于 ABAQUS 分析 ······ 57

4.2.2 基于 PERFORM-3D 分析 ······ 60

第5章 应用研究探讨 ······ 66

5.1 构件的数值模拟探讨 ······ 66

5.1.1 数值积分点选择 ······ 66

5.1.2 连梁的数值模型 ······ 71

5.1.3 楼板的数值模型 ······ 73

5.2 基于 ABAQUS 软件的研究 ······ 74

5.2.1 显式分析时间步长 ······ 74

5.2.2 质量缩放 ······ 75

5.2.3 能量平衡 ······ 76

5.2.4 钢筋/钢管混凝土构件模拟 ······ 77

5.3 基于 ABAQUS 软件的二次开发 ······ 81

5.3.1 显式材料子程序 ······ 81

5.3.2 隐式单元子程序 ······ 87

5.3.3 前处理二次开发 ······ 94

5.3.4 后处理二次开发 ······ 97

5.4 一些问题的探讨 ······ 102

5.4.1 钢支撑模拟 ······ 102

5.4.2　连续倒塌模拟方法 ··· 105

5.4.3　纤维梁应用 ··· 111

5.4.4　结构阻尼选用 ··· 113

5.4.5　阻尼模型的敏感性 ··· 115

5.4.6　结构耗能能力 ··· 117

5.4.7　延性设计与抗震性能指标 ··· 119

第 6 章　动力弹塑性分析案例 ··· 124

6.1　太原国海广场工程 ··· 124

6.1.1　工程概况 ··· 124

6.1.2　基于 ABAQUS 的弹塑性时程分析 ··· 126

6.1.3　基于 MIDAS Building 弹塑性时程分析 ······································· 140

6.2　康力电梯测试塔工程 ··· 154

6.2.1　工程概况 ··· 154

6.2.2　基于 ABAQUS 的弹塑性时程分析 ··· 155

6.2.3　基于 PERFORM-3D 弹塑性时程分析 ··· 163

6.3　苏州中心广场工程 ··· 177

6.3.1　工程概况 ··· 177

6.3.2　基于 ABAQUS 的弹塑性时程分析 ··· 179

6.3.3　基于 PERFORM-3D 弹塑性时程分析 ··· 195

6.4　苏州现代传媒广场工程 ··· 210

6.4.1　工程概况 ··· 210

6.4.2　基于 MIDAS Gen 的弹塑性时程分析 ··· 213

6.4.3　基于 PERFORM-3D 的弹塑性时程分析 ······································· 231

6.5　框架—偏心支撑体系在高烈度区工程中的应用研究 ································· 237

6.5.1　工程概况 ··· 237

6.5.2　结构体系选型 ··· 238

6.5.3　性能目标 ··· 241

6.5.4　多道抗震防线 ··· 242

6.5.5　弹性计算整体指标汇总 ··· 243

6.5.6　地震时程分析 ··· 244

6.5.7　消能梁段设计原则 ··· 248

6.5.8　结论 ··· 249

参考文献 ··· 250

第 1 章　动力弹塑性分析概述

1.1　数值仿真技术的应用

随着计算机软、硬件的快速发展，以及工程材料、数值分析技术研究的不断深入，"数值仿真模拟"在越来越多的领域被广泛应用。在工程领域的应用中，所谓数值仿真技术是指以计算机为手段，通过对实际问题的分析建立数值模型，结合数值计算方法来获取研究结果，并且以云图、图表、动画等直观的方式展现，达到对工程问题或者物理问题进行科学研究的目的。图 1.1-1 所示为数值风洞技术在建筑物表面风压模拟中的应用。

图 1.1-1　建筑物表面风压模拟

目前数值仿真技术的工程应用呈现以下特点：

1. 数值模型的精细化

不同于早期将复杂的工程问题归纳为简化的数学模型，数值仿真技术采用尽可能精细化的数学模型，以期获得更为精确、全面的研究成果。但是需要指出的是完全精确的模拟是难以做到的，也没有必要，对实际工程问题应用数值仿真技术一定要结合大量工程实践及分析预判。

2. 数值分析方法的采用

数值分析是指在数学分析问题中，采用数值近似算法的研究，如有限元法、有限体积法等。

众所周知，大多数工程问题都可以通过建立数学模型进行分析研究，通常针对特定的系统，应用相关基本定律和原理可推导出一组包含相应边界条件和初始条件的代数或微分方程组。在工程力学领域，这些起控制作用的微分方程组可以代表质量、力或者能量的平衡。对于较为简单的方程或方程组，在给定的边界条件下，通过求解这些方程组可以得到精确解，即得出系统的精确行为。如图 1.1-2 为悬臂梁自由端承受集中力作用的结构简图，根据欧拉—伯努利梁理论（Euler-Bernoulli Beam Theory），可得出其自由端的挠度理论公式如下：

$$\Delta = \frac{PL^3}{3EI} \tag{1.1-1}$$

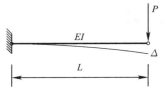

图 1.1-2　承受集中力的悬臂梁

然而在大量实际工程问题中，难以得到系统的理论解或者解析解。这主要由于复杂的工程问题所对应的数值模型方程组通常也非常复杂，边界条件及初始条件往往难以确定。为了解决这个问题，需要借助数值分析方法来求解近似解，即数值解。

解析解在系统中的任何点上都是精确的，而数值解只是在称为"节点"的离散点上才近似于解析解。因此数值解法的第一步是离散化，也就是说，要将待求解的对象细分成很多小的区域（单元）和节点。工程领域常用的数值解法包括有限差分法和有限元法。使用有限差分法时，需要针对每一节点构造微分方程，并且用差分方程代替偏微分方程，从而得到一组联立的线性方程组。而有限元法采用积分方法建立系统的代数方程组，其基本求解思想是把计算域划分为有限个互不重叠的单元，在每个单元内选择一些合适的节点作为求解函数的插值点，将微分方程中的变量改写成用各变量或其导数的节点值与所选用的插值函数组成的线性表达式，借助于变分原理或加权余量法，将微分方程离散求解。有限元法最早用于结构力学，后来也用于流体力学的数值模拟。

在计算机时代到来之前，工程师们经常使用以下方法对问题进行求解：

（1）通过解析方法得到问题的准确解；

（2）使用图解法描述系统的特征；

（3）采用计算器和计算尺，手工实现数值方法。

这些方法在求解复杂问题时，或不能求解非线性系统、或求解结果不准确、或求解过程极其繁琐费时。而当今计算机和数值方法结合，可以快速地完成数值分析计算，极大地增强了处理问题和求解问题的能力。也使得工程师能够将更多的精力投入在概念设计、设计问题的定义与阐释，而不是在数值求解技术上。

3. 结果的仿真呈现

传统分析手段需要技术人员在大量数据结果中归纳整理出分析对象的相应行为，而数值仿真技术应用可呈现整个分析过程，并可进行针对性数据监测和采集，其实质可以理解为采用计算机进行了数字化仿真物理实验。

目前随着数值仿真技术的日渐成熟，在建筑工程领域，已有越来越多的商业软件可以对涉及的工程问题进行仿真模拟与分析（表 1.1-1），其中也包括了动力弹塑性分析在抗震设计中的应用。

商业软件在工程领域的应用　　　　　　　　　　　　　　　　　　　表 1.1-1

结构专业		建筑专业		设备专业	
工程问题	仿真软件	工程问题	仿真软件	工程问题	仿真软件
动力弹塑性分析	ABAQUS/PERFORM-3D	建筑能耗	PHOENICS	碰撞模拟	Design Builder
多尺度分析	ANSYS/MIDAS Gen	声、光环境	RAYNOISE	室内气流环境	
数值风洞模拟	FLUENT/CFX	烟雾扩散	FDS		
连续倒塌模拟	MSC. MARC	人员疏散			

1.2 结构分析技术的发展

随着计算机分析能力的不断提升，结构分析技术也快速发展。如在早期对简单规则的多层建筑，可取平面框架单元来分析计算，也可采用如等效剪切层模型（常用于多层框架结构）和等效弯曲—剪切层模型（常用于高层结构、剪力墙结构等）。此后比分层模型更精确的是将整体模型拆分成多个构件的模型并进行组装，根据每一个构件的力学模型即可推导出整体结构的力学行为。这其中常见的有一维梁、柱构件采用的塑性铰模型（如集中塑性铰模型），二维剪力墙构件的宏模型（如等代柱模型、桁架模型）等。随着结构分析技术进一步往精细化方向发展，基于材料本构的纤维模型和分层壳模型在目前的结构分析中得到了大量应用。甚至考虑基础与上部结构整体协同分析，以及动力倒塌分析等技术也都有了一定的研究与应用。图 1.2-1 所示为结构分析技术在分析对象规模、维度、模型特征和分析性能等方面取得的进步，以及将来可能的发展方向，其中动力弹塑性分析也是结构分析技术发展的重要成果之一。

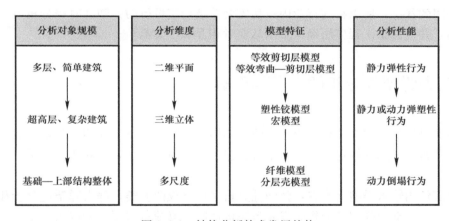

图 1.2-1 结构分析技术发展趋势

对于建筑结构的动力弹塑性分析，早期主要通过专门的结构分析软件完成：如 CSI 公司开发的 ETABS 和 SAP2000，两者皆提供基于截面和构件层次的单元，但在分析中只提供塑性铰单元和非弹性的分层壳单元，具有一定的局限性；美国加州大学伯克利分校的 Powell 教授开发了专门用于结构抗震性能分析的非线性软件 PERFORM-3D，其单元库丰富，包含梁、柱、支撑、开洞剪力墙、黏滞阻尼器和隔振器等多种类型，提供基于材料、截面和构件三种层次的有限元分析，收敛性好，计算效率高，且后处理方便，目前在国内外的高层建筑抗震性能分析中占有重要地位；另外如 MIDAS 公司开发的 Gen 和 Building 系列，也在不断根据结构抗震设计需求进行开发完善，凭借其专业针对性和易操作性等优点，成为目前较为流行的动力弹塑性分析软件。

而随着各研究中心和设计单位的引进和开发拓展，诸如 ANSYS、ABAQUS 和 LS-DYNA 等通用有限元软件也开始成为动力弹塑性分析中的主要手段。如 ABAQUS 作为基于材料的有限元通用软件，由于具有强大的非线性计算能力和可拓展的二次开发功能，在

20世纪80年代的航空和机械等行业已得到广泛应用；清华大学航空航天学院工程力学系高级有限元中心（Advanced Finite Element Service，AFES）于1997年引入国内后，在庄茁、李志山等研究工作者的开发拓展下，逐渐使其在国内结构动力弹塑性抗震分析中占据了重要地位。但由于通用有限元软件往往对计算机硬件和专业理论的要求较高，目前仅在部分高校、研究院和设计单位中得到成熟应用。

另一方面，国内的相关单位也开始自行研发动力弹塑性分析软件，如上海佳构公司开发的STRAT通用建筑结构软件、广州建研数力建筑科技等公司开发的高性能弹塑性动力时程分析软件PKPM-SAUSAGE等，这些软件相对来说对国内规范和结果表现更加具有针对性，在易用性和计算效率上要更高。在2012年7月的中日弹塑性时程分析技术研讨会上，分别由中国建筑科学研究院结构所（ABAQUS）、上海现代建筑设计集团有限公司（ABAQUS）、北京市建筑设计研究院（ABAQUS）、奥雅纳工程顾问公司（LS-DYNA）、广州容柏生结构设计事务所（ABAQUS）、上海中巍结构设计事务所有限公司（PER-FORM-3D）和日本结构系统（SNAP）等不同单位采用不同软件对同一个建筑模型进行了弹塑性时程反应分析对比，分析结果表明离散性较大，说明非线性分析和线性分析因其本质上的差异，对于应用者和软硬件有较高的要求。且正是因为这种高要求，技术掌握相对处于较封闭的状态，所以目前行业内迫切需要总结切实可行的弹塑性时程分析方法和软件应用指南，并应总结工程应用经验来供从业者相互参考交流。

1.3 动力弹塑性分析的定义与理解

本书所讨论的弹塑性分析主要是指建筑结构在地震作用下的弹塑性分析，而所谓"结构弹塑性分析"是一种约定叫法，它本身也包含了几何非线性，而并非仅仅是单纯的材料非线性。

从地震作用输入类型上来看，弹塑性分析又可分成两大类，静力弹塑性分析和动力弹塑性分析。由于动力弹塑性分析时需要考虑构件在往复荷载作用下的内力、变形响应，分析难度高于静力弹塑性分析，本书主要对动力弹塑性分析技术进行应用探讨，对静力弹塑性分析技术仅作简单的介绍，详细内容可查阅相关书籍。

所谓"动力弹塑性分析"是指将结构作为弹塑性振动体系进行数值建模，直接按照地震波数据输入地面运动，通过积分运算，求得结构内力和变形响应随时间变化的全过程，这种分析方法也称为弹塑性直接动力法，如图1.3-1所示。

由以上定义可知，动力弹塑性分析方法包括以下三个基本要素：

（1）建立结构的弹塑性模型及地震波的数值输入；

（2）数值积分运算分析；

（3）全过程响应输出。

对照1.1节所讨论的数值仿真技术三大特点，即精细化数值模型、数值分析方法应用及结果仿真呈现，可以看出动力弹塑性分析是一种典型的数值仿真技术运用。

从设计角度解释，静力或动力弹塑性分析都类似于一种"数值模拟试验"，尤其是动力弹塑性分析可在一定程度上仿真结构在地震波作用时间下的过程反应，如层间位移角峰

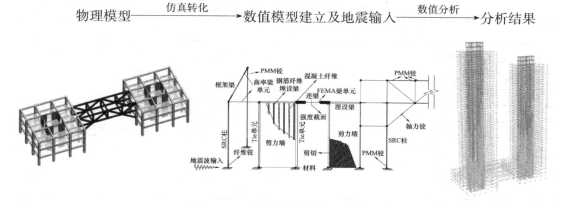

图 1.3-1　动力弹塑性分析基本流程

值（Peak Transient Drift）及其出现的时间点，塑性铰出现的时间点、顺序和塑性铰转角的发展等，以及地震波结束后时段内结构通过一个自由振动过程恢复到静止状态时不可恢复的永久残余变形，如残余层间位移角（Residual Drift）。正犹如可用数值风洞在一定程度上模拟刚性模型的风洞试验一样，动力弹塑性分析也可理解为一种"数字振动台试验"。表 1.3-1 总结了振动台试验、静力及动力弹塑性分析之间的共同点与差异。

结构弹塑性分析与振动台试验

表 1. 3-1

振动台试验	静力弹塑性分析	动力弹塑性分析
适当的模型比例	适当的模型精细化程度（宏观构件模型、微观材料模型）	
适当的模型材料	适当的材料应力-应变曲线或者截面、构件骨架曲线	适当的材料本构模型或者截面、构件的滞回模型
动力加载	静力加载	地震波输入
试验结果监测 （位移，转角，应变，裂缝发展等）	分析结果监测 （性能曲线及性能点，变形，材料应变，材料损伤，截面利用率）	分析结果监测 （变形，材料应变，材料损伤，截面利用率，能量平衡等）

从表 1.3-1 中可知，以上三种试验或分析手段的目的均是对基于传统方法完成设计的结构进行模拟验证，找出薄弱环节、破坏机制，验证设定的性能目标，以期指导结构设计。在基于有限元法的动力弹塑性分析中，由于数值积分的特点，其对结构和构件变形的模拟精度远高于内力的模拟，故难以利用罕遇地震弹塑性分析的内力结果指导构件的配筋设计，而这也与振动台试验类似。以上试验或分析结果都具有"时变"性，一般读取"加载过程中的最大变形值与卸载后的残余变形值"，但是可以根据需要监测任何分析结果的时程响应。

笔者认为从"数字振动台试验"的角度理解"动力弹塑性分析"更便于工程师理解掌握其应用特点：如无法应用其结果直接指导配筋设计、一般程序均输出"记录"最大值、输出变形比内力更准确等。而若将动力弹塑性分析与设计师通常所熟悉的线性静力分析方法对比，两者却有很大的不同，其最大的不同之处在于结构外力与结构变形不再是线性关系，不仅分析难度更高，且无法进行设计师所熟悉的工况线性组合，也就无法将结果直接用于结构构件设计。表 1.3-2 所示为对线性静力与动力弹塑性分析方法的特点对比。

线性静力分析与动力弹塑性分析特点对比 表 1.3-2

项目	线性静力分析方法	动力弹塑性分析方法
材料假定	弹性模量，泊松比	更为真实的材料本构模型（如钢材双折线模型，混凝土三折线模型或者更复杂）
构件模拟	构件刚度不变	构件刚度变化（如混凝土损伤开裂导致构件刚度退化）
作用力	直接施加外力荷载	静载作用下直接输入地震波数据进行积分运算
非线性	简化方法考虑 P-Δ 效应	考虑材料非线性，几何非线性，边界非线性
工况组合	不同工况可以线性组合	必须累计重力作用对结构在地震作用下响应的影响
平衡方程	静力平衡方程： $[K]\{u\}=\{p\}$	动力平衡方程： $[M]\{\ddot{u}\}+[C]\{\dot{u}\}+[K]\{u\}=\{p(t)\}$
分析结果	工况组合结果直接用于结构设计	结构反应随时间变化，从变形角度，统计结构最大反应指导结构设计

注：$[K]$ 为刚度矩阵，$[C]$ 为阻尼矩阵，$[M]$ 为质量矩阵，$\{p\}$ 为荷载向量，$\{u\}$ 为节点位移向量，$\{\dot{u}\}$ 为节点速度向量，$\{\ddot{u}\}$ 为节点加速度向量。

1.4 常用动力弹塑性分析软件对比

在实际工程的动力弹塑性分析中，可选的商业软件有多款。由于计算原理及模型假定不同，这些软件在具体应用上有各自的特点。表 1.4-1 从数值模型建立、地震作用输入、数值分析方法及分析结果呈现等多个方面，对几款常用动力弹塑性分析软件的特点进行比较。有关定义及说明将在第 2～4 章进行阐释。

不同软件应用特点对比 表 1.4-1

项目	MIDAS Gen	MIDAS Building	SAP2000	PERFORM-3D	STRAT	NIDA	ABAQUS	LS-DYNA
材料模型	采用软件自带的材料本构（塑性铰模型不需要定义材料本构）						混凝土：弹塑性损伤模型 钢材：运动强化模型	软件自带或者用户二次开发
梁柱构件模型	塑性铰或纤维单元	塑性铰	纤维单元	塑性铰或纤维单元	纤维单元	塑性铰（钢构件）	纤维单元	集中塑性铰或纤维模型
剪力墙构件模型	需要对剪力墙进行等代处理	双向纤维单元	非线性分层壳	单向或者双向纤维宏单元	面内分块纤维单元	无	非线性分层壳	非线性复合材料层模型壳单元
地震波激励	激励在质量点上 时间过程表现为基底不动						激励在支座上 地震波宜进行基线校准	
数值求解	隐式求解（迭代求解耦联的方程组） 较大的时间步长（10^{-2}s），需要迭代收敛						显式求解（直接求解耦联的方程组） 较小的时间步长（10^{-5}～10^{-4}s）	
分析结果	塑性铰发展程度，材料应变等级	材料应变等级，能量平衡图	强度或者变形使用率，能量平衡图	刚度曲线，整体损伤曲线	塑性分布，滞回曲线	损伤因子，能量平衡图	塑性铰发展程度，材料应变等级

总之，动力弹塑性分析也是一种典型数值仿真技术的应用，是结构分析技术发展的重要成果，在一定程度上可理解为数字振动台试验，是目前实现结构抗震性能化设计的重要手段。并且由于其避免了物理模型试验的"缩尺"影响，也可成为一些项目研究分析的有效工具之一。同时现有的多种软件也为这些研究分析提供了相应的技术支持，如本书案例 6.5 节即为基于文献试验结果，利用动力弹塑性分析对某高烈度区框架—偏心支撑体系的研究分析报告。

第 2 章　数值模型

2.1　概述

结构分析建模的目的是建立一个"有用"的数值模型，该模型必须能够捕捉真实结构的重要行为特征，且具备足够的精度、经济性和细节度。虽不必也不可能完全"精确"，但需要足够准确有效。通常结构分析中利用荷载—位移关系或力—变形关系来描述结构或构件的行为特征。如对于结构的一个一维构件，可以将此构件视为首尾两个节点 i、j 之间长度为 l 的宏观单元，那么此单元内力与节点的位移关系如下式：

$$\begin{Bmatrix} F_i \\ M_i \\ F_j \\ M_j \end{Bmatrix} = [K] \begin{Bmatrix} \Delta_i \\ \theta_i \\ \Delta_j \\ \theta_j \end{Bmatrix} \tag{2.1-1}$$

式中　　$F_{i,j} = \{ N_{i,j} \quad Q_{i,j}^y \quad Q_{i,j}^z \}^T$；

$\qquad\quad M_{i,j} = \{ M_{i,j}^x \quad M_{i,j}^y \quad M_{i,j}^z \}$；

$\qquad\quad \Delta_{i,j} = \{ u_{i,j} \quad v_{i,j} \quad w_{i,j} \}$；

$\qquad\quad \theta_{i,j} = \{ \theta_{i,j}^x \quad \theta_{i,j}^y \quad \theta_{i,j}^z \}$；

$\qquad\quad N$——轴力；

$\qquad\quad Q$——剪力；

$\qquad\quad M$——弯矩；

$\qquad\quad \Delta$——平动位移；

$\qquad\quad \theta$——转角；

$\qquad\quad [K]$——刚度矩阵。

在式（2.1-1）中，未知量 $[K]$ 是单元刚度矩阵，是关于力与变形关系骨架曲线的数学模型，称为**恢复力模型**。当构件力学行为明确，那么通过理论推导或者试验研究即可直接给出构件的恢复力模型。以线弹性分析为例，组成结构的各类型单元刚度矩阵恒定，如对于等截面梁构件采用欧拉—伯努利梁或者铁木辛柯梁单元时，其刚度与内力无关，因此单元刚度可以直接给出。

当构件力学行为较为复杂时，则难以直接给出构件的恢复力模型。此时可以选取构件沿长度方向的几个特征截面（图 2.1-1），通过构建位移插值函数（或者力插值函数），建立起单元内部这几个截面的位移（或者力）与两端节点处的位移（或者力）关系。

采用位移插值函数时，构件单元刚度矩阵 $[K]$ 的表达式如下：

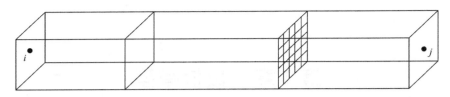

图 2.1-1　构件的特征截面和纤维分割

$$[K] = \int_0^l a^{\mathrm{T}}(x) k(x) a(x) \mathrm{d}x \tag{2.1-2}$$

式中　$a(x)$——由位移插值函数得到；

　　　$k(x)$——截面刚度。

由式（2.1-2）可知单元刚度矩阵是由截面刚度沿单元长度进行积分获得，此方法一般可以称为刚度法。

当采用力插值函数时，构件的柔度矩阵 $[F]$ 的表达式如下：

$$[F] = \int_0^l b^{\mathrm{T}}(x) f(x) b(x) \mathrm{d}x \tag{2.1-3}$$

式中　$b(x)$——由力的插值函数得到；

　　　$f(x)$——截面柔度。

$k(x)$ 与 $f(x)$ 满足以下关系：

$$k(x) = f^{-1}(x) \tag{2.1-4}$$

同样 $[K]$ 与 $[F]$ 满足以下关系：

$$[K] = [F]^{-1} \tag{2.1-5}$$

由式（2.1-3）可知单元柔度矩阵是由截面柔度沿单元长度进行积分获得，此方法一般可以称为柔度法。

以第 1.1.1 节的悬臂梁为例，忽略剪切变形和轴向变形，且固结端弯矩未达到屈服强度，则任意截面处的弯矩与曲率关系满足下式：

$$\begin{cases} M_x = k_x \times \phi_x \\ k_x = EI \end{cases} \tag{2.1-6}$$

式（2.1-6）也可以表达为：

$$\begin{cases} \phi_x = f_x \times M_x \\ f_x = \dfrac{1}{EI} \end{cases} \tag{2.1-7}$$

由式（2.1-6）和式（2.1-7）可知，截面刚度 k_x 与柔度 f_x 分别为 EI 和 $\dfrac{1}{EI}$ 。对于此案例，由于截面的力—变形关系较为简单，其截面刚度 k_x（或柔度 f_x）可以直接给出。当截面的力—变形关系复杂时，如截面往复受力且产生了塑性响应，那么可以通过试验结果拟合出截面在不同受力情况下的截面刚度，即截面刚度是关于外荷载的函数。另外，也可以对截面进行进一步的纤维细分（见图 2.1-1），根据轴向变形、弯曲变形以及在构件截面上的位置，按平截面假定，计算出每一个纤维的应变。同时引入材料的单轴应力—应变关系，计算每个纤维的应力和弹性模量，积分即可形成整个截面的力—变形关系。

文献 [1] 对目前常用的恢复力模型进行了综合和归类，主要由以下三类组成：

（1）基于构件的模型，直接给出杆端力—杆端位移关系；

（2）基于截面的模型，通过有限元形函数，将杆端力—位移和截面力—变形关系联系起来；

（3）基于材料的模型，在基于截面的模型基础上进一步引入平截面假定，将截面力—位移关系和材料的应力—应变关系联系起来。

以上三种模型的关系和比较如图 2.1-2 所示。

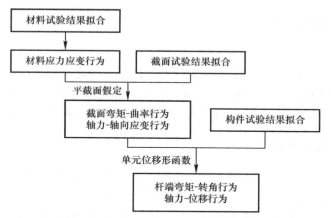

图 2.1-2　基于构件、截面、材料模型建立方式对比

随着模型精细化程度的提高，从构件到截面再到材料，模型的适应性、精确性都会有所提高，计算量也越来越大。简单实用的力学模型对于掌握结构的力学行为还是非常有效的。这是由于结构自身力学行为的复杂性，精细化的模型并不一定精确，基于试验拟合的宏观模型反而能够更好地反映一些特殊的力学行为。例如钢筋混凝土梁构件，基于材料的纤维模型是基于平截面假定，当构件剪切变形很大，或者钢筋与混凝土存在滑移时，根据试验拟合的塑性铰模型可能会比纤维模型更好地模拟剪切捏拢和钢筋粘结—滑移影响。

在动力弹塑性分析中，除了需要应用到恢复力模型的骨架曲线以外，还需要定义恢复力模型的滞回规则，两者综合形成恢复力滞回模型，这在第 2.5 节会进行介绍。

建筑结构的弹塑性模型应当能够体现构件的几何非线性和材料非线性，关于几何非线性，会在第 2.6 节中进行讨论。由于计算机技术及非线性分析理论的快速发展，目前已经能够在分析模型中直接模拟构件的几何非线性和材料非线性，但这里有三点需要注意：

（1）并非所有的非线性力学模型都可以直接模拟构件的几何非线性和材料非线性，如塑性铰理论。

（2）弹塑性模型只需要体现以上两种非线性行为，而不需要直接模拟。实际上很多的建筑结构的弹塑性分析还包含了边界非线性，对此将在第 3 章进行讨论。

（3）尽管超弹性材料（例如橡胶）也是非线性材料的一类，但本书所讨论的非线性材料主要是指以混凝土和钢材为主的弹塑性材料。如橡胶支座的橡胶材料超弹性力学特点体现在支座的整体力—变形关系中。

目前，基于有限元法的商业软件在求解各类工程问题中得到了广泛的应用，有限元分析通过将分析对象离散为简单而相互作用的基本元素（单元），用有限数量的未知量去逼近无限未知量的真实系统。在结构工程分析问题中，常见的单元类型包括：点单元，如用于模拟集中质量；一维单元，如用于模拟梁柱构件、弹簧等；二维单元，如用于模拟剪力墙、薄膜等；三维单元，如用于模拟混凝土、铸钢等。通用有限元分析软件一般对每种类型单元都提供了多种选择，以提高工程问题求解效率或者精度，如一阶或者二阶单元，以及一些特殊单元，如界面单元、复合单元等。下面根据文献［1］的分类，对其中部分模型单元进行介绍。

2.2 基于构件的模型

参考文献［1］定义，所谓基于构件的模型是指基于理论推导或构件试验拟合，直接给出力—变形关系的恢复力模型，即 F-Δ 关系。例如考虑受压失稳的钢支撑构件，往往直接给出整个构件轴力—变形关系，对于铅芯橡胶支座则直接给出了构件的剪力—变形关系。

2.2.1 支撑失稳后力学模型

对于以轴力为主的杆件，如支撑框架体系中的钢支撑、单层球形网壳结构中的径向杆件，其构件的失稳和塑性变形相互影响，通常采用欧拉公式可以计算出构件的失稳极限承载力。在地震作用下，构件失稳后的力学模型可以采用 Marshall 模型模拟：Marshall 模型主要根据大量的钢管轴向循环加载试验结果总结而成，其实质是弹塑性钢管的滞回包络曲线，杆件变形只能发生在包络线内或包络线上。如图 2.2-1 所示，Marshall 模型由如下阶段组成：

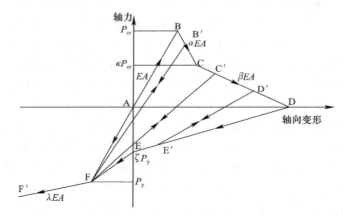

图 2.2-1　Marshall 模型包络线

（1）A-F 为弹性拉伸段；

（2）F-F′为拉伸屈服后的强化段；

（3）A-B 为弹性压缩段；

（4）B-C 为初始失稳后阶段；

（5）C-D 为弱化失稳后阶段，轴向变形超过 D 点则杆件的受压承载力完全丧失；

（6）D-E 为第一拉伸阶段；

（7）E-F 为第二拉伸阶段，如果在包络线上的初始失稳后阶段或弱化失稳后阶段（如 B′、C′、D′点）卸载，则杆件的卸载路径为沿卸载点指向 F 点的线段，如图中包络线内部的直线。

杆件的轴向荷载与轴向变形只能发生在包络线内或包络线上，而不可能发生在包络线以外的区域。当杆件受拉产生塑性变形时，包络线沿横轴平移，平移距离与产生的塑性变形相同。模型中的系数：

$\lambda = 0.02$；

$\kappa = 0.28$；

$\beta = 0.02$；

$\zeta = \min[1.0, 5.8(t/D)^{0.7}/0.95]$；

$\alpha = 0.03 + 0.004L/D$，L 为圆钢管长度。

弹性极限荷载 P_y 由下式计算：

$$P_y = 0.95\sigma_s A \tag{2.2-1}$$

式中　　σ_s——材料屈服强度。

在 ABAQUS 的隐式分析（standard）中，对采用 FRAME 3D 单元模拟的圆钢管构件，可在非线性分析中调用 Marshall 模型。

2.2.2　铅芯橡胶支座恢复力模型

铅芯橡胶支座（LRB）由普通叠层橡胶支座在其中间竖直灌入适当直径的铅芯形成，并利用铅芯在地震动过程中的弹塑性性能来达到耗散地震能量的效果。由于铅芯橡胶支座初始水平刚度大，滞回能力强，因此在隔震、减震建筑中得到了广泛的应用。在进行非线性动力分析时，需要考虑包括有铅芯橡胶支座竖向和水平方向的恢复力模型。

图 2.2-2 给出了现阶段对铅芯橡胶支座竖向的力学模型。对于受压特性，一般在支座产品技术参数中给出了受压弹性刚度，分析中认为其在整个分析过程中保持不变，然而大量的实验和研究表明，隔震支座的竖向拉伸刚度要远小于受压刚度。

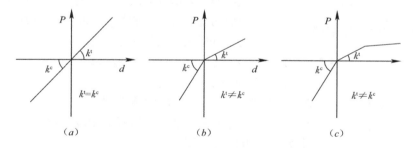

图 2.2-2　橡胶隔震支座拉压刚度计算模型

（a）拉压等刚度模型；（b）拉压不等刚度模型；（c）双拉伸刚度模型

对于高层和超高层结构等较大的高宽比隔震体系，在三向地震作用下，支座的轴力反应会显著增加，铅芯橡胶支座存在出现拉伸应力状态的可能性。目前在设计中对隔震支座的拉伸应力进行了严格控制，同时在隔震支座受拉非线性变形领域的力学研究较少，对受拉力学性能的评价仍然没有形成较为系统的计算分析理论。文献［3］进行了橡胶隔震支座的拉伸性能研究，大高宽比隔震结构体型的振动台试验和数值分析对比表明：对于隔震支座的竖向力学模型，采用拉压等刚度模型对数值分析结果的精度有一定的影响。因此在实际工程应用中对隔震支座进行模拟时，综合考虑数值分析结果的精度和理论研究现状，采用拉压不等刚度模型，其中受拉刚度结合试验研究成果考虑为受压刚度的 1/5～1/10；

具体应用时，可考虑受拉刚度为受压刚度的 1/7。在数值建模时，通过将隔震单元与受压弹簧单元（仅受压的 Gap 单元）并联使用来模拟隔震支座的拉压不等刚度特性，其中隔震单元的轴向刚度为原始轴向刚度的 1/7，受压弹簧单元的受压刚度为原始轴向刚度的 6/7，如图 2.2-3 所示。

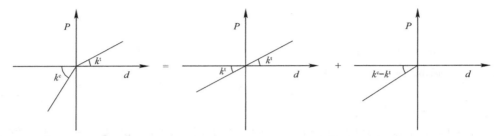

图 2.2-3　铅芯橡胶支座竖向力学模型

工程中常见的铅芯橡胶支座水平方向恢复力模型，主要有以下几种：双线性模型、修正双线性模型和兰贝格—奥斯古德模型（Ramberg-Osgood Modal）等。在双线性恢复力模型中，假定橡胶支座为理想的弹性材料，铅芯为理想的弹塑性材料，两者叠加即可形成铅芯橡胶支座的双线性恢复力模型。双线性模型的优点是模型简单、计算较为方便。Skinner、Robinson（1993）研究指出，采用双线性恢复力模型进行隔震计算可以得到较为精确的近似结果，但对于高度非线性的分析结果误差过大。考虑到铅芯橡胶支座两个剪切方向的变形具有耦合的塑性属性，且两个剪切自由度均为非线性，如图 2.2-4 所示，其耦合的力—变形关系一般符合下式：

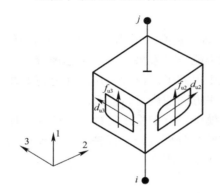

图 2.2-4　双轴剪切变形的滞回隔震属性

$$\begin{cases} f_{u2} = \gamma_2 \times k_2 \times d_{u2} + (1-\gamma_2) \times y_2 \times z_2 \\ f_{u3} = \gamma_3 \times k_3 \times d_{u3} + (1-\gamma_3) \times y_3 \times z_3 \end{cases} \tag{2.2-2}$$

式中　k_2、k_3——分别为局部坐标轴 2、3 方向的弹性刚度；

γ_2、γ_3——分别为 2、3 方向屈服后刚度和屈服前刚度的比值；

y_2、y_3——分别为 2、3 方向的屈服点；

z_2、z_3——分别为 2、3 方向的修正系数，变量范围为 $\sqrt{z_2^2 + z_3^2} \leqslant 1$。

z_2、z_3 初始值为零，其变化服从以下关系：

$$\begin{Bmatrix} \dot{z}_2 \\ \dot{z}_3 \end{Bmatrix} = \begin{bmatrix} 1-a_2 \times z_2^2 & -a_3 \times z_2 \times z_3 \\ -a_2 \times z_2 \times z_3 & 1-a_3 \times z_3^2 \end{bmatrix} \begin{Bmatrix} \dfrac{k_2}{y_2} \times \dot{d}_{u2} \\ \dfrac{k_3}{y_3} \times \dot{d}_{u3} \end{Bmatrix} \tag{2.2-3}$$

式中

$$a_2 = \begin{cases} 1 & \dot{d}_{u2} \times z_2 > 0 \\ 0 & \dot{d}_{u2} \times z_2 \leqslant 0 \end{cases}, a_3 = \begin{cases} 1 & \dot{d}_{u3} \times z_3 > 0 \\ 0 & \dot{d}_{u3} \times z_3 \leqslant 0 \end{cases} \tag{2.2-4}$$

当仅指定支座一个剪切自由度具有非线性行为，则退化为屈服指数为 2 的滞回系统。

2.3　基于截面的模型

对于以弯曲破坏为主，轴力变化不大或者轴力影响可以预测的组件，可以采用基于截面的模型。此类模型一般是利用试验获取截面的弯矩—曲率关系，通过在有限元分析中构造位移形函数将杆件的力—变形关系与截面力—变形关系联系起来。由于基于截面的模型一般隐含了钢筋滑移、塑性内力重分布等影响，且计算过程较为简单，因此得到了广泛的应用。

基于截面的力学模型种类较多，主要分为集中塑性铰模型和分布塑性铰模型。例如对于结构中的梁构件，一般不考虑轴力与弯矩耦合作用，无论采用集中塑性铰模型还是分布塑性铰模型，在塑性铰类型选择上均可考虑弯矩—曲率（M-ϕ）模型或者弯矩—转角（M-θ）模型。以下介绍两种基于截面的模型，都是基于柔度法的梁单元，两者之间具有天然的结合优势。

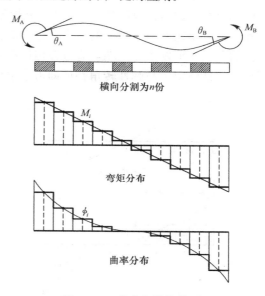

横向分割为 n 份

弯矩分布

曲率分布

图 2.3-1　分布塑性铰模型

2.3.1　分布塑性铰

图 2.3-1 所示为采用典型的分布塑性铰模型计算梁构件的弹塑性响应，其中塑性铰计算基于弯曲—曲率铰模型。当构件处于弹性阶段时，构件的弯矩与曲率呈线性分布；当弯矩超过构件的开裂强度时，构件产生塑性响应，弯曲与曲率的关系不再保持线性。图 2.3-2 所示为三折线弯矩—曲率关系曲线，M_c 和 M_y 分别为开裂弯矩和屈服弯矩。将长度为 1 的构件平均分割为 n 份，每一份长度 $\Delta x = l/n$，令每一等份承受的弯矩以及产生的曲率均由此等份中间点的值来表示，将梁构件长度方向的曲率按一定规则进行累积即可求解梁构件两端转角。显然，沿着构件长度方向分割越密集，即 n 值越大，则求解越精确，但同时所耗费的求解时间也越多。

这种分布塑性铰模型的特点在于，当构件预设的 M-ϕ 关系符合实际情况时，无论外荷载分布形式如何，只要分割数量足够多，求解误差都能够控制在一定范围内。一般情况下，构件的 M-ϕ 关系需要依据试验结果分析拟合得出，也可以通过截面分割形式通过数值计算获取。当分割数量 n 趋向于 ∞ 时，即 Δx 趋向于 0，数值计算时的曲率分布趋向于连续分布，构件两端的转角求解形式变成了连续积分。

然而在实际问题中，由于被积函数的复杂性以及原函数不易求出甚至无法求出，此时无法精确求解其

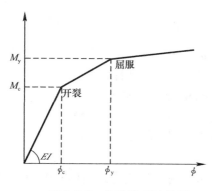

图 2.3-2　构件的 M-ϕ 关系

定积分，只能采用数值积分的方法。在数值积分方法中，高斯型数值积分（Gauss Numerical Integration）由于可以采用较少的积分点数量获得较高的精度且稳定性好，在弹塑性分析中得到了大量的应用。关于数值积分的讨论见第 5.1.1 节。

2.3.2 集中塑性铰

当构件在地震作用下，如果其弹塑性响应的位置能够预先判断（如框架梁或者连梁的弹塑性响应一般发生在构件的梁端）或者其内力分布形式可以预判时，则可在弹塑性分析中采用集中塑性铰模型进行快速的求解。图 2.3-3 为构件在反对称弯矩作用下，其实际的曲率分布和数值计算时假定的集中塑性铰模型。其主要思路为：将整个构件作为弹性单元，计算出在外力作用下的曲率分布，沿长度进行积分求出构件端部的弹性转角；由于构件的塑性变形发生在两端，通过在构件端点处设置两个不具有任何长度的弯曲塑性弹簧来计算塑性转角，与弹性转角叠加即可求解出总的转角。

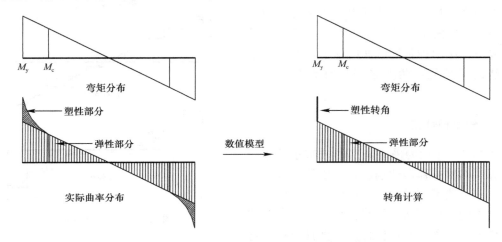

图 2.3-3　构件实际曲率分布与集中塑性铰模型

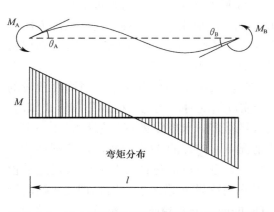

图 2.3-4　集中塑性铰模型的弯矩分布于转角模型

建立如图 2.3-4 所示示例，构件在地震作用下，其弯矩分布为反对称形式，转动中心为跨中位置。

构件两端的转角计算公式如下：

$$\left\{ \begin{array}{c} \theta_A \\ \theta_B \end{array} \right\} = \left\{ \begin{array}{c} \theta_A^e \\ \theta_B^e \end{array} \right\} + \left\{ \begin{array}{c} \theta_A^p \\ \theta_B^p \end{array} \right\} \tag{2.3-1}$$

式中　θ_A^e、θ_B^e——弹性转角；

　　　θ_A^p、θ_B^p——塑性转角。

弹性部分的计算公式如下：

$$\left\{ \begin{array}{c} \theta_A^e \\ \theta_B^e \end{array} \right\} = \frac{1}{6EI} \begin{bmatrix} 2 & -1 \\ -1 & 2 \end{bmatrix} \left\{ \begin{array}{c} M_A \\ M_B \end{array} \right\}$$

$$\tag{2.3-2}$$

假定构件的恢复力模型为三折线模型，如图 2.3-5 所示，则可将此构件整体刚度曲线分成弹性部分及塑性部分。

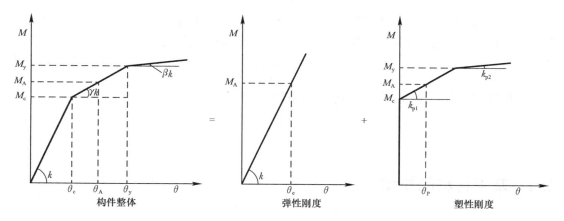

图 2.3-5　集中塑性铰模型的弯矩—转角关系

图 2.3-5 中构件的开裂弯矩和屈服弯矩分别为 M_c 和 M_y，开裂转角和屈服转角分别 θ_c 和 θ_y。恢复力模型的弹性刚度为 k，恢复力模型的第二刚度为 γk，第三刚度为 βk，其中 γ、β 均小于 1。依据总变形相等原则，可得：

$$\frac{M_c}{k} + \frac{M_A - M_c}{\gamma k} = \frac{M_A}{k} + \frac{M_A - M_c}{k_{p1}} \tag{2.3-3}$$

由式（2.3-3）可得：

$$k_{p1} = \left(\frac{\gamma}{1-\gamma}\right)k \tag{2.3-4}$$

同理：

$$k_{p2} = \left(\frac{\beta}{1-\beta}\right)k \tag{2.3-5}$$

由以上的讨论可知，当构件整体的弯曲—转角关系确定后，即可获得塑性部分的弯矩—转角关系，相应的构件塑性转角即可确定，从而确定构件端部的总转角。

在三折线力学模型中，对于钢筋混凝土梁构件，根据截面的大小、配筋多少，可以计算出构件的开裂弯矩和屈服弯矩。构件的开裂转角与开裂弯矩符合以下关系：

$$\theta_c = \frac{M_c}{k} \tag{2.3-6}$$

构件初始刚度计算时需要假定构件弯矩的分布形式，当构件弯矩分布基本符合反对称分布时，其初始刚度计算式为：

$$k = \frac{6EI_0}{L} \tag{2.3-7}$$

式中　L——构件长度；

　　　　I_0——初始惯性矩。

当构件屈服时，屈服弯矩对应的屈服转角 θ_y 一般表达方式为：

$$\theta_y = \frac{M_c}{\alpha_y k} \tag{2.3-8}$$

在式（2.3-8）中引入的屈服刚度折减系数 α_y，此系数一般通过实验结果分析得出；α_y 确定后，构件整体弯矩—转角关系曲线中 γ 值可确定；对于 β 值即一般指定为 0 或者其他较小值。

在以上的讨论中，假定了弯矩为逆对称分布形式；由于构件的弯矩分布形式不同时，其构件的初始刚度也将不同；当构件弯矩满足三角分布时，其初始刚度计算式为：

$$k = \frac{3EI_0}{L} \tag{2.3-9}$$

当构件弯矩满足均布分布时，其初始刚度计算式为：

$$k = \frac{2EI_0}{L} \tag{2.3-10}$$

2.4　基于材料的模型

以一维梁、柱构件为例应用基于材料的数值模型，首先需要对截面按材料组成和位置进行分割、划分成一系列层或纤维，然后基于平截面假定，将构件的力—变形关系与材料的力—变形关系联系起来。基于材料的模型可以同时考虑轴力和弯矩对截面滞回关系的影响，其理论上精度较高，特别适用于轴力变化较大的情况。但是缺点在于工作量大，求解效率低，尤其是实际截面行为比平截面假定复杂，其分析结果未必比基于截面或构件的模型精度高。

理论上来说采用基于材料的模型时，只要定义构件涉及的材料本构模型即可建立整体模型，但是在单元刚度矩阵形成上仍然有不同的选用方式，例如求取单元刚度矩阵时有基于柔度法和基于刚度法之分。以下对基于柔度法的非线性梁柱单元进行案例介绍。

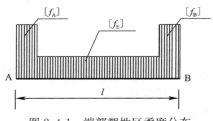

图 2.4-1　端部塑性区柔度分布

以第 2.3.1 节介绍的分布塑性铰模型为例，当截面的恢复力模型通过纤维截面计算时，将转变为分布纤维梁柱单元。而对于第 2.3.2 节介绍的集中塑性铰模型，采用纤维单元时，有两种不同的方式计算构件的柔度矩阵，分别为采用端部塑性区（图 2.4-1）和假定构件柔度分布函数（图 2.4-2）的处理方式。

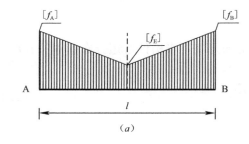
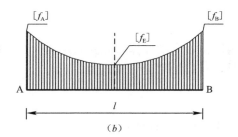

图 2.4-2　函数型柔度分布
（a）直线分布；（b）二次曲线分布

图 2.4-1 及图 2.4-2 中，$[f_A]$ 与 $[f_B]$ 分别是两端截面的非弹性柔度，$[f_E]$ 是跨中的弹性柔度。采用图 2.4-1 端部塑性区柔度分布时，$[f_A]$、$[f_B]$ 代表了端部一定范围内的柔度，其他部分采用 $[f_E]$，应用此种处理方式时需要确定塑性区域的长度，在 PERFORM-3D 软件中即提供了此种单元形式，只是将求解 $[f_A]$、$[f_B]$ 的截面位置移动到了塑性区

的中点位置。采用图 2.4-2 函数型柔度分布时，则需要预设柔度分布函数，此种处理方式人为干预程度较高，在有限元分析软件中采用较少。

以上介绍的非线性梁柱单元均为基于柔度法求取单元柔度矩阵，再通过求逆矩阵得到单元刚度矩阵。当采用基于刚度法的非线性梁柱单元时，由第 2.1 节的讨论可知，求解单元刚度矩阵需要引入单元位移插值函数。根据插值函数的不同，主要分为两种单元：C_0 单元和 C_1 单元。两者最大的区别在于 C_0 单元的位移插值函数连续，而 C_1 单元的位移插值函数其导数连续。ABAQUS 空间梁柱单元中的 B31、B32 为 C_0 单元，B33 为 C_1 单元。其中 B31 为 2 节点单元，其位移插值函数为线性，B32 为 3 节点单元，其位移插值函数为二次多项式，两者同为铁木辛柯梁单元；B33 为 2 节点单元，其位移插值函数为三次多项式，属于欧拉—伯努利梁单元。

在计算特征截面的刚度时，需要引入材料的本构模型。在结构动力弹塑性分析中，常用材料主要有混凝土材料和钢材料，以下介绍 ABAQUS 中两种材料本构模型的特点，在第 5.2.1 节和第 5.2.5 节对用于显式分析方法中的混凝土材料本构子程序和钢管/钢筋混凝土构件的模拟进行介绍。

2.4.1　混凝土材料本构模型

ABAQUS 中，有两种常用的适用于混凝土的本构材料模型，分别为混凝土弥散裂缝模型（Concrete Smeared Cracking）和混凝土塑性损伤模型（Concrete Damaged Plasticity），前者以裂缝模型为基础，一般适用于带有钢筋特性的混凝土，仅适用于单调加载分析；后者以损伤模型为基础，考虑了损伤效应，可用于往复荷载作用分析，适用于模拟地震工况下的混凝土力学行为。

ABAQUS 中提供的塑性损伤模型依据 Lubliner 等[18]，Lee 和 Fenves 等[19] 提出的模型确定，其目的是为循环和动态加载条件下混凝土结构的力学响应提供合理的材料模型，考虑了材料拉压性能的差异，主要用于模拟低静水压力下由损伤引起的不可恢复的材料退化，这种退化主要表现在材料宏观属性的拉压屈服强度不同、拉伸和压缩采用不同的刚度折减因子、在循环载荷下刚度可以部分恢复等。

在使用 ABAQUS 结合《混凝土结构设计规范》GB 50010—2010[14] 对结构进行弹塑性分析时，需要特别注意，规范中的"损伤演化参数" D_c 与 ABAQUS 中的"损伤因子" d_c 并不是一个概念，D_c 为应力应变曲线上的割线损伤，而 d_c 为卸载刚度损伤；因而在根据规范中的本构模型计算输入 ABAQUS 塑性损伤参数的时候，要进行相应的转换。

以常用的 Sidoroff 损伤模型[17] 为例，其认为应力作用下受损材料产生的弹性余能与等效应力在无损材料产生的弹性余能在形式上等价。

通过有效应力张量代替柯西应力张量（Cauchy's stress tensor），将损伤与弹性耦合，并借助受损材料的弹性余能即可得到损伤材料的应力应变关系。

无损伤材料的弹性余能 W_0 表示为：

$$W_0 = \frac{\sigma^2}{2E_0} \tag{2.4-1}$$

等效有损伤材料的弹性余能 W_d 为：

$$W_d = \frac{\bar{\sigma}^2}{2E_d} \tag{2.4-2}$$

假设 d 为损伤因子，则有效应力为：

$$\bar{\sigma} = (1-d)\sigma \tag{2.4-3}$$

代入式（2.4-1）和式（2.4-2）后可得：

$$E_{\mathrm{d}} = E_0(1-d)^2 \tag{2.4-4}$$

进一步可得：

$$\sigma = E_0(1-d)^2\varepsilon \tag{2.4-5}$$

以受压为例，规范中根据"受压损伤演化参数" D_{c} 定义的应力表达式为：

$$\sigma = (1-D_{\mathrm{c}})E_{\mathrm{c}}\varepsilon \tag{2.4-6}$$

故根据式（2.4-5）和式（2.4-6）可得到两者之间的关系式，即 ABAQUS 中受压损伤因子的表达式（受拉亦然）：

$$d_{\mathrm{c}} = 1 - \sqrt{1-D_{\mathrm{c}}} \tag{2.4-7}$$

图 2.4-3 所示为按照规范定义的 C40 混凝土在 ABAQUS 中输入的塑性损伤本构参数示意。

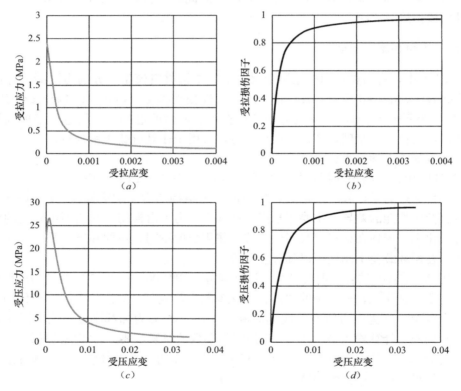

图 2.4-3　混凝土塑性损伤本构示意

（a）混凝土受拉真实应力—非弹性应变曲线；（b）受拉损伤因子—非弹性应变曲线
（c）混凝土受压真实应力—非弹性应变曲线；（d）受压损伤因子—非弹性应变曲线

损伤因子（0～1）表示对材料刚度矩阵的折减，数值越大，则表明混凝土损伤越严重：0 表示材料完全无损伤，1 表示材料完全损伤。

值得注意的是，在 ABAQUS 模型中，输入的损伤模型参数为真实应力与损伤因子和非弹性应变之间的关系曲线，故需要对工程应变和工程应力进行相应的换算；此外还有重要的一点，需要区分非弹性应变和塑性应变，从图 2.4-4 可见，非弹性应变等于总应变减去当前应力/初始弹性模量，而塑性应变为总应变减去当前应力/当前损伤后的弹性模量，故非弹性应变是大于等于塑性应变的，其包含塑性应变和黏性应变。

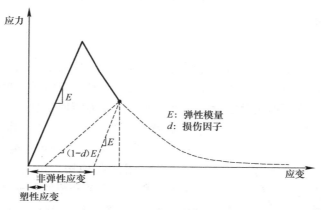

图 2.4-4　非弹性应变和塑性应变的区别

2.4.2　钢材本构模型

相对于混凝土材料来说，钢材是比较理想的匀质材料，其在受拉和受压上的力学性能基本一致。ABAQUS 提供了多种适用钢材的本构模型，如常用的等向硬化模型和运动硬化模型，两者都遵从冯·米塞斯（Von-Mises）屈服准则。

等向硬化模型定义为当材料在某个方向（如受压）进入塑性状态时，屈服点提高，则另一方向（受拉）的屈服强度也同时得到提高；其假定材料屈服面的位置中心和形状不变，大小随硬化参数而变化，即在发生塑性变形后仍旧为各向同性，一般适用于静荷载作用或者变形不大的情况。

运动硬化模型（图 2.4-5）定义为当材料在某个方向（如受压）进入塑性，屈服点在完成相应提高后，另一方向（受拉）的屈服强度将相应地减小，材料总的弹性区间保持不变；其假定材料屈服面的大小和形状都不改变，仅发生位置变化，即屈服面在应力空间中作刚体平移。运动硬化模型考虑到了包兴格效应（Bauschinger Effect），故更加适用于模拟钢材在地震反复作用下的特性。

ABAQUS 对线性运动硬化模型进行定义时，如图 2.4-6 所示，一般仅需给出两组数

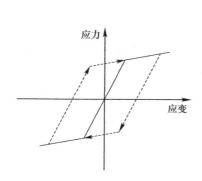

图 2.4-5　钢材硬化模型示意图

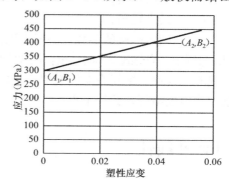

图 2.4-6　ABAQUS 运动硬化模型输入数据示意

19

据：零塑性应变时对应的屈服应力（图中 A_1 和 B_1，$A_1=0$）和某一塑性应变值处对应的应力（图中 A_2 和 B_2，一般取极限强度对应值），图中直线斜率即为材料的切线模量。

2.5 滞回规则

在动力弹塑性分析中，除了需要应用到恢复力模型的骨架曲线以外，还需要定义恢复力模型的滞回规则，两者综合形成恢复力滞回模型。恢复力滞回模型反映结构在反复受力过程中的变形特征、刚度退化及能量消耗等特性。恢复力滞回模型有多种，包括弯矩—曲率类、弯矩—转角类、剪力—水平变形类、轴力—竖向变形类以及应力—应变类等。在 2.2.1 节和 2.2.2 节介绍的两种构件的力—变形曲线中，以及 2.4.1 节和 2.4.2 节介绍的两种材料的应力—应变曲线中都已经包含了滞回规则。在 2.3.1 节及 2.3.2 节介绍的截面力学模型中，则对弯矩—曲率骨架曲线以及弯矩—转角骨架曲线进行了介绍。对于钢构件，如果构件不发生失稳等现象，其恢复力模型的滞回规则较为简单，一般采用运动强化模型；但对于钢筋混凝土构件，恢复力模型的滞回规则较为复杂，其中克拉夫模型（Clough Type）构成较为简单，在早期的钢筋混凝土结构的动力弹塑性分析经常使用，其滞回模型见图 2.5-1。

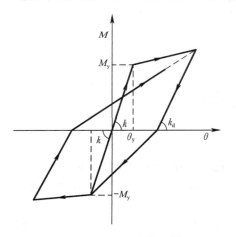

图 2.5-1 克拉夫模型

克拉夫滞回模型属于二折线模型，此模型没有考虑混凝土开裂对构件刚度的影响。当外荷载超过截面的屈服强度后，进行卸载时的刚度要比初始刚度小，塑性变形越大，卸载刚度则越小。卸载刚度与变形的关系满足下式：

$$k_{\mathrm{d}} = k \left| \frac{\theta_{\mathrm{y}}}{\theta} \right|^{\alpha} \leqslant k \tag{2.5-1}$$

式中 k——初始刚度；

       k_{d}——卸载刚度；

       θ_{y}——屈服转角；

       θ——最大转角；

       α——确定卸载的参数，一般可取值为 0.4。

在卸载过程中，当荷载反向时，重新加载曲线以反方向变形的最大点为目标，刚度继续下降。钢筋混凝土构件的恢复力滞回模型种类较多，除了克拉夫模型以外，还有刚度退化三折线模型、武田模型等，此处不再一一介绍。

2.6 几何非线性

对于线弹性问题的计算，通常都基于小变形假设：即假定物体产生的位移远小于自身的几何尺度，在建立结构或微元体的平衡方程时不考虑物体位置和形状（简称位形）的变化，整个分析过程中都以变形前的平衡位形来表达变形后的平衡位形；此外，变形过程中的应变与位移成一阶线性关系。

但在实际工程结构中，很多情况并不符合小变形假设。如图 2.6-1 所示的悬臂梁，在梁端作用竖直荷载力 P，当变形较小时，仍可采用小变形假设近似为线性分析；但当变形慢慢变大，除了结构形状发生变化，荷载 P 在梁轴向的分量 P' 也会对梁的刚度产生影响，如采用小变形假设，其将仍旧采用原始刚度来进行计算，从而得到不真实的结果。

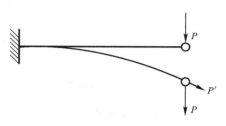

而在动力弹塑性分析中，结构的梁柱等构件在地震作用下往往会出现较大的变形，此时的平衡方程就必须考虑位形的变化，建立在变形后的真实位形上。同时应变与位移之间无法简化为线性形式，应变表达式需包含有位移的二次项，小变形假设同样不再适用。这类由于大变形或大转动等原因，使得计算中平衡方程和几何关系都为非线性关系的现象，即所谓的几何非线性。

图 2.6-1　几何非线性

需要指出的是，几何非线性问题并非必须要结构位移相对于结构自身尺度较大的情况才会出现，如图 2.6-2 所示的"Snap Through"现象，即具有小曲率的大板，在作用相反方向的力之后发生"突然翻转"，其刚度在小位移情况下发生剧烈变化，由正值迅速变为负值，同样具有明显的几何非线性。

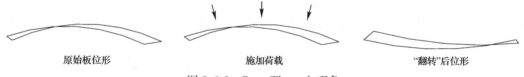

原始板位形　　　　　　　　施加荷载　　　　　　　　"翻转"后位形

图 2.6-2　Snap Through 现象

在结构动力弹塑性分析中，主要涉及大变形的几何非线性；且在地震作用下构件的大变形还会伴随着大应变的问题，即在几何非线性分析中还需耦合材料非线性，不同的材料将表现为不同的几何非线性特性；关于材料非线性的相关内容可参考 2.4 节。

2.6.1　分析方法

在涉及非线性问题的有限元方法中，既需要考虑几何非线性，又往往会涉及材料非线性，并且期望得到加载过程中应力和变形的演变历史。为了保证求解的精度和稳定，一般需通过增量分析方法来实现。

同时，为了表征加载过程中不断变化的结构位形，需要在迭代计算前建立参考位形，对此目前主要有完全拉格朗日（Total Lagrangion Method）和更新拉格朗日（Updated Lagrangion Method）两类表达格式：前者将所有静力学和运动学变量参考初始位形（0 时刻），并在整个分析过程中保持不变；后者则将变量参考于每个载荷或时间步长开始时的位形（t 时刻），在整个分析过程中不断更新。

按上述两种格式考察，可以发现大变形几何非线性问题的几何描述必须建立两个坐标系，并对两种描述格式予以定义。式（2.6-1）为与时间 $t+\Delta t$ 位形内物体的平衡条件及力边界条件相等效的虚位移原理表达式，由于其所参考的时间 $t+\Delta t$ 位形为未知的，故如果对其求解需要对参考位形进行定义。式（2.6-2）和式（2.6-3）分别为以时间 0 和时间 t 为参考位形得到的转换公式，即完全拉格朗日和更新拉格朗日格式，式中的 S_{ij} 和 ε_{ij} 分别为时间 $t+\Delta t$ 位形的基尔霍夫（Kirchhoff）应力张量和格林（Green）应变张量。具体的计算过程和原理可参考文献［9］的第 16 章相关内容。

$$\int_{t+\Delta_V} {}^{t+\Delta t}\tau_{ij}\delta_{t+\Delta t}e_{ij}{}^{t+\Delta t}\mathrm{d}V = {}^{t+\Delta t}W \tag{2.6-1}$$

$$\int_{0_V} {}^{t+\Delta t}_0 S_{ij}\delta_0^{t+\Delta t}\varepsilon_{ij}{}^0 \mathrm{d}V = {}^{t+\Delta t}W \tag{2.6-2}$$

$$\int_{t_V} {}^{t+\Delta t}_t S_{ij}\delta_t^{t+\Delta t}\varepsilon_{ij}{}^t \mathrm{d}V = {}^{t+\Delta t}W \tag{2.6-3}$$

2.6.2 *P-Δ* 和大变形理论

区别于小变形理论的几何非线性理论，包含有 *P-Δ* 和大变形两类主要计算理论，图 2.6-3 所示为采用不同计算理论下，单元在杆端竖直荷载 *P* 和水平荷载 *H* 作用下的变形情况示意。

小变形理论（图 2.6-3*a*）假设位移为水平形式，且杆件没有拉伸，而平衡方程建立于未变形状态下；

P-Δ 理论（图 2.6-3*b*）同小变形一样，假设位移为水平形式，且杆件没有拉伸，但是其平衡方程建立在变形后的状态下，即 $H=P\Delta/h$；

大变形理论下（图 2.6-3*c*），杆端位移为弧形形式，同时存在水平和垂直向位移，所以该状态下杆件拉压变形等于 0，通过变形后状态建立平衡方程可得 $H=P\Delta/h\cos\theta$。

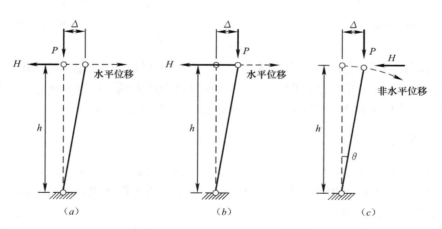

图 2.6-3 不同计算理论下变形示意
（*a*）小变形；（*b*）*P-Δ*；（*c*）大变形

在该工况下，尽管转动变形较大，但 *P-Δ* 理论和大变形理论的计算结果都相差不大。假设 Δ/h 已达到 0.05，两者对于水平力的计算结果分别为 $H=0.05P$ 和 $H=0.05006P$，相差可忽略不计；另外，当 $\Delta/h=0.05$ 时，大变形理论下的竖向位移为 $0.00125h$，而 *P-Δ* 理论结果为 0，在大多数情况下亦可满足工程要求，因而在多数结构计算中，*P-Δ* 理论已具有足够的计算精度。

对如图 2.6-4 的悬臂柱同时作用水平和竖直荷载，如其处于弹性阶段，则弯矩分布如图 2.6-4a 所示由三部分构成：（1）基于小变形理论的弯矩部分，柱底弯矩等于 Hh；（2）P-Δ 部分，柱底弯矩为竖向作用力和柱端水平位移的乘积，即等于 $P\Delta$；（3）P-δ 部分，其大小取决于柱子的自身弯曲变形。

在工程计算中，P-δ 部分的计算较为复杂，涉及多方面因素，如需要考虑到柱子是否进入塑性，对同样的工况，当柱底发生屈服并出现塑性铰时（图 2.6-4b），P-δ 部分将明显小于弹性分析工况。

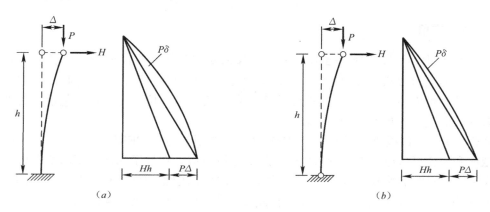

图 2.6-4　P-δ 效应

对于只在底部出现塑性铰的柱子，P-δ 效应在大多数情况下并不显著：当柱子刚度较大时，单元仅出现较小的弹性变形，该状态下 P-δ 效应自然也同样非常小；当柱子较柔时，变形较大从而有显著的 P-δ 变形，但此时单元所受的弯矩通常都非常小，故其 P-δ 效应同样较小。因此，P-δ 效应在大部分计算分析中通常忽略不计；当然这仅是针对塑性铰出现在柱子底部而言，当柱身形成有塑性铰时，将同时有弹性和弹塑性变形来构成明显的 P-δ 效应，对于这种情况，可行的一个方法是对柱进行划分，使铰点在节点处形成，从而将原先由柱身塑性铰产生的 P-δ 效应转换成容易计算的 P-Δ 效应。

当采用大变形理论来分析该类问题时，除上述各类非线性效应，还将考虑到柱子受压时两端距离由于受压产生的缩短效应，这将使得整个分析过程更加复杂，但在大多数工程应用上并没有必要。

而在某些工况下，必须要考虑大变形理论。图 2.6-5a 所示为只有考虑几何非线性才成立的悬链结构；在小变形理论和 P-Δ 理论下，由于都假设单元不存在拉伸变形，构件中没有轴向力，故作用力 V 在任何 Δ 大小变形下都等于 0，为三铰共线的瞬变体系，不成立。

另外，在图 2.6-5b 中，假设初始状态中构件内力为 P，由于在 P-Δ 理论中这个力将保持为常量，故竖直方向的力和位移将保持线性关系 $V = 2P\Delta/L$，即构件刚度为 $2P/L$；而大变形理论可正确计算得到随位移变化的刚度，其中初始刚度为 $2P/L$。

在大多数结构的抗震计算中，主要的受力形式与图 2.6-3 和图 2.6-4 更接近，此时 P-Δ 理论同大变形理论相比准确度相差较小，且运算更加简单，故对于结构的地震工况分析，只考虑 P-Δ 效应已经满足精度要求。而在图 2.6-5 的结构形式中，如板、膜结构的连续倒塌模拟，则需要采用大变形理论进行精确模拟分析。

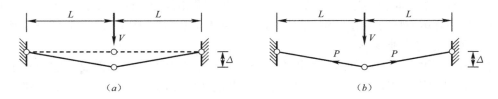

图 2.6-5　大变形理论的必要性

2.6.3　软件应用

SAP2000 中，可以选择 P-Δ 效应和大位移来实现几何非线性分析：前者平衡方程考虑部分结构的变形形状，拉力趋向于抵抗单元的转动和使结构刚化，压力趋向于增加单元的转动和使结构失稳；后者所有平衡方程都以结构变形后的位形建立，仅包括大的平动和转动效应，假定所有单元内的应变较小。

PERFORM-3D 提供了是否考虑 P-Δ 效应的选项，另外 PERFORM-Collapse 包含了 P-Δ 效应和大变形效应，大变形适用于楼板的悬链效应，在柱子和墙中不需要考虑。关于 P-δ 效应，例如柱单元和支撑单元在长度上的几何非线性，PERFORM-3D 目前不考虑，故如果使用单个单元来模拟支撑构件，软件将不会模拟其在长度方向的屈曲，对此用户可通过将构件划分为若干段小单元来通过 P-Δ 效应模拟该类型的屈曲，同时建议先通过在简单模型上进行一定的测试，以达到期待的效果，对此更简单的方法是通过选择相应屈曲类型的材料来实现。

ABAQUS 中通过 Nlgeom 开关来选择是否开启几何非线性（大变形理论）。当几何非线性分析时，梁、壳和桁架单元的局部材料方向会随着变形而转动；默认状态下，隐式分析（Standard）采用小变形理论，显式分析（Explicit）采用大变形理论，而一旦在某个分析步中采用了几何非线性，在之后的分析步中都将默认考虑几何非线性。其中隐式分析（Standard）采用牛顿-拉普森（Newton-Raphson）方法迭代求解非线性问题。

2.7　整体数值模型建立

本节基于 MIDAS Building、PERFORM-3D 和 ABAQUS 三种软件，介绍整体弹塑性数值模型的建立方法和过程。

2.7.1　基于 MIDAS Building 的数值模型

MIDAS Building 是三维建筑结构分析及设计软件，为工程师提供了界面友好的动力弹塑性分析模块。在动力弹塑性分析中，对于框架型构件的模拟，如常见的梁、柱构件，软件提供了多种基于截面非线性力学行为的单元。这些单元的塑性铰模型主要分为弯矩—转角型和弯矩—曲率型。当构件轴力影响不可忽略时，例如柱构件，可以考虑轴力—弯矩（P-M 或者 P-M-M）相关。

由多种材料组成的构件其滞回曲线较单一材料的也更为复杂，如钢筋混凝土构件刚度具有退化与反向加载指向历史最大变形（未发送屈服时指向第一个屈服点）的特点。由于基于截面的塑性铰力学模型更多的是由试验现象并结合理论分析而形成，因此可以更有效地考虑此类现象。相对于第 2.5 节中介绍的克拉夫模型，武田模型能够较为精确地模拟钢筋混凝土构件在反复荷载作用下的弹塑性力学行为，因此在动力弹塑性分析中得到了大量的使用，如图 2.7-1 所示。

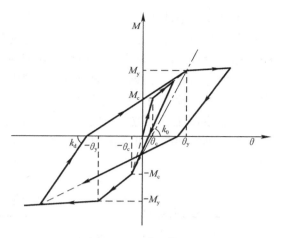

图 2.7-1　武田模型

武田模型中，卸载刚度与变形的关系满足下式：

$$k_{\mathrm{d}} = k_0 \left| \frac{\theta_{\mathrm{y}}}{\theta} \right|^{\alpha} \leqslant k_0 \qquad (2.7\text{-}1)$$

式中　k_{d}——卸载刚度；

θ_{y}——屈服转角

θ——最大转角；

α——确定卸载的参数，一般可取值为 0.4；

k_0——连接屈服点与反向裂缝点的直线刚度，计算公式如下：

$$k_0 = \frac{M_{\mathrm{c}} + M_{\mathrm{y}}}{\theta_{\mathrm{c}} + \theta_{\mathrm{y}}} \qquad (2.7\text{-}2)$$

对于部分承受较大剪力的构件，在分析时也需要定义其受剪方向的塑性铰。一般认为剪切方向的弹塑性力学行为趋向于"脆性"特点，尤其是对于钢筋混凝土构件。在弹塑性分析时，可以定义独立的剪力—剪切变形类塑性铰，剪切变形一般采用剪切变形角 γ 表示。剪力（Q）—剪切变形（γ）模型中，常用的是指向极值点模型，其滞回模型见图 2.7-2。

图 2.7-2 中构件的开裂剪力和屈服剪力分别为 Q_{c} 和 Q_{y}，开裂变形角和屈服变形角分别为 γ_{c} 和 γ_{y}。在指向极值点模型中，随着变形增大，其卸载刚度也出现下降趋势，卸载方向指向历史最大变形点。应注意的是，由于剪切变形的"脆性"特点，尽管指向极值点模型的骨架曲线也是三折线模型，但是在外荷载达到屈服剪力时，其屈服后强度不宜考虑有强化阶段。

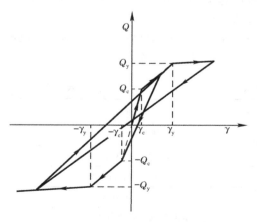

图 2.7-2　指向极值点模型

对于钢筋混凝土剪力墙，软件提供的墙单元可以考虑面内非线性力学行为，面外考虑为弹性。一般剪力墙构件由多个墙单元组成，尤其是存在洞口时。每个墙单元在面内又被分割成具有一定数量的竖向和水平向的纤维，每个纤维有一个积分点。对于剪切非线性行为，则计算每个墙单元的四个高斯型积分点位置的剪切变形。考虑到墙单元产生裂缝后，水平向、竖向、剪切方向的变形具有一定的独立性，其非线性墙单元暂不考虑泊松比的影响，即假设水平向、竖向、剪切变形互相独立（图2.7-3）。

在剪力墙面内非线性力学行为的模拟中，其纤维截面需采用基于材料的本构模型。其中钢筋本构一般采用二折线运动强化模型，混凝土本构可采用《混凝土结构设计规范》附录C中的混凝土单轴应力—应变曲线。计算剪切非线性时，需要应用到等效剪切材料的本构模型，其骨架曲线可考虑为理想弹塑性，滞回规则一般采用指向原点模型，如图2.7-4所示。

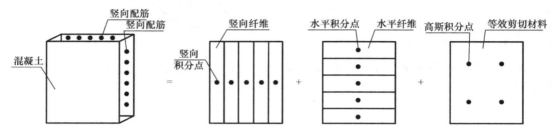

图 2.7-3 墙单元面内非线性模拟

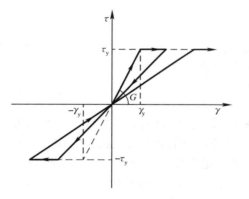

图 2.7-4 指向原点模型

图2.7-4中材料的屈服剪应力为τ_y，屈服剪应变为γ_y，初始剪切模量为G。此模型的主要特点是材料屈服后，其卸载时始终指向原点，随着变形的增大，卸载刚度逐渐降低。同时由于卸载方向始终指向原点，不能考虑材料的残余应变。实际上，由于模型中采用了等效剪切材料概念，其屈服剪应力综合考虑了混凝土与钢筋的共同作用，而初始剪切模量也需要在混凝土剪切模量基础上进行一定折减。

表2.7-1给出了常用构件在进行动力弹塑性分析时可以采用的非线性力学模型。

构件非线性行为模拟 表 2.7-1

构件类型		变形分量	非线性力学模型
钢筋混凝土梁		弯曲方向	克拉夫模型
钢梁		弯曲方向	运动强化模型
钢筋混凝土柱或型钢混凝土柱		轴力—弯矩耦合	修正武田四折线模型
钢柱或钢管混凝土柱		轴力—弯矩耦合	运动强化模型
剪力墙	墙肢	面内方向	双向纤维＋等效剪切材料
	连梁	弯曲方向	跨高比≥2.5，可采用克拉夫滞回模型 跨高比<2.5，同墙肢
钢支撑		轴力方向	运动强化模型，对受压承载力进行折减

注：1. 对于梁、柱构件的剪切行为，一般通过构造措施保证其变形处于不屈服工作状态；
2. 梁、柱单元的刚度矩阵采用柔度矩阵形式，可见2.1节中相关内容。

2.7.2　基于 PERFORM-3D 的数值模型

PERFORM-3D 是建筑结构专业专用的非线性分析软件，主要用于实现结构"基于性能的抗震设计"。其专业性在于软件提供了较为完善的线性与非线性结构单元库，在图 2.7-5 中对这些单元进行了分类。

单元是由一个或者多个包含不同力学特点的组件共同构成，组件主要类型有以下五种：

（1）材料类，包括线性、非线性材料。两种材料中均有不同用途的混凝土材料及钢材料。

（2）截面类，包括梁、柱、墙和板壳截面。不同的截面针对用途进行细分，以墙截面为例，仍包含有线性剪力墙、非线性剪力墙、线性通用墙、非线性通用墙四类。

（3）基本组件类，包括梁塑性铰、柱塑性铰、杆类型、梁柱节点、隔振器等各类组件，这些组件又分为线性及非线性两大类。

（4）强度截面类，包括梁类、柱类强度截面。在计算中，强度截面并没有刚度贡献，仅在后处理中用于计算构件的强度需求能力比。

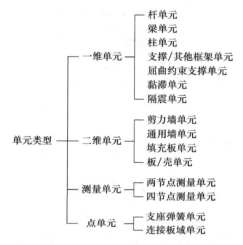

图 2.7-5　PERFORM-3D 单元分类

（5）复合组件类，包括有框架、剪力墙、通用墙、阻尼器、屈曲约束支撑等。复合组件一般包含多种其他组件类，如强度截面、基本组件等。图 2.7-6 为复合组件在框架梁构件上的应用示例，图（a）中，复合组件主要由梁两端的节点域组件，剪切强度截面、塑性铰组件以及中部的弹性截面共同组成；图（b）中，塑性铰组件替换为纤维截面，其中纤维截面组件需要应用到材料类组件。

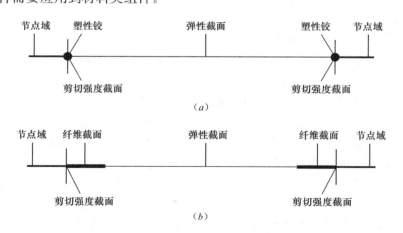

图 2.7-6　框架梁复合组件应用
（a）塑性铰模拟非线性；（b）纤维截面模拟非线性

部分单元由基本组件构成，包括桁架、隔振器等，其他单元则需要采用复合组件。图 2.7-7 为典型型钢混凝土柱纤维截面的组成形式，纤维定义总数不应多于 60 个。

27

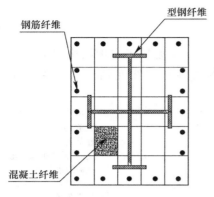

图 2.7-7　型钢混凝土柱纤维截面

材料及基本组件包含一种或者多种广义力—广义变形关系曲线，也可以称之为广义 *F-D* 关系曲线。以图 2.7-6 框架梁复合组件为例，当采用塑性铰模拟非线性时，广义力为弯矩，广义变形为转角或者曲率；当采用纤维截面模拟非线性时，广义力为构成框架梁的材料应力，广义变形为材料应变。在 PERFORM-3D 中，*F-D* 关系曲线既可以是线性形式也可以是非线性形式，常见的三折线 *F-D* 关系曲线形式如图 2.7-8 所示。

图中关键点的定义如下：

（1）Y 点，对应于第一屈服点，即非线性行为开始点；

（2）U 点，对应于极限承载力点；

（3）L 点，对应于延性极限点，也是强度损失开始点；

（4）R 点，对应残余强度点，也是达到最小残余强度的点；

（5）X 点，对应变形极限点，一般默认此时达到了计算终止条件。对于部分特殊组件，可以考虑在 X 点处承载力完全损失，即承载力在 X 点处下降为零。

对于大部分非线性材料和基本组件，在正向与负向可以定义不同的 *F-D* 关系曲线，如在混凝土材料定义中，对于梁、柱构件的保护层混凝土可以定义其受拉强度始终为零，核心区混凝土可以参考《混凝土结构设计规范》附录 E，定义混凝土纤维受拉方向的 *F-D* 关系曲线。

在动力弹塑性分析中，需要用到材料、截面或者构件的恢复力模型，包括骨架曲线以及滞回规则，PER-

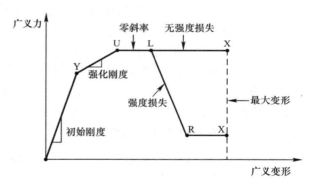

图 2.7-8　三折线 *F-D* 关系曲线形式

FORM-3D 中的 *F-D* 关系曲线即为骨架曲线。恢复力模型的滞回规则体现了研究对象在循环荷载作用下强度与刚度的退化规律，同时也体现了研究对象延性变形与能量耗散能力。图 2.7-9 为二折线模型和三折线模型的滞回曲线，滞回曲线围成的面积代表了研究对象的耗能，有刚度退化的滞回曲线包络面积小于无刚度退化的包络面积；刚度退化将造成耗能能力的下降，两者之间具有相关性。PERFORM-3D 软件并未对所有类型的组件建立精细化的滞回规则，而是通过统一的能量折减系数来考虑在循环加载作用下组件耗能能力的降低。在分析过程中，当非线性组件的外荷载发生卸载时，软件根据此前发生的最大的变形计算能量折减系数，并计算此组件退化后的刚度。能量折减系数的定义主要有两种，一种是通过"YULRX"形式，另一种是"YX＋3"形式，详细的参数定义方式可以参考文献［26］。

非线性行为的模拟是构建弹塑性整体模型的关键。尽管 PERFORM-3D 软件提供了丰

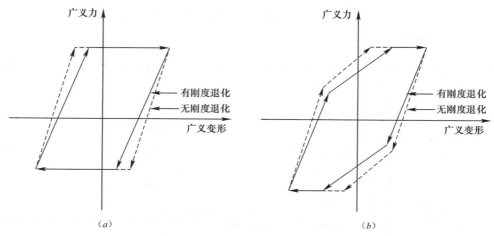

图 2.7-9　滞回曲线

（a）二折线模型；（b）三折线模型

富的非线性力学模型，但在实际应用中仍需要根据实际情况综合考虑精度与效率等因素，建立合适的弹塑性分析模型。在常规的超高层动力弹塑性分析中，典型构件非线性行为模拟建立方式如表 2.7-2 所示。结合图 2.7-6 与表 2.7-2 可以看出，基于 PERFORM-3D 进行弹塑性分析，一般不必建立一个完全弹塑性的整体模型，而是部分弹性、部分弹塑性：以图 2.7-6 所示为例，由于框架梁跨中部分一般不会出现弹塑性响应，故可采用弹性梁进行模拟。

构件非线性行为模拟　表 2.7-2

构件类型		变形分量	非线性力学模型
框架梁		弯曲方向	弯矩曲率铰或弯矩旋转铰或 FEMA 梁
框架柱		轴力—弯矩耦合	轴力—双向弯矩旋转铰或纤维截面或 FEMA 柱
剪力墙	墙肢	面内轴力—弯矩耦合	高宽比≥3，可采用单向纤维剪力墙单元 高宽比<3，宜采用双向纤维通用墙单元
		面内剪切方向	非线性等效剪切材料
	连梁	弯曲方向	跨高比≥2.5，可采用弯矩曲率铰或弯矩旋转铰或 FEMA 梁； 跨高比<2.5，可采用转动塑性铰模型或双向纤维通用墙单元
	边缘构件	轴力方向	纵向钢筋以杆单元模拟
钢支撑	铰接	轴力方向	采用杆单元模拟，以材料非线性间接考虑受压失稳效应，参数设置可参考文献 [55] 附录 D
	刚接	轴力—弯矩耦合	采用"支撑/其他框架"单元模拟
剪切耗能梁段		剪切方向	剪切屈服型耗能梁段采用剪切铰模拟，参数设置所计算结果宜与试验相吻合
防屈曲支撑		轴力方向	采用约束屈曲支撑单元模拟，参数设置所计算结果宜与试验相吻合
黏滞阻尼器		轴力方向	采用黏滞单元模拟，参数设置所计算结果宜与试验相吻合
防屈曲钢板墙		剪切方向	采用填充板单元模拟，参数设置所计算结果宜与试验相吻合
铅芯橡胶支座		剪切方向	采用橡胶类隔震单元模拟，参数设置所计算结果宜与试验相吻合
摩擦摆隔震支座		剪切方向	采用摩擦摆类隔震单元模拟，参数设置所计算结果宜与试验相吻合

注：1. 对于墙肢剪切非线性行为模拟，采用通用墙单元时，也可以指定非线性对角斜压杆模型；

　　2. 塑性铰模型的 F-D 关系曲线也可采用平截面假定的纤维模型进行计算。

结合表 2.7-2 中的非线性模型建立方式，构建用于动力弹塑性的整体模型，图 2.7-10 为数值模型应用案例。

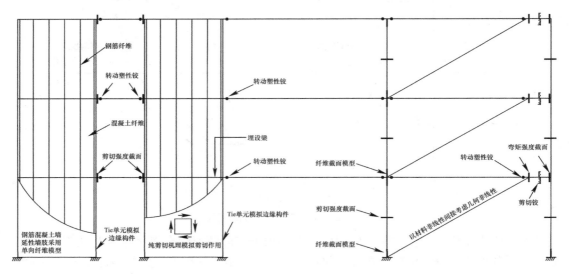

图 2.7-10　基于 PERFORM-3D 构建整体模型

2.7.3　基于 ABAQUS 的数值模型

ABAQUS 是一款通用有限元分析软件，具有丰富的单元库和材料库，多样化的求解功能及便捷的子程序开发功能，使得该软件在工程领域得到了广泛的应用。在结构专业的动力弹塑性模型中，主要应用到了 ABAQUS 中的桁架单元、梁柱单元、壳单元、质量单元和弹簧单元等。

如图 2.7-11 所示，在 ABAQUS 中，梁柱等单元一般都采用内置的纤维梁单元直接模拟，因为其为 C_0 单元，容易与同样是 C_0 单元的壳单元相连接；利用 GREEN 应变的计算公式，并且考虑大应变的特点，适合用来模拟梁柱在受到大震作用下到达并发展塑性的状态。

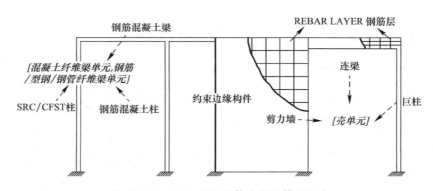

图 2.7-11　ABAQUS 整体有限元模型示意

剪力墙、楼板和巨柱等构件一般采用 ABAQUS 内置的壳元直接模拟，可直接采用自带的弹塑性损伤本构模型模拟低围压情况下反复荷载作用时的混凝土力学行为，其输入采用单轴应力—应变曲线；转角和位移分别插值，为 C_0 单元，与梁单元的连接容易；可模拟大变形、大应变，适合模拟大震作用下的塑性状态。

另外，在弹塑性过程中楼板将发生开裂使其平面刚度下降，对结构的各抗侧力构件剪力分配和抗侧刚度将产生一定影响。由于采用纤维单元模拟梁构件，中性轴将由于混凝土开裂及钢筋屈服在构件截面高度范围内移动。如分析中采用刚性板假定或者弹性楼板假定将对中性轴移动产生约束，高估梁构件的抗弯承载力，而这样不符合实际情况。因此弹塑性分析中如需要得到更为准确的结果，一般不采用刚性楼板假定，对楼板作为弹塑性壳单元来进行分析。

梁柱中的钢筋通过纤维梁共节点实现，墙板中的钢筋通过"＊Rebar Layer"实现；配筋数据根据设计软件计算值并结合规范构造要求来配置。

2.8 地震作用输入

动力弹塑性分析需要选择合适的地震波，输入加速度时程记录。对于弹性时程分析可采用振型叠加法，而动力弹塑性分析属于强非线性分析，一般采用直接积分法（对于部分减、隔震结构，可以采用基于振型的快速非线性分析方法）。

2.8.1 运动方程建立方式

在动力分析中的运动方程建立过程中，可选择多种方法，各方法的特点见表 2.8-1。

典型建立运动方程方法的特点 表 2.8-1

方法	特点
牛顿第二定律	矢量方法，物理概念明确
达朗贝尔原理（D'Alembert's Principle）	矢量方法，直观，建立动平衡概念
虚位移原理	半矢量方法，可处理复杂分布质量和弹性问题
汉密尔顿原理（Hamilton's Principle）	标量方法，表达简洁
拉格朗日方程（Lagrange's Equations）	标量方法，运用面广

以经典的单自由度体系为例，如图 2.8-1 所示的质量—弹簧—阻尼器系统，系统中弹簧和阻尼器无质量分布，质量块为刚性，运动方向仅为水平向，接触表面无摩擦。以下分别介绍牛顿第二定律、达朗贝尔原理及虚位移原理在运动方程建立过程的运用。

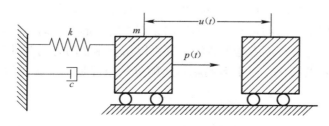

图 2.8-1 质量—弹簧—阻尼器系统

1. 牛顿第二定律

由牛顿第二定律（图 2.8-2）可知：

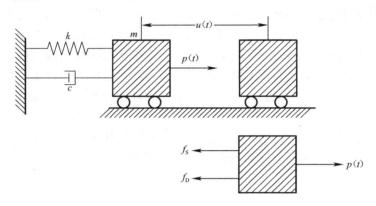

图 2.8-2 牛顿第二定律

$$F = ma \tag{2.8-1}$$

根据质量块的外力条件：

$$F = p(t) - f_\mathrm{D} - f_\mathrm{S} \tag{2.8-2}$$

将式（2.8-1）代入式（2.8-2）：

$$ma + f_\mathrm{D} + f_\mathrm{S} = p(t) \tag{2.8-3}$$

式中

$$a = \ddot{u} \tag{2.8-4}$$

$$f_\mathrm{D} = c\dot{u} \tag{2.8-5}$$

$$f_\mathrm{S} = ku \tag{2.8-6}$$

将式（2.8-4）～式（2.8-6）代入方程（2.8-3）可得：

$$m\ddot{u} + c\dot{u} + ku = p(t) \tag{2.8-7}$$

2. 达朗贝尔原理（直接动力平衡法）

达朗贝尔原理是指在体系运动的任一瞬时，如果除了实际作用结构的主动力（包括阻尼力）和约束反力外，再加上（假想的）惯性力，则在该时刻体系将处于假想的平衡状态（动力平衡）。

根据达朗贝尔原理，建立质量块的力平衡公式（图 2.8-3）：

$$p(t) - f_\mathrm{I} - f_\mathrm{D} - f_\mathrm{S} = 0 \tag{2.8-8}$$

式中惯性力项为：

$$f_\mathrm{I} = m\ddot{u} \tag{2.8-9}$$

将式（2.8-5）及式（2.8-6）代入公式（2.8-8），同样得到运动方程（2.8-7）。

静力问题是人们所熟悉的，有了达朗贝尔原理之后，形式上动力问题就变成了静力问题，静力问题中用来建立控制方程的方法，都可以用于建立动力问题的平衡方程，使对动力问题的思考有一定的简化。对很多问题，达朗贝尔原理是用于建立运动方程的最直接、最简便的方法。

3. 虚位移原理

虚位移原理指在一组外力作用下的平衡系统发生一个虚位移时，外力在虚位移上所做的虚功总和恒等于零。其中虚位移是指满足体系约束条件的无限小位移。同样假定图 2.8-3 所示体系发生虚位移 δ_u，则平衡力系在 δ_u 上做的总虚功为：

$$p(t)\delta_u - f_I\delta_u - f_D\delta_u - f_S\delta_u = 0 \qquad (2.8\text{-}10)$$

对式（2.8-10）两边同时消除 δ_u，同样可得到运动方程（2.8-7）。

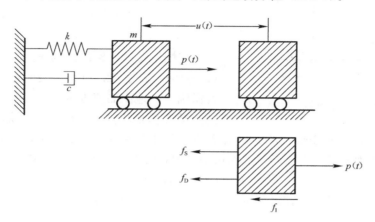

图 2.8-3　直接动力平衡法

由于虚位移原理是建立在对虚功分析的基础之上，而虚功是标量，可以方便地按照代数方式进行运算，因此相对于牛顿第二定律或者达朗贝尔原理具有一定的优势。

以上的推导基于线弹性体系，也可以用于非线性体系。由于在非线性体系中结构的刚度不再是定值，恢复力表达式为：

$$f_S = f_S(u,\dot{u}) \qquad (2.8\text{-}11)$$

将方程（2.8-7）中的恢复力项采用式（2.8-11）进行替换可得：

$$m\ddot{u} + c\dot{u} + f_S(u,\dot{u}) = p(t) \qquad (2.8\text{-}12)$$

2.8.2　地震激励下的运动方程

在地震工程中，结构的动力反应不是由直接作用到结构上的动力引起的，而是由于结构基础的运动引起的。将地面的位移以 u_g 表示，结构的绝对变形以 u^t 表示，结构与地面的相对位移以 u 来表示。在任意时刻，这些位移满足以下公式：

$$u^t(t) = u(t) + u_g(t) \qquad (2.8\text{-}13)$$

式中 u_g 和 u^t 均基于同一惯性参考系，且正方向相同。图 2.8-4 所示理想单层体系受到地震激励时的运动方程，可用 2.8-1 节所介绍的达朗贝尔原理建立动平衡方程：

$$f_I + f_D + f_S = 0 \qquad (2.8\text{-}14)$$

由于结构与基础之间的相对变形（或运动）产生弹性力和阻尼力（也就是说结构位移中的刚体运动不产生内力）。惯性力 f_I 与质量的加速度关系如下：

$$f_I = m\ddot{u}^t \qquad (2.8\text{-}15)$$

将式（2.8-5）、式（2.8-6）、式（2.8-15）代入式（2.8-14）中，可得图 2.8-4 所示线性结构体系在受到地面加速度 $\ddot{u}(t)$ 作用时，以相对变形表示的运动方程：

$$m[\ddot{u}(t) + \ddot{u}_g(t)] + c\dot{u}(t) + ku(t) = 0 \qquad (2.8\text{-}16)$$

对式（2.8-16）进行变换：

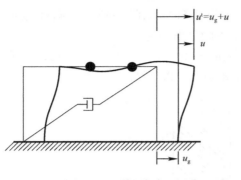

图 2.8-4 单层框架

$$m\ddot{u} + c\dot{u} + ku = -m\ddot{u}_{g}(t) \qquad (2.8\text{-}17)$$

当结构体系为非线性系统时，式（2.8-14）仍然成立，将方程（2.8-17）中的恢复力项采用式（2.8-11）进行替换可得：

$$m\ddot{u} + c\dot{u} + f_{S}(u,\dot{u}) = -m\ddot{u}_{g}(t)$$

$$(2.8\text{-}18)$$

对比式（2.8-17）与式（2.8-7）或者式（2.8-18）与式（2.8-12），表明结构分别承受两种激励——地面加速度 $\ddot{u}_{g}(t)$ 或者外力 $-m\ddot{u}_{g}(t)$ 的运动方程是相同的。由于地面加速度 $\ddot{u}_{g}(t)$ 产生的结构相对位移（或变形）$u(t)$ 和结构静止并承受外力 $-m\ddot{u}_{g}(t)$ 作用产生的结构位 $u(t)$ 相同，因此如图 2.8-5 所示，地面运动可用有效地震力 $P_{\text{eff}}(t)$ 代替：

$$P_{\text{eff}}(t) = -m\ddot{u}_{g}(t) \qquad (2.8\text{-}19)$$

该力等于质量与地面加速度的乘积，方向与加速度方向相反。

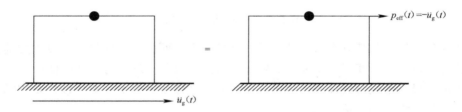

图 2.8-5 有效地震力

以上推论基于简单的结构系统，对于复杂的多自由度系统仍然有效。也就是说计算分析时，地震作用既可以激励于基底，也可以作用在上部结构，其结果仅仅是表现形式不同。当地震作用激励于基底时，提取结构变形应考虑扣除基底运动。

应注意的是，在式（2.8-16）中，阻尼力的计算是基于相对速度。

第 3 章　数值分析方法

在单自由度体系的地震响应分析中，可以采用杜哈默积分（Duhamel's Integral），求得体系地震响应的精确解。在实际的结构抗震分析中，均涉及多自由度体系的动力计算。本书以 LRB 案例工程为切入点，介绍了快速非线性分析方法的应用要点，同时对直接积分法中的隐式和显示方法特点进行了对比介绍。

3.1　振型叠加法

振型叠加法能够快速地对结构动力响应进行计算，其原理是将多自由度体系的动力问题转变为一系列单自由度体系的问题。一般来说，振型叠加法须进行以下步骤：

（1）对体系进行特征值分析，求出多自由度体系的振型向量、振型参与系数，以及将各振型看作单自由度体系时，此单自由度体系在地震作用下产生位移响应；

（2）对所有的振型的位移响应进行叠加，由此可获得多自由度体系的实际位移响应。

实际上，由于大部分结构高阶振型对总的地震响应贡献较小，因此在特征值求解时可以略去高阶振型的影响，从而获得多自由度体系位移响应的近似值。

另一方面，系统的自由度数量与其集中质量的数量相关，在特征值分析时可以根据分析需要对结构质量自由度的参与方向进行约束来提高分析效率：比如在不需要进行竖向地震作用的结构分析中，可以对符合条件的楼层指定刚性隔板，每个刚性隔板仅包含三个自由度，该方法在结构分析软件中得到了大量的运用。

大型结构特征值分析方法主要有矩阵反迭代法、子空间迭代法、兰索斯（Lanczos）法和里兹（Ritz）法。其中矩阵反迭代法主要用于求解结构系统少数几个低阶特征值，而子空间迭代法是矩阵反迭代法的推广应用，由于采用多个向量进行迭代，因此可以求解结构系统的多个特征值，该方法的稳定性较好。兰索斯法和里兹法共同特点是直接生成一组兰索斯向量或者里兹向量，对运动方程进行缩减，然后通过求解缩减后的运动方程的特征值问题，进而得到原系统方程的特征解，避免矩阵反迭代法或者子空间迭代法中的迭代步骤，具有较高的求解效率。后三种方法得了较为广泛的应用，这些方法的理论推导过程在文献［4］中进行了详细论述。

研究表明，对于承受动力荷载的结构，自由振动模态并非是振型叠加法最好的选择。基于特定荷载相关的里兹法的动力分析能得到更精确的结果，原因是里兹法考虑了动力荷载的空间分布，可以避免漏掉可能激起的振型和引入不可能激起的振型，所以极大地提高了计算效率。

需要注意的是，由于里兹法求解结构特征值是基于外部荷载空间分布，其分析结果可能呈现出"丢失"部分重要模态情况，导致最终振动分析结果偏不安全。以下进行举例说

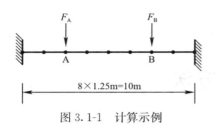

图 3.1-1　计算示例

明，图 3.1-1 所示两端固接梁，在跨度的 1/4 和 3/4 处承受集中荷载作用，荷载随时间变化。

结构模型参数如下：

(1) 简支梁跨度为 10m，重量分布为 350kN/m；

(2) 简支梁弹性模量为 30000000kN/m²，惯性矩为 0.001m⁴；

(3) F_A 与 F_B 为集中荷载，$F_A = 10\sin(5\pi t)$ kN，$F_B = 10\sin(2.5\pi t + \pi/2)$ kN。

采用振型叠加法进行时程分析，分别建立时程分析工况 TL1 和 TL2，其中 TL1 工况基于子空间迭代法进行振型分析，TL2 基于里兹法进行振型分析。两种工况下分析结果如表 3.1-1 所示。

结构动力响应统计表　　　　　　　　　　　　　　　　表 3.1-1

	TL1	TL2
振型分析方法	子空间迭代	里兹法
特征值数量	14	4
荷载向量		自重
振型质量参与系数	100%	100%
A 点位移（mm）	7.072	0.802
A 点速度（m/s）	0.094	0.0062
A 点加速度（m/s²）	1.499	0.050
B 点位移（mm）	6.391	0.806
A 点加速度（m/s）	0.090	0.0063
B 点加速度（m/s²）	1.457	0.051

注：结构反应数值均为稳态解的极值。

由表 3.1-1 可知，本案例中基于里兹法求解出的结构动力响应远小于子空间迭代法。产生误差的主要原因是在振型分析时，基于自重荷载向量仅能求解出对称模态，而实际外荷载却存在非对称激励。因此对于本案例采用里兹法进行振型分析时，应添加非对称荷载向量，如在 A、B 点分别添加 1kN 和 −1kN 的集中力作为荷载向量，此时基于里兹法求解出的结构动力响应应与基于子空间迭代法一致，且所需的特征值数量为 7 个。

3.1.1　FNA 方法

从传统意义上来说，振型叠加法仅适用于弹性分析，对于弹塑性体系，由于外力与位移之间不再线性相关，因此振型叠加法也不再适用。然而当结构仅存在有限数量的非线性连接单元时，如隔震、减震结构中布置了一定数量的耗能构件，对于此类情况，可以采用快速非线性方法（Fast Nonlinear Analysis Method，以下简称 FNA 方法）对结构进行动力分析。FNA 方法由文献 [4] 提出，其应用特点在于分析中只考虑有限数量连接单元的非线性行为，而结构仍处于弹性工作状态。FNA 方法沿用了振型叠加法的主要思想，但是巧妙地将非线性单元的内力转化为外力形式。与传统的直接积分法相比，在求解局部非线性动力问题时，FNA 方法是一种非常高效的方法，求解速度可以比传统方法快几个数量级。采用 FNA 方法求解方程，首先需要求解结构系统足够数量的里兹向量（Load

Dependent Ritz Vector）以完全捕捉非线性连接单元的变形，且其满足质量矩阵和刚度矩阵正交化的条件，具有类似振型的特征，因此可以按照振型叠加的原理进一步计算结构在特定荷载作用下的动力响应。详细的推导过程可参见文献［4］。FNA 方法首先基于达朗贝尔原理，采用有限元离散化后具有有限非线性连接单元的结构动力平衡方程，如下所示[4]：

$$M\ddot{u}(t) + C\dot{u}(t) + K_L u(t) + R_N(t) = R(t) \tag{3.1-1}$$

式中　M——质量矩阵；

　　　C——阻尼矩阵；

　　　K_L——弹性刚度矩阵；

　　$R_N(t)$——非线性连接单元的力矢量。

时间相关的矢量 $\ddot{u}(t)$、$\dot{u}(t)$、$u(t)$ 和 $R(t)$ 分别是节点加速度、速度、位移和外部施加的荷载。

为了便于求解，在平衡方程两边为非线性自由度添加线性有效刚度，式（3.1-1）可以改写为：

$$M\ddot{u}(t) + C\dot{u}(t) + (K_L + K_N)u(t) = R(t) - R_N(t) + K_N u(t) \tag{3.1-2}$$

式中　K_N——任意值的有效刚度。

式（3.1-2）也可以改写为如下形式：

$$M\ddot{u}(t) + C\dot{u}(t) + \bar{K}u(t) = \bar{R}(t) \tag{3.1-3}$$

式中，弹性刚度矩阵 $\bar{K} = K_L + K_N$ 为已知量，有效外部荷载向量 $\bar{R}(t) = R(t) - R_N(t) + K_N u(t)$ 包含了非线性自由度的力矢量。对于非线性自由度的力矢量，一般与变形或者变形率（速度）相关，也就是有位移相关非线性连接单元和速度相关非线性单元的区分。当非线性连接单元的变形和速度已知时，可以根据其力学行为属性求解出力矢量，此过程需要在每个时间点上进行迭代完成。

尽管 FNA 方法有较多的优点，但是在使用此方法时应保证分析模型满足以下限定条件：

（1）除了结构的非线性单元以外，其他构件在外力作用下处于弹性或者弱非线性状态。

（2）FNA 方法振型求解基于里兹法，振型求解时应充分考虑所有非线性连接单元的自由度数量。

（3）动力分析前，需要接力采用 FNA 方法进行的重力加载分析，具体应用可设置一定的加载时间和较大的阻尼（尽可能减小重力加载时结构产生的动力响应），以考虑结构在承受地震作用前的重力荷载效应。

当结构的非线性单元数量较少时，FNA 方法在进行动力分析时所耗费时间与常规线性动力分析相比增加较少，然而对于包含大量非线性单元的结构系统来说，其里兹向量的计算需求量会增加，同时对非线性模态方程的积分时间也会增加。

3.1.2　悬臂柱的动力非线性分析

对于在第 3.1.1 节中提出的 FNA 方法使用要点第（2）条，即 FNA 方法振型求解基于里兹法，振型求解时应充分考虑所有非线性连接单元的自由度数量，在本节中进行举例说明。图 3.1-2 所示为一个包含有非线性连接单元的简单结构系统，设定采用 FNA 方法

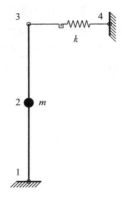

图 3.1-2 悬臂柱系统

求解在动力作用下的结构响应。

结构模型参数如下：

（1）节点的坐标（单位 m）分别为 1（0，0）、2（0，1）、3（0，2）、4（1，2）；

（2）2 号节点集中质量为 10000kg，仅 X 方向自由度；

（3）3、4 号节点间为受拉弹簧单元（仅受拉的 Hook 单元），其弹簧刚度 k 为 1000kN/m，初始缝距为 0，不考虑质量，弹簧轴力 F 与变形 d 之间符合下式[4]：

$$F = \begin{cases} k \times d & d \geqslant 0 \\ 0 & d < 0 \end{cases} \tag{3.1-4}$$

（4）1、3 号节点间为圆形悬臂柱，直径为 150mm，材料弹性模型为 30000N/mm²，不考虑质量。

结构的动力荷载以加速度形式输入，加速度时程符合下式：

$$a = A\sin(\omega t) \tag{3.1-5}$$

式中，幅值 A 取值为 1m/s² 且 $\omega = 2\pi$，时程曲线如图 3.1-3 所示。

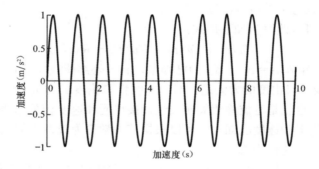

图 3.1-3 加速度时程曲线

在动力求解时采用 FNA 方法，振型分析中采用里兹方法，结构模态阻尼比设定为 0.05。为了说明连接单元的模态参与对结果的影响，进行了对比分析。

结构的模态如图 3.1-4 所示。

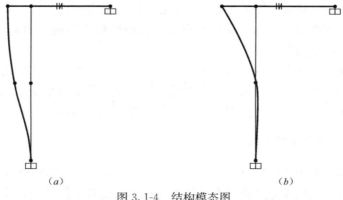

（a）　　　　　　　　　　　　　　　（b）

图 3.1-4 结构模态图

（a）集中质量参与的模态；（b）连接单元参与的模态

经分析，0～10s 内连接单元的轴力时程如图 3.1-5 所示。

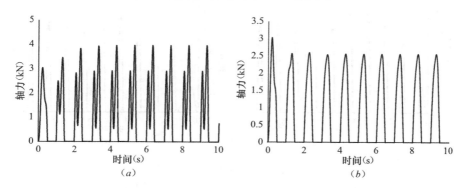

图 3.1-5　连接单元的内力时程

(a) 模态分析中考虑连接单元；(b) 模态分析中未考虑连接单元

图 3.1-5 的结果表明，采用 FNA 方法分析时，受拉弹簧单元的内力始终符合其只受拉而不受压的力学特性。然而其结果的准确性依赖于在模态分析中是否充分考虑非线性连接单元的参与情况。在此案例中，未充分考虑受拉弹簧单元的模态参与时，其内力幅值仅为实际值的 50%。

如对此案例结构进行改造，将集中质量由 2 号节点移动至 3 号节点，如图 3.1-6 所示。

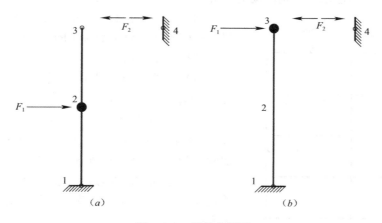

图 3.1-6　荷载向量图

(a) 集中质量在 2 号节点；(b) 集中质量在 3 号节点

同样进行对比分析。受拉弹簧单元的内力时程如图 3.1-7 所示。

由图 3.1-7 可见，此案例中是否独立考虑非线性单元模态参与情况并不影响分析结果。

通过图 3.1-6 所示上述两个案例的荷载向量可见，前者仅通过单一模态无法考虑连接单元自由度的参与情况，而后者集中质量在 3 号节点的结构模态可同时考虑到节点集中质量和非线性连接单元自由度的参与情况，所以在计算时，后者仅需要考虑集中质量处模态即可，而前者至少需要两个模态数量。

因而，在采用 FNA 方法时，振型分析需要完全考虑非线性连接单元自由度的荷载向量参与情况，充分捕捉到非线性连接单元的变形。对于不同的结构振动系统，模态数量并

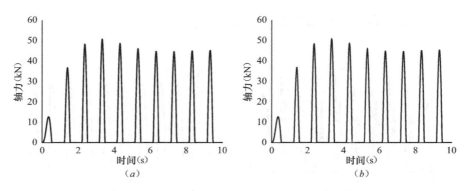

图 3.1-7　连接单元的内力时程

（a）模态分析中考虑连接单元；（b）模态分析中未考虑连接单元

不意味着是结构自由度与非线性连接单元自由的简单累加，应视具体情况在求解效率和求解精度之间进行合理选择。

3.1.3　隔震系统的动力非线性分析

在 3.1.2 节悬臂柱的动力非线性分析案例中初步介绍了 FNA 方法的应用。本节结合 2.2.2 节介绍的铅芯橡胶支座恢复力模型，构建更复杂的包含非线性连接单元的结构系统，并应用 FNA 方法求解结构的动力响应。

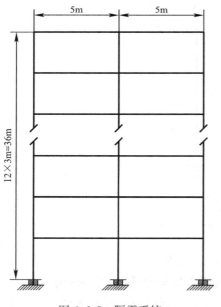

图 3.1-8　隔震系统

图 3.1-8 显示了简单的隔震系统，支座类型为铅芯橡胶支座（以下简称 LRB 支座）。

结构模型参数如下：

（1）结构为 12 层平面框架，层高 3m，柱距 5m，支座高度 0.3m；

（2）LRB 支座直径 650mm，竖向抗压刚度为 2.1×10^6 kN/m，水平方向一次刚度 9500kN/m，二次刚度为 1500kN/m，屈服力 142kN；

（3）地面柱底及楼层柱顶集中质量 1.8×10^4 kg，质量合计 7.02×10^5 kg，激活竖向及水平方向平动自由度；

（4）柱截面 800mm×800mm，梁截面 400mm×600mm；

（5）梁柱材料弹性模量 3.6×10^4 N/m^2，不计容重。

一般情况下 LRB 支座的竖向抗拉刚度要小于抗压刚度，此处设定抗拉刚度为抗压刚度 1/7，计算模型中竖向采用受压弹簧单元（仅受压的 GAP 单元）和隔震单元并联形式，其中受压弹簧单元初始缝距为 0，弹簧刚度为 1.8×10^6 kN/m，隔震单元的竖向刚度为 3×10^5 kN/m。

振型采用里兹法，同时考虑结构质量的水平和竖向自由度，以及 LRB 的水平和竖向自由度。由于动力分析需要接力非线性步，因此重力荷载分析步同样采用 FNA 法，设置分析时间为 2s（0～1s 内线性增加至 9.8m/s²，1～2s 内保持 9.8m/s²，如图 3.1-9 所示），阻尼比设定为 0.5。对结构施加重力作用后，结构承受的地震激励为 Tianjin 波，调整水平方向峰值加速度为 400cm/s²，竖向峰值加速度为 260cm/s²，调整后的加速度时程见图 3.1-10。采用 FNA 方法求解结构的静力及地震响应，结构在承受重力荷载后承载地震作用。

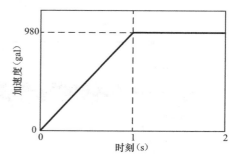

图 3.1-9 重力分析步加载曲线

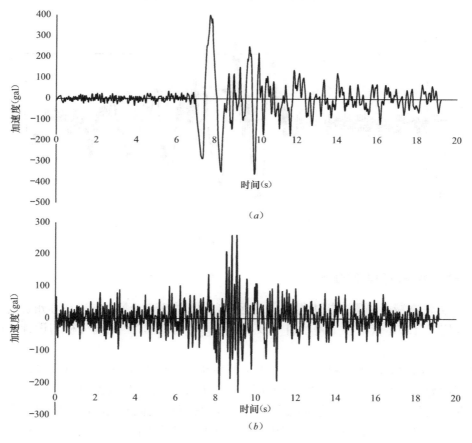

图 3.1-10 Tianjin 波加速度时程曲线

(a) 水平向；(b) 竖向

图 3.1-11 为左侧边柱底部隔震支座单元和受压弹簧单元的轴向力时程，受压为负值。从图中可以看出，受压弹簧单元只受压力作用，隔震单元既受拉力也受压力，其压力值为受压弹簧单元的 1/6。将两者内力进行叠加，即可获得铅芯橡胶支座的面压时程曲线（图 3.1-12），支座初始面压约为 7MPa，地震作用过程中最大压应力约为 15MPa，最大拉应力约为 1MPa。

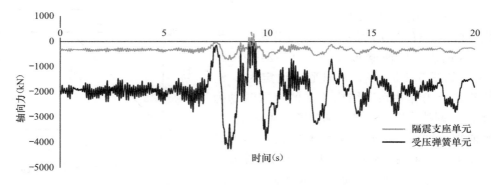

图 3.1-11　隔震支座单元与受压弹簧单元的轴向力时程

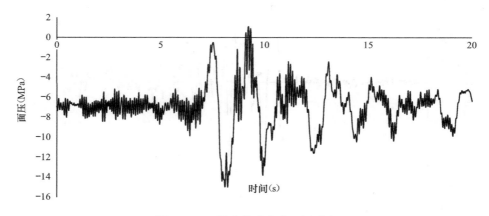

图 3.1-12　铅芯橡胶支座面压时程

3.1.4　FNA 方法应用案例分析

FNA 方法在减、隔震分析中得到了广泛的应用，本节对 FNA 方法在苏州赛得科技金螳螂工程施工管理运营中心工程项目（以下简称"赛得大厦"）结构分析与设计中的应用进行介绍[80]。

本项目由南北双塔楼、裙房及两层地下车库组成，图 3.1-13 为项目实景图。项目总建筑面积约为 9.8 万 m²，其中地上建筑面积 7.4 万 m²，地下建筑面积约为 2.4 万 m²。地面以上双塔楼均为 24 层，塔楼高度为 99.5m，双塔楼之间连体结构高度位于 86.0～94.0m 范围，共 1 层。南北塔楼及连体结构的平面示意如图 3.1-14 所示，其中南北塔楼标准层平面尺寸约为 36m×36m，结构体系采用框架—核心筒体系，核心筒平面尺寸约为 15.4m×15.4m。塔楼之间连体结构采用桁架形式，宽度为 18m，跨度为 27m，高度为 8m。

本项目抗震设防烈度为 6 度，场地土类别为Ⅲ类，设计地震分组为第一组。基本风压按 100 年重现期的风压 $W_0 = 0.50 \text{kN/m}^2$。

通常情况根据连体桁架与塔楼的连接方式，可将连体结构大致分为两类：强连接方式与弱连接方式。若连体结构包含多层楼盖，且连体结构刚度足够强，可以充分协调两侧塔楼主体结构协同工作，则可采用两端刚接或两端铰接的强连接形式；若连接体结构较弱，

图 3.1-13　项目实景图

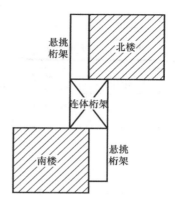

图 3.1-14　南北塔楼及连体桁架结构平面示意

无法有效协调连接体两侧塔楼结构协同工作，则可采用一端铰接，一端滑动连接，或两端均具有变形释放能力的弱连接方式。本项目连体桁架通过铅芯橡胶支座以及黏滞阻尼器与南北塔楼连接，属于弱连接形式，整体结构模型见图 3.1-15。其优点在于，铅芯橡胶支座具有一定的初始刚度，能够有效提高连体结构的抗风性能，在设计风荷载作用下，连体结构相对于主塔楼变形小。且对于高位连体结构，地震响应传递至结构顶部时会有一定放大效应，而铅芯橡胶支座具有较好的耗能能力，同时速度型耗能构件黏滞阻尼器能够快速消耗地震能量，快速减小连体结构在大震作用下与主体结构的相对运动幅值与持续时间。

连体结构上、下弦平面内铅芯橡胶支座及黏滞阻尼器的布置及编号如图 3.1-16 所示，其中铅芯橡胶支座数量为 12 个（上、下弦平面各 6个），黏滞阻尼器数量为 20 个（上、下弦平面各 10 个）。

由图 3.1-16 可以看出，由于连体结构的桁架与主体结构的框架柱存在错位情况，部分支座坐落在悬臂桁架端部的悬挑钢牛腿上。在结构分析与设计中关键问题主要有：

（1）结构构件在罕遇地震作用下抗震性能评价；

图 3.1-15　结构模型示意图

（2）高位连体桁架与塔楼连接对结构性能的影响；

（3）黏滞阻尼器及铅芯橡胶支座安全工作性能。

由于黏滞阻尼器为速度相关型消能器，因此在结构的罕遇地震分析中，需要采用时程分析方法。同时，结构也满足使用 FNA 方法的基本条件——结构中存在有限数量的非线性连接单元。

铅芯橡胶支座在时程分析中的恢复力模型在第 2.2.2 节有详细的描述。参考支座产品手册，本项目中铅芯橡胶支座的轴向受压刚度为 $1.766 \times 10^6 kN/m$（受拉刚度设定为受压刚度的 1/7）。初始剪切刚度为 7210kN/m，屈服强度为 62.8kN，屈服后刚度为初始剪切刚度的 0.0077 倍。

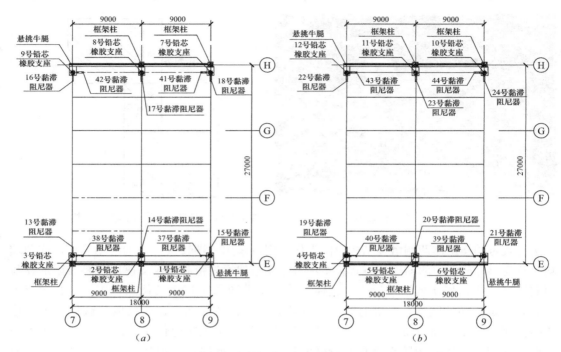

图 3.1-16　铅芯橡胶支座及黏滞阻尼器编号图

(a) 22F（下部）铅芯橡胶支座及阻尼器编号图；(b) 24F（下部）铅芯橡胶支座及阻尼器编号图

黏滞阻尼器的恢复力模型同样为基于构件的模型，采用麦克斯韦尔模型（Maxwell Model），其力学模型示意如图 3.1-17 所示，力学方程表达式如下：

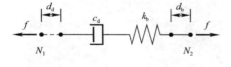

图 3.1-17　麦克斯韦尔模型

$$\begin{cases} f = c_{\mathrm{d}} \cdot \mathrm{sign}(\dot{d}_{\mathrm{d}}) \cdot \left| \dfrac{\dot{d}_{\mathrm{d}}}{v_0} \right|^{s} = k_{\mathrm{b}} \cdot d_{\mathrm{b}} \\ d = d_{\mathrm{d}} + d_{\mathrm{b}} \end{cases}$$

$$(3.1\text{-}6)$$

参考黏滞阻尼器产品手册，式中 c_{d} 取值为 500kN（s/m），参考速度 v_0 为 1m/s，阻尼指数取值为 0.4，连接弹簧刚度 k_{b} 设定为 100kN/mm（此刚度可设定为较大值）。

对本项目采用 FNA 方法进行非线性时程分析的主要过程如下（软件选择为 MIDAS Gen）：

（1）采用里兹法进行振型分析，其中包含的非线性连接单元自由度数量合计为 68 个（12 个铅芯橡胶支座的自由度数量为 36 个，12 个只受压弹簧单元的自由度数量为 12 个，20 个黏滞阻尼器的自由度数量为 20 个）。

（2）采用 FNA 方法，对结构进行重力分析。设置分析时间为 5s（0～2.5s 内线性增加至 9.8m/s²，2.5～5s 内保持 9.8m/s²），阻尼比设定为 0.99。

（3）采用 FNA 方法进行动力分析，接力结构重力分析步，施加地震波时程，峰值加速度为 125gal。

（4）提取分析结果并判断合理性。

时程分析中，采用了 3 组天然波（Taft、SanFemando、Oakland）和一组人工波。

经分析，在各组地震波作用下，铅芯橡胶支座最大轴力见表 3.1-2。

铅芯橡胶支座最大轴力表　　　　　　　　表 3.1-2

铅芯橡胶支座编号	轴力（kN）			
	人工波	Taft	San Fernando	Oakland
1	−28.23	−25.35	−15.58	−35.57
2	−121.14	−120.12	−110.28	−140.35
3	−66.57	−69.52	−61.66	−76.55
4	64.58	65.65	57.47	48.87
5	−6.82	−8.12	−6.02	−9.77
6	−33.19	−22.83	−22.9	−44.13
7	−63.26	−66.68	−56.67	−70.85
8	−111.68	−120.99	−112.99	−122.1
9	−26.89	−19.79	−15.77	−33.11
10	11.91	19.82	22.75	4.56
11	−19.59	−18.04	−17.05	−18.14
12	−22.57	−27.55	−19.34	−30.52

表 3.1-2 中负值表明橡胶支座在大震作用下始终受压，正值表明橡胶支座受拉。统计表明 4 号和 10 号铅芯橡胶支座受拉。参考《抗规》第 12.2.4 条规定，橡胶支座在罕遇地震作用下拉应力不应大于 1MPa，项目中所采用铅芯橡胶支座的直径为 600mm，对应轴力约为 280kN，其拉力满足规范限值要求。

在各组地震波作用下，铅芯橡胶支座剪力极值见表 3.1-3。

铅芯橡胶支座最大剪力表　　　　　　　　表 3.1-3

编号	剪力（kN）							
	人工波		Taft		San Fernando		Oakland	
	y 向	z 向	y 向	z 向	y 向	z 向	y 向	z 向
1	−57.75	−42.39	−58.55	−56.13	57.56	−42.09	73.07	50.49
2	58.59	−49.29	46.3	−59.66	47.86	−45.36	66.02	−56.22
3	76.77	−46.3	71.25	−56.91	75.39	−45.07	93.1	46.65
4	−69.45	−36.4	68.29	53.89	70.32	−52.63	89.11	48.74
5	64.54	−43.96	59.76	−59.69	53.33	−49.16	74.89	−55.21
6	63.63	−41.16	61.12	53.5	58.97	−42.85	75.38	52.77
7	−90.85	−55.72	−80.97	−62.23	−65.66	−54.36	−96.74	47.35
8	−68.36	−53.9	−64.65	−66.8	−45.15	54.45	76.69	−45.64
9	62.15	−58.63	−62.46	−62.61	58.31	−53.13	65.27	46.44
10	−87.23	−53.82	−79.53	−55.03	−62.15	−56.23	−96.81	44.24
11	−60.9	−62.95	−56.1	−69.09	32.96	57.59	74.11	−49.23
12	67.69	−49.15	−62.48	−65.71	60.57	−55.32	−66.93	−48.25

表 3.1-3 中支座剪力 y、z 向是指局部坐标轴 y、z 向，均为剪切自由度方向；由表可见，7 号和 10 号铅芯橡胶支座剪力最大，最大剪力约为 100kN，大部分铅芯橡胶支座的剪

力为 60～80kN。项目所采用的铅芯橡胶支座的铅芯直径为 100mm，对应的屈服剪力为 62.8kN。7 号支座在人工波作用下 y 向剪力—变形曲线如图 3.1-18 所示，最大剪力约为 90kN，最大变形约为 60mm。

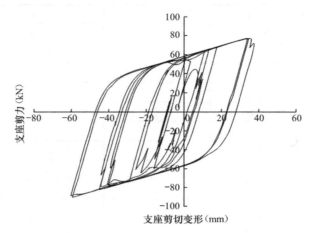

图 3.1-18　人工波作用下 7 号铅芯橡胶支座 y 向剪力—变形曲线

在各组地震波作用下，阻尼器的内力极值见表 3.1-4。

阻尼器 X 向布置内力　　　　　　　　　　表 3.1-4

阻尼器编号	轴力（kN）			
	人工波	Taft	San Fernando	Oakland
13	288.23	−252.91	−233.05	−313.03
14	197.54	−184.63	217.79	208.29
15	−222.28	247.53	252.08	227.84
16	243.43	−203.02	−233.01	−216.18
17	−212.56	216	183.91	238.71
18	−262.31	246.42	250.42	342.64
19	286.91	−249.49	−271.2	−334.06
20	194.53	201.05	170.27	229.02
21	237.23	222.98	−257.72	239.83
22	258.86	−226.25	−251.18	−247.33
23	179.48	187.51	−153.87	238.46
24	−277.66	271.75	259.68	354.11
37	−214.94	241.49	217.28	−217.08
38	220.94	−241.62	−217.92	218.79
39	−206.83	240.92	−226.83	−221.5
40	205.1	−247.08	233.66	224.86
41	−214.43	238.47	252.01	−174.85
42	220.98	−240.28	−255.09	174.16
43	−241.77	257.62	271.11	−185.77
44	234.6	−251.37	−262.03	178.86

由表 3.1-4 可知，黏滞阻尼器最大阻尼力约为 350kN，所选型号的最大输出力为 500kN，满足性能需求。

3.2　直接积分法

对于多自由度体系，一般可采用振型叠加法，但当体系存在强非线性行为时，振型叠加法已不再适用，目前常用的有效方法是数值积分法（numerical integration）。数值积分法是将振动平衡方程式中的时间分割成许多间隔，每个时间间隔都非常小以保证计算精度。针对每个时间间隔点计算位移、速度及加速度等，利用已经求得的第 n 步的分析结果作为已知条件，通过一定的计算方法或假定求得未知的、第 $n+1$ 步的分析结果，逐步求得结构在地震作用下的响应结果。

如果将结构的地震反应位移 u 作为一个函数，并对此函数进行泰勒展开（Toylor expansion），时刻 t_{n+1} 的位移值 u_{n+1} 可以用时刻 t_n 的位移值 u_n 表示：

$$u_{n+1} = u_n + \dot{u}_n \Delta t + \frac{\ddot{u}_n}{2!}\Delta t^2 + \frac{\dddot{u}_n}{3!}\Delta t^3 + \cdots + \frac{u_n^n}{n!}\Delta t^n + R_{n+1} \tag{3.2-1}$$

式中　Δt——从时刻 t_n 到时刻 t_{n+1} 的微小时间间隔；

　　　R_{n+1}——拉格朗日余项（Lagrange remainder term），$R_{n+1} = \frac{u_\xi^{(n+1)}}{(n+1)!}\Delta t^{(n+1)}$；

　　　ξ——介于区间（$t_n \sim t_{n+1}$）之间。

在地震反应分析中，对结构反应位移 u_{n+1} 的泰勒展开取前两项再加上拉格朗日余项，对反应速度 $\dot{u}_{n+1}$ 的泰勒展开取前一项再加上拉格朗日余项，那么在地震作用下的结构反应位移 u_{n+1} 及反应速度 $\dot{u}_{n+1}$ 可以表示为：

$$u_{n+1} = u_n + \dot{u}_n \Delta t + \frac{\ddot{u}_{\xi 1}}{2!}\Delta t^2 \tag{3.2-2}$$

$$\dot{u}_{n+1} = \dot{u}_n + \ddot{u}_{\xi 2}\Delta t \tag{3.2-3}$$

式中，ξ_1、ξ_2 的值均介于区间（$t_n \sim t_{n+1}$）之间。

将 $\ddot{u}_{\xi 1}$、$\ddot{u}_{\xi 2}$ 的值用自变量为 $\ddot{u}_n$ 与 $\ddot{u}_{n+1}$ 的某个函数 f 及 g 来表示：

$$\ddot{u}_{\xi 1} = f(\ddot{u}_n + \ddot{u}_{n+1}) \tag{3.2-4}$$

$$\ddot{u}_{\xi 2} = g(\ddot{u}_n + \ddot{u}_{n+1}) \tag{3.2-5}$$

将式（3.2-2）～式（3.2-5）与运动方程（2.8-17）进行联立，就可以求得反应加速度、反应速度与反应位移在 t_{n+1} 时刻的值 $\ddot{u}_{n+1}$、$\dot{u}_{n+1}$ 及 u_{n+1}。

因此在函数表达式 f 及 g 的不同分别形成了不同的数值积分法。常见的数值积分法主要包括 Runge-Kutta 法、Newmark-β 法和 Wilson-θ 法等。在实际的动力弹塑性分析中还可以根据是否需要在每一步的求解中进行刚度矩阵求逆，将数值积分法分为隐式分析方法和显式分析方法。

3.3　隐式方法

通过隐式方法求解时，在每个时间增量步长内需要迭代求解耦联的方程组，计算成本较高，增加的计算量至少与自由度数的平方成正比，如 Newmark-β 法、Wilson-θ 法，但其时间增量步通常取决于精度要求和收敛情况，可以取得较大。

3.3.1 Newmark-β 法

Newmark-β 法是结构地震响应分析中最常用的一种数值积分方法。以下结合 Newmark-β 法的两个特例进行介绍。

1. 平均加速度法

如图 3.3-1 所示，平均加速度法的实质在于微小时间间隔 Δt 内的反应加速度 $\ddot{u}_\tau$，是时刻 t_n 时反应加速度 $\ddot{u}_n$ 和时刻 t_{n+1} 时反应加速度 $\ddot{u}_{n+1}$ 的平均值，即 $\ddot{u}_\tau$ 与 $\ddot{u}_n$、$\ddot{u}_{n+1}$ 之间满足：

$$\ddot{u}_\tau = \frac{1}{2}(\ddot{u}_n + \ddot{u}_{n+1}) \qquad (t_n \leqslant \tau \leqslant t_{n+1}) \tag{3.3-1}$$

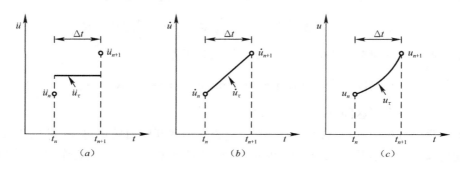

图 3.3-1 平均加速度法
(a) 加速度；(b) 速度；(c) 位移

将式 (3.3-1) 对时间 τ 进行 1 次积分，求出反应速度 $\dot{u}_\tau$，2 次积分，求出反应位移 u_τ：

$$\dot{u}_\tau = \dot{u}_n + \frac{1}{2}(\ddot{u}_n + \ddot{u}_{n+1})(\tau - t_n) \tag{3.3-2}$$

$$u_\tau = u_n + \dot{u}_n(\tau - t_n) + \frac{1}{4}(\ddot{u}_n + \ddot{u}_{n+1})(\tau - t_n)^2 \tag{3.3-3}$$

在 t_{n+1} 时刻，令 $(\tau - t_n) = \Delta t$，则式 (3.3-2)、式 (3.3-3) 替换为：

$$\dot{u}_{n+1} = \dot{u}_n + \frac{1}{2}(\ddot{u}_n + \ddot{u}_{n+1})\Delta t \tag{3.3-4}$$

$$u_{n+1} = u_n + \dot{u}_n\Delta t + \frac{1}{4}(\ddot{u}_n + \ddot{u}_{n+1})\Delta t^2 \tag{3.3-5}$$

时刻 t_{n+1} 时结构的运动方程满足：

$$m\ddot{u}_{n+1} + c\dot{u}_{n+1} + ku_{n+1} = -m\ddot{u}_{0n+1} \tag{3.3-6}$$

式 (3.3-5) 中 $\ddot{u}_{0n+1}$ 为 t_{n+1} 时地面加速度。将式 (3.3-4)、式 (3.3-5) 代入式 (3.3-6)，可得时刻 t_{n+1} 时的反应加速度 $\ddot{u}_{n+1}$ 为：

$$\ddot{u}_{n+1} = \frac{\overline{F}}{\overline{M}} \tag{3.3-7}$$

其中

$$\begin{cases} \overline{F} = -m\ddot{u}_{0n+1} - c\left(\dot{u}_n + \frac{1}{2}\ddot{u}_n\Delta t\right) - k\left(u_n + \dot{u}_n\Delta t + \frac{1}{4}\ddot{u}_n\Delta t^2\right) \\ \overline{M} = m + \frac{1}{2}c\Delta t + \frac{1}{4}k\Delta t^2 \end{cases} \tag{3.3-8}$$

求得 $\ddot{u}_{n+1}$ 后，将结果代入式（3.3-4）、式（3.3-5），即可求得 $\dot{u}_{n+1}$ 和 u_{n+1}。

以上的求解需要代入结构运动的初始条件，一般令时刻 $t = 0$ 时，满足以下条件：

$$u_1 = 0, \dot{u}_1 = 0, \ddot{u}_1 = -\ddot{u}_{01} \tag{3.3-9}$$

在地震反应分析中，循环利用式（3.3-4）、式（3.3-5）及式（3.3-7），即可求得所有时刻的反应加速度、反应速度和反应位移。

2. 线性加速度法

如图 3.3-2 所示，线性加速度法的实质在于微小时间间隔 Δt 内的反应加速度 $\ddot{u}_\tau$，是时刻 t_n 时反应加速度 $\ddot{u}_n$ 和时刻 t_{n+1} 时反应加速度 $\ddot{u}_{n+1}$ 的线性插值，即 $\ddot{u}_\tau$ 与 $\ddot{u}_n$、$\ddot{u}_{n+1}$ 之间满足：

$$\ddot{u}_\tau = \ddot{u}_n + \frac{(\ddot{u}_{n+1} - \ddot{u}_n)}{\Delta t}(\tau - t_n) \quad (t_n \leqslant \tau \leqslant t_{n+1}) \tag{3.3-10}$$

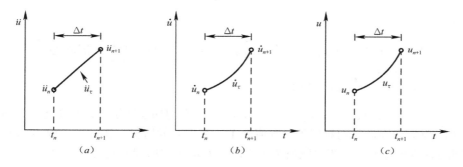

图 3.3-2　线性加速度法
(a) 加速度；(b) 速度；(c) 位移

将式（3.3-10）对时间 τ 进行 1 次积分，求出时刻 t_{n+1} 时的反应速度 $\dot{u}_{n+1}$，2 次积分，求出反应位移 u_{n+1}：

$$\dot{u}_{n+1} = \dot{u}_n + \frac{1}{2}(\ddot{u}_n + \ddot{u}_{n+1})\Delta t \tag{3.3-11}$$

$$u_{n+1} = u_n + \dot{u}_n\Delta t + \frac{1}{3}\left(\ddot{u}_n + \frac{1}{2}\ddot{u}_{n+1}\right)\Delta t^2 \tag{3.3-12}$$

时刻 t_{n+1} 时结构的运动方程式（3.3-6）成立，将式（3.3-11）、式（3.3-12）代入式（3.3-6），可得时刻 t_{n+1} 时的反应加速度 $\ddot{u}_{n+1}$ 为：

$$\ddot{u}_{n+1} = \frac{\overline{F}}{\overline{M}} \tag{3.3-13}$$

其中

$$\begin{cases} \overline{F} = -m\ddot{u}_{0n+1} - c\left(\dot{u}_n + \frac{1}{2}\ddot{u}_n\Delta t\right) - k\left(u_n + \dot{u}_n\Delta t + \frac{1}{3}\ddot{u}_n\Delta t^2\right) \\ \overline{M} = m + \frac{1}{2}c\Delta t + \frac{1}{6}k\Delta t^2 \end{cases} \tag{3.3-14}$$

同样求得 $\ddot{u}_{n+1}$ 后，将结果代入式（3.3-4）、式（3.3-5）即可求得 $\dot{u}_{n+1}$ 和 u_{n+1}。

3. Newmark-β 法

在 Newmark-β 法中，设定式（3.3-4）、式（3.3-5）的函数表达式如下：

$$\ddot{u}_{\xi1} = (1-2\beta)\ddot{u}_n + 2\beta\ddot{u}_{n+1} \tag{3.3-15}$$

$$\ddot{u}_{\xi2} = (1-\gamma)\ddot{u}_n + \gamma\ddot{u}_{n+1} \tag{3.3-16}$$

一般情况下，为满足求解精度需求，γ 取值为 $1/2$。因此在式（3.3-15）、式（3.3-16）中待定系数仅剩下 β。将式（3.3-15）和式（3.3-16）分别代入式（3.2-2）和式（3.2-3），可得：

$$u_{n+1} = u_n + \dot{u}_n\Delta t + \left(\left(\frac{1}{2}-\beta\right)\ddot{u}_n + \beta\ddot{u}_{n+1}\right)\Delta t^2 \tag{3.3-17}$$

$$\dot{u}_{n+1} = \dot{u}_n + \frac{1}{2}(\ddot{u}_n + \ddot{u}_{n+1})\Delta t \tag{3.3-18}$$

同样将式（3.3-17）、式（3.3-18）代入运动方程式（3.3-6），可得时刻 t_{n+1} 时的反应加速度 $\ddot{u}_{n+1}$ 为：

$$\ddot{u}_{n+1} = \frac{\overline{F}}{\overline{M}} \tag{3.3-19}$$

其中

$$\begin{cases} \overline{F} = -m\ddot{u}_{0n+1} - c\left(\dot{u}_n + \frac{1}{2}\ddot{u}_n\Delta t\right) - k\left[u_n + \dot{u}_n\Delta t + \left(\frac{1}{2}-\beta\right)\ddot{u}_n\Delta t^2\right] \\ \overline{M} = m + \frac{1}{2}c\Delta t + k\beta\Delta t^2 \end{cases} \tag{3.3-20}$$

对比式（3.3-8）、式（3.3-14）、式（3.3-20），平均加速度法和线性加速度法是 Newmark-β 法的两个特例，分别对应于 β 取值为 $1/4$ 和 $1/6$ 的情况。实际上 β 取不同的值可以形成不同的数值积分方法，当 β 取值为 $1/8$ 时，对应于二阶段平均加速度法。

3.3.2　多自由度表达式

在多自由度的结构弹塑性地震时程分析时，结构的反应位移、反应速度以及反应加速度采用向量的微小增量形式表达。

$$\begin{cases} \{\Delta u\} = \{u_{n+1}\} - \{u_n\} \\ \{\Delta\dot{u}\} = \{\dot{u}_{n+1}\} - \{\dot{u}_n\} \\ \{\Delta\ddot{u}\} = \{\ddot{u}_{n+1}\} - \{\ddot{u}_n\} \\ \Delta\ddot{u}_0 = \Delta\ddot{u}_{0n+1} - \Delta\ddot{u}_{0n} \end{cases} \tag{3.3-21}$$

式中　　$\{\Delta u\}$ ——反应位移的向量增量；

$\{\Delta\dot{u}\}$ ——反应速度的向量增量；

$\{\Delta\ddot{u}\}$ ——反应加速度的向量增量；

$\Delta\ddot{u}_0$ ——地震加速度的增量。

以 Newmark-β 法为例，第 $n+1$ 步时，反应位移增量 $\{\Delta u\}$ 以及反应速度增量 $\{\Delta\dot{u}\}$ 表达式如下：

$$\{\Delta u\} = \Delta t\{\dot{u}_n\} + \frac{1}{2}\Delta t^2\{\ddot{u}_n\} + \beta\Delta t^2\{\Delta\ddot{u}\} \tag{3.3-22}$$

$$\{\Delta\dot{u}\} = \Delta t\{\ddot{u}_n\} + \frac{1}{2}\Delta t\{\Delta\ddot{u}\} \tag{3.3-23}$$

对式（3.3-22）变换，可得 $\{\Delta\ddot{u}\}$ 表达式为：

$$\{\Delta\ddot{u}\} = \frac{1}{\beta\Delta t^2}\{\Delta u\} - \frac{1}{\beta\Delta t}\{\dot{u}_n\} - \frac{1}{2\beta}\{\ddot{u}_n\} \tag{3.3-24}$$

将式（3.3-24）代入式（3.3-23）可得 $\{\Delta\dot{u}\}$ 表达式为：

$$\{\Delta\dot{u}\} = \frac{1}{2\beta\Delta t}\{\Delta u\} - \frac{1}{2\beta}\{\dot{u}_n\} + \left(1 - \frac{1}{4\beta}\right)\Delta t\{\ddot{u}_n\} \tag{3.3-25}$$

在线性体系中，以增量方式表达的运动方程为：

$$[M]\{\Delta\ddot{u}\} + [C]\{\Delta\dot{u}\} + [K]\{\Delta u\} = -[M]\{1\}\Delta\ddot{u}_0 \tag{3.3-26}$$

将式（3.3-24）、式（3.3-25）代入式（3.3-26），可得反应位移增量 $\{\Delta u\}$ 的表达式：

$$\{\Delta u\} = [\overline{K}]^{-1}\{\Delta\overline{F}\} \tag{3.3-27}$$

其中

$$\begin{cases} [\overline{K}] = [K] + \dfrac{1}{2\beta\Delta t}[C] + \dfrac{1}{\beta\Delta t^2}[M] \\[3mm] \{\Delta\overline{F}\} = -[M]\{1\}\Delta\ddot{u}_0 + [M]\left(\dfrac{1}{\beta\Delta t}\{\dot{u}\} + \dfrac{1}{2\beta}\{\ddot{u}_n\}\right) + [C]\left(\dfrac{1}{2\beta}\{\dot{u}\} + \left(\dfrac{1}{4\beta} - 1\right)\Delta t\{\ddot{u}_n\}\right) \end{cases} \tag{3.3-28}$$

式中　$[K]$——结构的刚度矩阵；

$\quad\quad$ $[C]$——结构的阻尼矩阵；

$\quad\quad$ $[M]$——结构的质量矩阵。

通过式（3.3-27）求得反应位移增量 $\{\Delta u\}$ 后，代入式（3.3-24）、式（3.3-25）可分别求得反应加速度增量 $\{\Delta\ddot{u}\}$ 和反应速度增量 $\{\Delta\dot{u}\}$。

对于多自由度体系，结构产生塑性变形后，$[K]$ 和 $[C]$ 不再保持定值，在求解过程中需要对 $[K]$ 和 $[C]$ 进行更新。同时在 Δt 范围内需要迭代求解以消除误差，典型的迭代求解方式有牛顿—拉普森法（Newton-Raphson Method）、弧长法（Riks Method）等。

3.3.3　Wilson-θ 法

Wilson-θ 法是线性加速度法的一种特殊形式。如图 3.3-3 所示，Wilson-θ 法假定反应加速度在 $t_n \sim t_n + \theta\Delta t$ 时间范围内满足线性分布。同样利用线性加速度法的求解方法即可求得时刻 $t_n + \theta\Delta t$ 时的反应加速度，再通过差值方法求得时刻 t_{n+1} 时的反应加速度。

$$\ddot{u}_{n+\theta} = \frac{\overline{F}}{\overline{M}} \tag{3.3-29}$$

其中

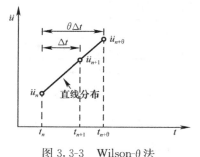

图 3.3-3　Wilson-θ 法

$$\begin{cases} \overline{F} = -m\ddot{u}_{0n+\theta} - c\left(\dot{u}_n + \dfrac{1}{2}\ddot{u}_n\theta\Delta t\right) \\[2mm] \qquad - k\left(u_n + \dot{u}_n\Delta t + \dfrac{1}{3}\ddot{u}_n(\theta\Delta t)^2\right) \\[3mm] \overline{M} = m + \dfrac{1}{2}c\,\theta\Delta t + \dfrac{1}{6}k\,(\theta\Delta t)^2 \end{cases} \tag{3.3-30}$$

按差值法，在时刻 t_{n+1} 时结构的反应加速度 $\ddot{u}_{n+1}$：

$$\ddot{u}_{n+1} = \ddot{u}_n + \frac{1}{\theta}(\ddot{u}_{n+\theta} - \ddot{u}_n) \tag{3.3-31}$$

同线性加速度法，在时刻 t_{n+1} 时结构的反应速度 $\dot{u}_{n+1}$ 和反应位移 u_{n+1} 为：

$$\dot{u}_{n+1} = \dot{u}_n + \frac{1}{2}(\ddot{u}_n + \ddot{u}_{n+1})\Delta t \tag{3.3-32}$$

$$u_{n+1} = u_n + \dot{u}_n \Delta t + \frac{1}{3}(\ddot{u}_n + \frac{1}{2}\ddot{u}_{n+1})\Delta t^2 \tag{3.3-33}$$

3.4 显式方法

与隐式算法不同，在采用显式方式进行方程求解时，无需对刚度矩阵求逆，只需对通常可简化为对角阵的质量矩阵求逆，计算过程中直接求解解耦的方程组，不需要进行平衡迭代，故一般不存在收敛性问题，每个计算步的计算速度较快，但是需要非常小的时间步长，通常要比隐式小几个数量级，计算量至少与自由度数成正比；另一方面，由于不同于隐式计算可在每个计算步中控制收敛来达到误差控制，显式计算会随着计算累计误差，因而在计算过程中需要对各项指标和结果进行监测和判定。以下对常用的中心差分法进行简单介绍。

3.4.1 中心差分法

如图 3.4-1 所示，中心差分法利用第 $n-1$ 步、第 n 步及第 $n+1$ 步的反应位移 u_{n-1}、u_n 及 u_{n+1} 来表示中间点第 n 步时的反应速度 $\dot{u}_n$ 和反应加速度 $\ddot{u}_n$：

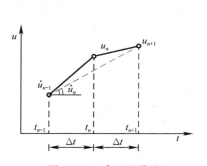

图 3.4-1 中心差分法

$$\dot{u}_n = \frac{1}{\Delta t}\left(\frac{1}{2}(u_{n+1} + u_n) - \frac{1}{2}(u_n + u_{n-1})\right)$$

$$= \frac{1}{2\Delta t}(u_{n+1} - u_{n-1}) \tag{3.4-1}$$

$$\ddot{u}_n = \frac{1}{\Delta t}\left(\frac{(u_{n+1} - u_n)}{\Delta t} - \frac{(u_n - u_{n-1})}{\Delta t}\right)$$

$$= \frac{1}{\Delta t^2}(u_{n+1} - 2u_n + u_{n-1}) \tag{3.4-2}$$

同样，时刻 t_n 时结构的运动方程满足：

$$m\ddot{u}_n + c\dot{u}_n + Q_n = -m\ddot{u}_{0n} \tag{3.4-3}$$

将式（3.4-1）、式（3.4-2）代入式（3.4-3），可求得时刻 t_{n+1} 时结构的反应位移 u_{n+1}：

$$u_{n+1} = \frac{\overline{F}}{\overline{K}} \tag{3.4-4}$$

其中

$$\begin{cases} \overline{F} = -\ddot{u}_{0n}\Delta t^2 - \dfrac{Q_n}{m}\Delta t^2 + 2u_n - u_{n-1} + \dfrac{c}{2m}u_{n-1}\Delta t \\ \overline{K} = 1 + \dfrac{c}{2m}\Delta t \end{cases} \tag{3.4-5}$$

在多自由度的结构弹塑性地震时程分析时，采用向量形式表达的反应位移 $\{u_{n+1}\}$：

$$\{u_{n+1}\} = [\bar{K}]^{-1}\{\bar{F}\} \tag{3.4-6}$$

其中

$$\begin{cases} \bar{F} = -[M]\{1\}\ddot{u}_{0n} - \{Q_n\} + \dfrac{1}{\Delta t^2}[M] \\ \qquad (2\{u_n\} - \{u_{n-1}\}) + \dfrac{1}{2\Delta t}[C]\{u_{n-1}\} \\ \bar{K} = \dfrac{1}{\Delta t^2}[M] + \dfrac{1}{2\Delta t}[C] \end{cases} \tag{3.4-7}$$

对比式（3.4-7）和式（3.3-20）可以看出，中心差分法与 Newmark-β 法（当 β 不为 0）有着本质的不同，结构的运动方程在第 n 步时成立。中心差分法 $\{u_{n+1}\}$ 的求解可以直接利用体系的恢复力 Q_n，其求解过程是显式的。

3.4.2　方法特点对比

将式（3.4-7）与式（3.3-28）相比，中心差分法 $\{u_{n+1}\}$ 的求解在 $\bar{K}$ 表达式中并不存在刚度矩阵 $[K]$，而仅包含质量矩阵 $[M]$ 和阻尼矩阵 $[C]$。

一般情况下，在采用中心差分法进行数值积分时，构造阻尼矩阵 $[C]$ 与质量矩阵 $[M]$ 线性相关。同时结构单元质量矩阵为集中质量矩阵，并以对角矩阵形式存在，计算在单元层次进行，无需组装整体刚度矩阵，更无需对刚度矩阵求逆，只需对通常可简化为对角阵的质量矩阵求逆，计算过程中直接求解解耦的方程组，不需要进行平衡迭代，故一般不存在收敛性问题，每个计算步的计算速度较快，但是需要非常小的时间步长，通常要比隐式小几个数量级，计算量至少与自由度数成正比。随着分

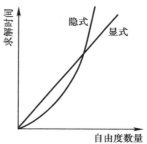

图 3.4-2　求解时间对比示意

析模型中单元与节点数量的增加，显式方法的优点越加突出。由此，采用中心差分法求解时，每一个分析步的求解时间将极大地减小，同时其求解时间与结构的自由度规模呈线性关系。图 3.4-2 给出了两种形式分析方法的求解时间特点对比图，表 3.4-1 给出了两种形式分析方法的总结。

隐式方法与显式方法的总结 表 3.4-1

项目	隐式算法	显式算法
方程求解	需要迭代求解耦联的方程组，计算成本较高，增加的计算量至少与自由度数的平方成正比	直接求解解耦的方程组，不需要进行平衡迭代，故一般不存在收敛性问题，计算量至少与自由度数成正比
积分步长	可以取得较大，超高层动力弹塑性分析一般可取到 0.02s	超高层动力弹塑性分析中，其时间步长可能仅为 1×10^{-5} s
质量矩阵	集中质量矩阵或者一致质量矩阵	集中质量矩阵
阻尼考虑	采用瑞雷（Rayleigh）阻尼体系 可考虑质量阻尼和刚度阻尼	采用瑞雷阻尼体系 刚度阻尼对求解稳定时间影响极大，仅考虑质量阻尼，计算结果偏向于保守

续表

项目	隐式算法	显式算法
适用性	适用于时间较长的分析	适用于时间较短的分析
限制性	强非线性时难以收敛	必要时采用质量缩放形式提高时间步长以减小分析时间

第4章 分析结果解读

4.1 宏观分析结果

对结构进行动力弹塑性分析后，一般提取以下三类结构的宏观分析结果：

（1）内力指标，如基底反力、层剪力、框架剪力分担率等；

（2）位移指标，如层间位移角分布、顶点位移时程、整体结构残余变形等；

（3）能量指标，如地震输入能、结果动能、弹塑性耗散能等。

4.1.1 内力指标

统计宏观内力指标时，需要提取力的时程曲线，具体应用方式如下：

（1）输出基底反力时，可以直接提取各支座节点的反力时程，对整体坐标系 X、Y 方向进行求和，提取总反力时程的最大值作为地震作用下的基底反力值。

（2）输出楼层剪力时，需要提取楼层标高略偏上位置竖向构件投射在整体坐标系 X、Y 方向的剪力时程并进行求和，取时程最大值作为楼层剪力代表值。竖向构件选取方式见图 4.1-1。如需要输出楼层剪力差，则应提取上一楼层剪力时程，并与本层剪力时程相减后取最大值来作为楼层剪力差代表值。

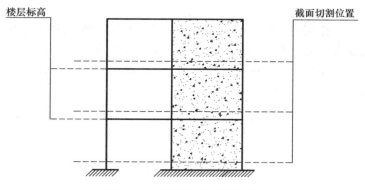

图 4.1-1　竖向构件剖面位置

（3）输出框架剪力分担率时，可分别提取各个楼层框架部分剪力时程，并与楼层剪力时程相比，输出整个时程内框架剪力分担百分比的变化情况，必要时也可以将时域内的平均值作为代表值。

4.1.2 位移指标

统计宏观位移指标时，需要提取节点位移的时程曲线；值得注意的是，在真实的滞回

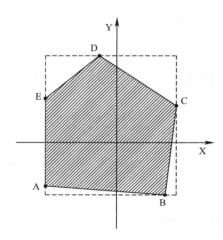

图 4.1-2　代表竖向构件选取方法

过程中塑性变形是永久残留的，而现有分析软件在模拟中并不能完全考虑；以下为在当前主流软件中的具体应用方式：

（1）输出层间位移角时，可以选择结构3～5个角部竖向构件上下层节点作为观测点，分别提取上下节点在整体坐标系 X、Y 方向的位移时程，并提取位移差时程，取最大绝对值作为层间位移并计算层间位移角。图 4.1-2 中阴影部位由结构的外围竖向构件围成。分别按照 X、Y 坐标的最大值和最小值定位代表性竖向构件，一般情况下可以获得3～5个角点。尽管此种处理方式可能会造成所提取的层间位移角值小于实际的最大值，但仍然具有一定的代表性。如果对所有竖向构件进行位移差时程提取，将耗费较多的时间。

（2）输出顶部位移时程时，应扣除基座的位移时程，便于同反应谱分析结果进行对比的同时，可结合弹性位移时程来直观反映结构整体刚度的退化情况。

（3）结构经历地震后，会存在结构损伤，具体表现为发生弹塑性响应的构件存在残余变形。此时结构已经偏离初始结构的几何位置，通过观察结构的残余变形分布，可以初步评估结构的薄弱位置。

实际上当输入的地震强度达到一定值时，实际结构可能发生倒塌。如在增量动力分析（简称 IDA 方法）中，将同一地震动幅值按比例逐渐增大，对同一结构进行多次非线性时程分析。分析结果可反映结构的抗倒塌能力、动态特性、刚度变化过程、薄弱位置分布与发展等特点。

4.1.3　能量指标

当结构经历地震作用时，地震的能量会不断输入到结构体系中，其中一部分能量以弹性应变能和动能储存，另一部分则被结构阻尼和非弹性变形耗散。一般来讲，当结构体系在地震作用过程中未发生倒塌，则结构体系的总耗散能与地震动的总输入能量持平。以相对位移形式定义的能量统计公式如下：

$$\int_0^t \{\dot{u}\}^T [M] \{\ddot{u}\} dt + \int_0^t \{\dot{u}\}^T [C] \{\dot{u}\} dt + \int_0^t \{\dot{u}\}^T \{F(t)\} dt = -\int_0^t \{\dot{u}\}^T [M] \{1\} \ddot{u}_0 dt$$

(4.1-1)

式中各项分别定义为：

结构总输入能：

$$E_I(t) = -\int_0^t \{\dot{u}\}^T [M] \{1\} \ddot{u}_0 dt$$

(4.1-2)

结构动能：

$$E_K(t) = \int_0^t \{\dot{u}\}^T [M] \{\ddot{u}\} dt$$

(4.1-3)

结构阻尼耗能：

$$E_D(t) = \int_0^t \{\dot{u}\}^T [C] \{\dot{u}\} dt$$

(4.1-4)

结构的弹性变形能 $E_S(t)$ 与非弹性滞回耗能 $E_H(t)$ 之和，称为系统的总变形能 $E_Y(t)$：

$$E_Y(t) = E_S(t) + E_H(t) = \int_0^t \{\dot{u}\}^T \{F(t)\} \mathrm{d}t \tag{4.1-5}$$

在任意时刻 t，系统的总输入能与其他能量之和平衡，即：

$$E_I(t) = E_K(t) + E_D(t) + E_S(t) + E_H(t) \tag{4.1-6}$$

式（4.1-1）及式（4.1-6）即为相对能量方程。通过提取各类型能量曲线，可以观察在时域范围内结构的能量响应，评估结构耗能能力强弱，必要时也可以按构件类型输出耗能曲线，如分析连梁在整个结构系统中的耗能权重。同时也可以通过观察能量残差来判断数值分析的准确性。一般产生能量残差的原因包括减缩积分单元出现的零能模式等。

4.2　微观分析结果

结构的宏观分析结果可以帮助工程师对结构的整体抗震性能有一个初步的评估，结合微观分析结果，可以进一步判断结构的性能表现是否满足预期要求。微观分析结果主要由以下内容组成：

（1）各类响应分布图，如变形响应、内力响应和损伤分布等，在时程终止或者某一时刻均可输出。应注意的是，只有塑性变形才能输出累积值，例如混凝土损伤分布图、塑性转角分布图等。

（2）状态变量的时程曲线，例如墙肢的混凝土材料应力时程曲线。

（3）不同层次的滞回曲线，例如屈曲约束支撑的轴力—轴向变形滞回曲线。

由于不同软件采用的数值模型有区别，在微观分析结果输出方式仍有各自的特点，以下基于 ABAQUS、PERFORM-3D 两款软件进行简单的介绍。

4.2.1　基于 ABAQUS 分析

对于 ABAQUS 中的微观分析结果，一般结合《高层建筑混凝土结构技术规程》JGJ 3—2010[13] 来定义，性能化设计将结构抗震性能目标分为 A、B、C、D 四个等级，结构抗震性能分为 1～5 五个水准，对应的构件损坏程度分为"无损坏、轻微损坏、轻度损坏、中度损坏、比较严重损坏"五个级别。

采用 ABAQUS 软件进行动力弹塑性分析，可以提取构件的内力如钢筋混凝土剪力墙肢、梁与柱的剪力值并参考《抗震规范》[12] 或者《高混规》[13] 相关规定进行验算。但是在《抗震规范》和《高混规》并未对构件的塑性变形指标进行明确定量规定。此时可以参考美国国家指导性规范标准 ASCE 41-13[87] 中的相关规定。

以剪力墙构件为例，在 ASCE 41-13 第 10.7 节中对构件的塑性转角指标进行了定量规定，参见本书表 5.4-6。

对于表中不同的塑性转角指标 IO、LS、CP 的应用，可结合《高混规》中结构抗震性能第 5 级水准相关规定，将结构底层剪力墙墙肢归类为关键构件，将"中度损伤"设定为LS 状态；连梁归类为耗能构件，将"比较严重损坏"设定为 CP 状态。

在表 5.4-6 中，塑性转角值 a、b 及残余强度比的定义如图 4.2-1 所示。

基于图 4.2-1 所示的广义力—变形关系曲线定义，以弯曲破坏控制的剪力墙构件屈服弯矩对应的屈服转角值 θ_y 可以采用下式计算：

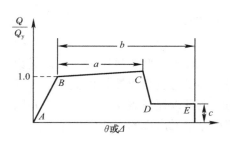

图 4.2-1　混凝土构件广义力—变形关系

$$\theta_y = \left(\frac{M_y}{E_c I}\right)l_p \qquad (4.2\text{-}1)$$

式中　M_y——屈服弯矩，可以参考《混凝土结构设计规范》GB 50010—2010[14] 计算；

　　　E_c——混凝土弹性模量；

　　　I——截面惯性矩；

　　　l_p——预定的塑性铰长度，一般为截面高度的 0.5 倍。

由于 ABAQUS 软件并不能直接给出剪力墙构件的塑性转角值，一般可以采用输出监测构件的总转角值 θ 扣除屈服转角 θ_y 得到塑性转角值 θ_p，并与表 5.4-6 进行对比即可判断剪力墙构件是否符合性能目标要求。

以底层剪力墙墙肢构件的总转角 θ 为例，其计算方式如图 4.2-2 所示。

以上描述给出了基于内力和变形指标的抗震性能评估方法，而由于 ABAQUS 中构件的损坏主要以混凝土的受压损伤因子（参见 2.4.1 节）及钢材（钢筋）的塑性应变程度作为评定标准，为在结果输出中直观地表现结构构件的损坏程度，参考文献［41］［42］，并结合具体工程经验和实际应用，建立其与规范中构件的损坏程度的对应关系，如表 4.2-1 所示，以对计算结果进行补充说明。

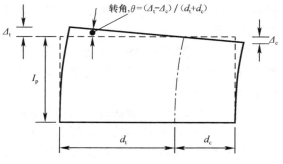

图 4.2-2　墙肢转角计算示意

ABAQUS 计算结果与《高层建筑混凝土结构技术规程》构件损坏程度的对应关系

表 4.2-1

结构构件	损坏程度				
	无损坏	轻微损坏	轻度损坏	中度损坏	比较严重损坏
混凝土梁、柱钢管混凝土柱钢梁、柱、斜撑	完好	钢材塑性应变 $0\sim0.002$	钢材塑性应变 $0.002\sim0.006$ 或混凝土受压损伤因子<0.2	钢材塑性应变 $0.006\sim0.010$ 或混凝土受压损伤因子<0.3	钢材塑性应变>0.010 或混凝土受压损伤因子>0.3
剪力墙、连梁	完好	钢材塑性应变 $0\sim0.002$	混凝土受压损伤因子<0.3 且损伤宽度<50%横截面宽度，或钢材塑性应变 $0.002\sim0.006$	混凝土受压损伤因子<0.3 且损伤宽度>50%横截面宽度，混凝土受压损伤因子处于 $0.3\sim0.6$ 且损伤宽度<50%横截面宽度，或钢材塑性应变 $0.006\sim0.010$	混凝土受压损伤因子>0.6 或混凝土受压损伤因子处于 $0.3\sim0.6$ 且损伤宽度>50%横截面宽度，或钢材塑性应变>0.010
混凝土楼板	同剪力墙，损伤面积<50%横截面改为损伤面积<50%单跨楼板宽度				

注：表中的具体数据需根据本构模型中损伤值和应变的实际对应关系来确定。

对应表 4.2-1，具体微观分析标准说明如下：

（1）钢材在屈服后其强度并不会下降，衡量其损坏程度的主要指标是塑性应变值。借鉴 FEMA 标准中塑性变形程度与构件状态的关系，将钢材当前应变为屈服应变 2、4、6 倍时分别定义为轻微损坏、轻度损伤和中度损坏三种程度。常用 HRB400 钢屈服应变近似为 0.002，则上述三种状态对应的塑性应变（扣除屈服应变）分别为 0.002、0.006 和 0.010。

（2）混凝土在达到极限强度后会出现刚度退化和承载力下降，其程度通过受压损伤因子 d_c 来描述，d_c 的物理意义为混凝土的刚度退化率，如受压损伤因子达到 0.3，则表示抗压弹性模量已退化 30%。考虑到应力集中的影响及混凝土本构中未考虑箍筋约束的强度提高作用，一般将混凝土受压损伤 0.3 设为中度损坏界限，大于 0.3 则认为损坏较为严重（图 4.2-3）。

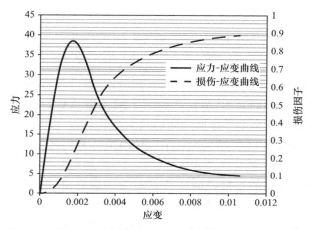

图 4.2-3　C60 混凝土承载力与受压损伤因子的简化对应关系

（3）对采用杆单元模拟的梁、柱、斜撑等构件，钢材（钢筋）的塑性应变会造成构件刚度退化，但不会出现承载力下降，因此可按其塑性应变程度来区分为轻微损坏～比较严重损坏；而对于梁柱构件中的混凝土，一旦出现较大的受压损伤则肯定会造成构件承载力下降，故其损坏程度直接由轻度损坏开始，直至比较严重损坏。

（4）剪力墙构件以承受竖向荷载和抗剪为主，对单个组成单元来说，其损伤程度判定标准与上述第（3）条相同。但对整个剪力墙构件而言，由于墙肢一般不满足平截面假定，在边缘混凝土单元出现受压损伤后，构件承载力不会立即下降，所以其损坏判断标准应有所放宽。考虑到剪力墙的初始轴压比通常为 0.5～0.6，当 50% 的横截面受压损伤达到 0.6 时，构件整体抗压和抗剪承载力剩余约 75%，仍可承担重力荷载，因此以剪力墙受压损伤横截面面积作为其严重损坏的主要判断标准，如图 4.2-4 所示。

（5）连梁和楼板的损坏程度判别标准与剪力墙类似。但楼板以承担竖向荷载为主，且具有双向传力性质，当小于半跨宽度范围内的楼板受压损伤达到 0.6 时，尚不至于出现严重损坏而导致垮塌，故在实际应用中还可适当放宽要求。

同大多数有限元软件一样，ABAQUS 的求解过程是：首先求得单元节点应变，根据形函数计算得到单元积分点处应变，然后在积分点处结合本构模型求解应力等，最后通过外插得到节点值；由于在全域中应力场是不连续的，外插将导致相邻单元共用的节点得到不同的值，所以在对诸如应力、损伤等变量进行云图显示时，会涉及云图平滑的问题，

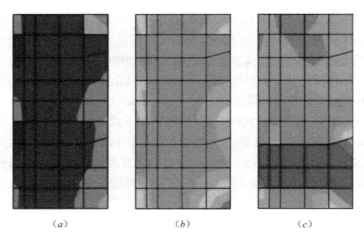

图 4.2-4 剪力墙混凝土损伤状态
(a) 轻度；(b) 中度；(c) 比较严重

ABAQUS 默认条件下将在节点上计算不变量（标量），最后再对外插结果进行平均。

在对外插结果进行平均时，ABAQUS 提供了默认值 AVG 75%，其定义为在当前激活区域中，如果共有节点的多个外推值之间的最大差值（D_1），小于所有单元最大最小值之差（D_2）的 75%，即 $D_1/D_2 < 75\%$ 时，节点值将进行平均处理；否则不参与平均。

如图 4.2-5 (a) 所示，节点 A 为单元 1、2、3、4 共用，当需要显示应力云图时，各单元自身将通过积分点计算值外推得到各节点对应的应力值，故在点 A 处会同时有 A_1、A_2、A_3、A_4 四个应力值（假定分别为 1e6、1.2e6、1.4e6、1.6e6），则节点 A 处的最大应力差值 D_1 为 1.6e6－1e6＝0.6e6，假设在当前显示的模型范围内最大和最小的应力差即 D_2 为 2e6，则相对比值 D_1/D_2 为 0.6e6/2e6＝0.3。故当 AVG 为默认值 75% 时，D_1/D_2＝0.3＜0.75，则 ABAQUS 将对点 A 处的应力值进行平均处理，如图 4.2-5 (b) 所示，应力云图在各单元交界处是平滑过渡的；而当设置 AVG 为 25% 时，D_1/D_2＝0.3＞0.25，ABAQUS 则不会对点 A 处的应力值进行平均处理，如图 4.2-5 (c) 所示，应力云图以各单元计算值独立显示。

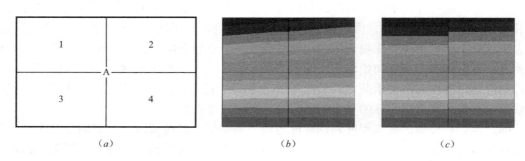

图 4.2-5 ABAQUS 云图平滑示例
(a) 示意；(b) 平滑；(c) 未平滑

4.2.2 基于 PERFORM-3D 分析

在 PERFORM-3D 中，软件输出的响应分布图与设定的响应监测值有关。以常见广义力—广义变形关系曲线（骨架曲线）为例，变形监测性能状态定义如图 4.2-6 所示。

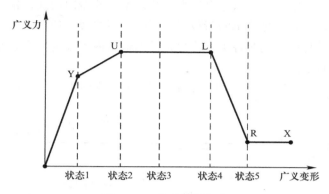

图 4.2-6　构件性能状态

在恢复力模型的横轴（广义变形）上最多可以定义 5 个性能状态监测值。参考文献
［22］的相关规定，构件的抗震性能可以分为 4 个水准：

（1）充分运行（Operational，简称 OP），构件仍处于弹性阶段，在地震结束后功能
完好；

（2）基本运行（Immediate Occupancy，简称 IO），构件屈服，发生轻度损伤，经过修
理后可以继续使用；

（3）生命安全（Life Safety，简称 LS），构件发生中等程度的破坏，基本功能受到影
响，但不至于伤人，人的生命安全能够得到保障；

（4）接近倒塌（Collapse Prevention，简称 CP），构件发生较为严重的破坏，接近倒
塌状态。

文献［22］通过变形确定构件所处的性能水准，可参照图 4.2-6，将广义变形的性能
状态 1、状态 2、状态 5 分别定义为 IO、LS、CP 状态。

分析结束后，软件的后处理模块可选择性地输出构件、截面或者材料等恢复力模型广
义变形值所处的性能状态云图。在云图中通常显示的是监测状态的倍数关系，采用颜色显
示进行区分，常见的颜色与倍数关系如图 4.2-7 所示。图中数值 1.2 表示实际变形达到了
预设监测状态值的 1.2 倍，各数值大小可以根据需要进行调整。

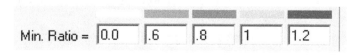

图 4.2-7　性能状态的使用率图

PERFORM-3D 软件提供了四个层级的状态变量时程曲线输出选项，相应的输出内容
如下：

（1）节点选项，可以输出节点的位移时程。

（2）单元选项，可以输出单元的内力、变形时程。对于采用多个组件构成的单元，可
以选择输出组件的内力、变形时程。

（3）位移角选项，可以输出监测位移角或者相对位移时程。

（4）结构剖面选项，可以输出监测的结构剖面力时程。

在 PERFORM-3D 中，既可以输出动力荷载作用下的滞回曲线，也可以输出单调加载情况下的滞回曲线，此时只是简单的荷载与变形的关系曲线。通过输出滞回曲线，可以判断非弹性组件的力学特征。同时各类响应分布图的输出内容较为丰富，基本上包括了所有的变形状态和强度状态。

建立如图 4.2-8 所示框架—剪力墙结构算例，采用 PERFORM-3D 软件进行动力弹塑性分析。

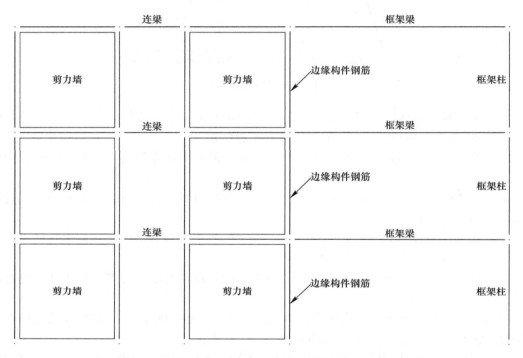

图 4.2-8　框架—剪力墙结构算例

结构模型参数如下：

（1）层高 4m，剪力墙墙肢宽度 4m，连梁跨度 2m，框架梁跨度为 6m；

（2）连梁截面为 250mm×800mm，框架梁截面为 250mm×800mm，框架柱截面为 500mm×500mm；

（3）剪力墙厚度为 160mm，配筋率为 0.25%；

（4）结构每层附加质量为 250000kg。

结构前三阶周期为 0.48s、0.16s 及 0.11s。

对结构进行重力分析后，施加地震作用并进行分析。所输入的地震波时程如图 4.2-9 所示，峰值加速度为 220cm/s^2。

动力弹塑性分析结束后可以输出连梁、框架梁、框架柱截面转角的需求状态，剪力墙纤维应变需求状态，剪力墙剪切应力状态和强度截面需求能力比状态。也可以输出位移、内力、变形及能量时程曲线。

结构顶点位移时程如图 4.2-10 所示。

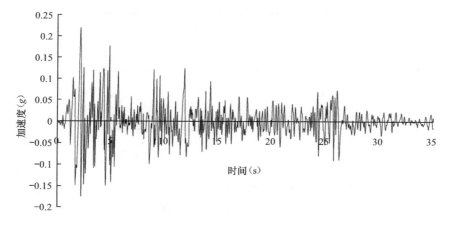

图 4.2-9 地震波时程曲线

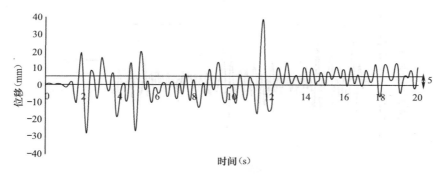

图 4.2-10 顶点位移时程

顶点位移在 12s 后出现了偏移，偏移量约为 5mm，说明此时结构在地震作用下产生了不可恢复的塑性残余变形。图 4.2-11 为结构在地震激励过程中的能量时程曲线，可以看出结构的塑性耗能在 12s 时增加较多，同样说明了此时结构产生了较大的塑性变形。

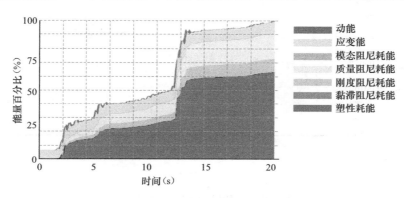

图 4.2-11 能量时程曲线

地震激励结束后，基于变形监测的连梁状态分布如图 4.2-12 所示。参考图 4.2-7 所示系数表述，图 4.2-12 中粗实线表示连梁端部的塑性变形达到了监测值（设定为 LS 性能状态）的 0.8～1.0 倍，虚线表示达到了 0.6～0.8 倍。

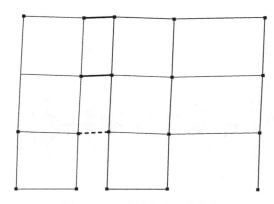

图 4.2-12 连梁变形状态分布

图 4.2-13 为墙肢的剪切应力时程，可以看出剪应力幅值在 5MPa 以内。

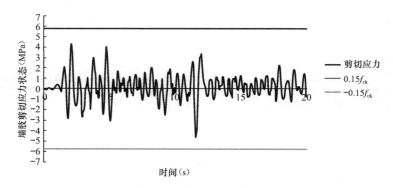

图 4.2-13 墙肢剪切应力时程

图 4.2-14 为剪力墙边缘构件内的钢筋应变时程，可以看出在 12s 时，存在钢筋受压应变超过屈服应变 0.002 的情况。

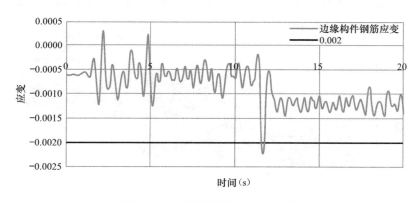

图 4.2-14 边缘构件钢筋应变时程

连梁是结构的主要耗能构件，由图 4.2-15 所示连梁端部弯矩—转角滞回曲线可以看出，地震作用大部分时刻连梁转角小于 IO 状态。整个时程内最大转角约为 0.008，处于IO～LS 之间。

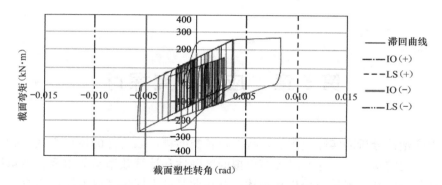

图 4.2-15　连梁端部弯矩—转角滞回曲线

第 5 章　应用研究探讨

在动力弹塑性分析的实际应用中，将涉及各类问题，如构件的模拟方法、时间步长的选取和材料本构的实现等，这些对提高模拟的准确性和计算效率至关重要，本章针对应用中经常遇到的问题和难点进行分析和阐述，并在此基础上探讨其更为深入和前沿的应用。

5.1　构件的数值模拟探讨

5.1.1　数值积分点选择

本节主要讨论在动力弹塑性分析时，不同软件对梁柱构件力学行为模拟方式的不同之处，对于静力弹塑性分析同样有适用性。主要的对比软件为通用有限元软件 MIDAS Gen 与 ABAQUS，如表 5.1-1 所示，两款软件在进行梁柱构件模拟时可选的方式主要有两种。

梁柱构件模拟方式　　　　　　　　　　　　　　　　　表 5.1-1

项目	MIDAS Gen	ABAQUS
基于材料的模型	纤维截面模型	B31，B32
基于截面的模型	塑性铰模型	非线性弹簧

由于目前在基于 ABAQUS 进行动力弹塑性分析时，主要采用 B31 或者 B32 单元，因此本书仅讨论基于纤维截面时两款软件的不同之处。

在 MIDAS Gen 中，梁柱单元的刚度矩阵由其柔度矩阵求逆所得，而其单元柔度矩阵是采用数值积分方法求得。在一个单元中，软件可允许最多 20 个高斯型数值积分点，数值积分点的位置和数量即代表塑性铰监测的位置和数量。对于建筑结构中的梁柱构件，塑性铰主要发生在柱端或者跨中，由于高斯—勒让德（Gauss-Legendre）积分方法无法将构件端部作为积分点，因此为了能够获取梁端或者柱端塑性发展程度，软件采用了高斯—罗贝托（Gauss-Lobatto）积分。在高斯型积分中，积分点的位置与积分点的数量相关，离端部越近则积分点的间距越小。高斯—罗贝托积分的数值精度为 $2n-3$，n 为积分点数量，典型的高斯—罗贝托积分点位置与权重分布见表 5.1-2。

高斯—罗贝托积分　　　　　　　　　　　　　　　　　表 5.1-2

积分点数量	积分点位置	权重
3	0	4/3
	±1	1/3
4	$\pm\sqrt{\dfrac{1}{5}}$	5/6
	±1	1/6

积分点数量	积分点位置	权重
5	0	32/45
	$\pm\sqrt{\dfrac{3}{7}}$	49/90
	± 1	1/10

表 5.1-2 中所示的积分点位置是指当积分区间为 ［-1，1］ 情况，图 5.1-1 为杆件量化长度为 2 时，塑性铰即积分点位置分布图。

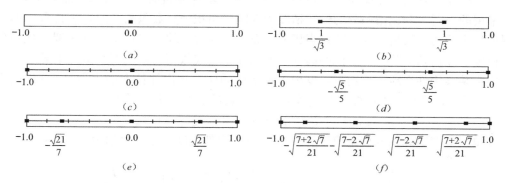

图 5.1-1　高斯—罗贝托积分法的积分点位置

(a) 积分点数＝1；(b) 积分点数＝2；(c) 积分点数＝3；
(d) 积分点数＝4；(e) 积分点数＝5；(f) 积分点数＝6

由于高斯—罗贝托积分不能考虑当积分点数量为 1 或者 2 时的情况，故当定义积分点数量为 1 或者 2 时，采用的仍然是高斯—勒让德积分（积分精度为 $2n-1$）。典型的高斯—勒让德积分点位置与权重分布见表 5.1-3。

高斯—勒让德积分　　　　　　　　　　　　　　　表 5.1-3

积分点数量	积分点位置	积分点权重
1	0	2
2	± 0.5773502692	1
3	± 0.77459666920 0	0.5555555556 0.8888888889
4	± 0.8611363116 ± 0.3399810436	0.3478548451 0.6521451549
5	± 0.9061798459 ± 0.53845931010 0	0.2369268851 0.4786286705 0.5688888889
6	± 0.9324695142 ± 0.6612093865 ± 0.2386191816	0.1713244924 0.3607615730 0.4679139346
7	± 0.9491079123 ± 0.7415311856 ± 0.4058451514 0	0.1294849662 0.2797053915 0.3818300505 0.4179591834

积分点数量	积分点位置	积分点权重
8	±0.9602898565	0.1012285363
	±0.7966664774	0.2223810345
	±0.5255324099	0.3137066459
	±0.1834346425	0.3626837834

　　从数值积分的代数精度上来说，积分点数量越多，则分析精度越高，其获取塑性开展深入程度的能力越强，然而积分点数量的增加也会增加分析时长。当积分点数量为 2 时，软件采用的高斯—勒让德积分的代数精度为 3 阶；当积分点数量为 3 时，软件采用的高斯—罗贝托积分的代数精度为 3 阶；当积分点数量为 5 时，软件采用的高斯—罗贝托积分的代数精度已经达到 7 阶。为了说明高斯—罗贝托积分代数精度，以下给出简单案例。

　　假定某梁构件在地震作用下，发生了弹塑性响应。其构件长度量化为 2，杆件内力分布函数恒为 1，弹塑性柔度曲线为连续函数，并满足如下 6 阶多项式：

$$f(x) = x^6 + x^4 + x^2 + 1, x \in [-1, 1] \tag{5.1-1}$$

　　其单元柔度矩阵积分理论值约为 3.352381，构件柔度分布函数如图 5.1-2 所示。

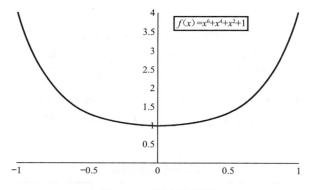

图 5.1-2　柔度分布图

　　采用 2 积分点高斯—勒让德积分，单元柔度矩阵积分如下：

$$f(-0.57735) \times 1 + f(0.57735) \times 1 \approx 2.962962$$

　　采用 3 积分点高斯—罗贝托积分，单元柔度矩阵积分如下：

$$f(-1) \times \frac{1}{3} + f(0) \times \frac{4}{3} + f(1) \times \frac{1}{3} = 4$$

　　采用 4 积分点高斯—罗贝托积分，单元柔度矩阵积分如下：

$$f(-1) \times \frac{1}{6} + f(-0.447214) \times \frac{5}{6} + f(0.447214) \times \frac{5}{6} + f(1) \times \frac{1}{6} \approx 3.413333$$

　　采用 5 积分点高斯—罗贝托积分，单元柔度矩阵积分如下：

$$f(-1) \times \frac{1}{10} + f(-0.654654) \times \frac{49}{90} + f(0) \times \frac{32}{45}$$

$$+ f(0.654654) \times \frac{49}{90} + f(1) \times \frac{1}{10} \approx 3.352381$$

　　由上述不同积分点数量的对比可以看出，5 积分点的数值积分结果同理论解一致，而

2 积分点或者 3 积分点的数值积分结果同理论解误差分别达到了 12% 和 20%。尽管采用 4 积分点的数值积分结果的误差仅为 1.8%，然而在实际的动力弹塑性分析中，采用一个单元模拟一个构件时，仍然建议至少采用 5 积分点，主要因为：

（1）4 积分点难以在第一时间捕捉跨中塑性铰。如某水平构件在竖向极限荷载作用下，采用 4 节点积分则难以发现跨中位置的塑性铰。

（2）地震作用下的梁柱构件真实的柔度分布函数采用 6 阶多项式并不能够很好地拟合，甚至其分布函数可能出现不连续或者连续但一阶不可导，从而导致构件的计算刚度与真实刚度的误差超过 10%。

（3）4 积分点在两端的积分权重系数达到了 1/6，可能过大地考虑了梁构件塑性发展深度。考虑 12m 长度混凝土梁，其梁高约为 0.8m，理论上塑性铰的长度约为 0.5m 左右，当采用 4 积分点且梁端屈服时，其计算塑性铰长度为 1m，若采用 5 积分点时，两端的积分权重系数为 1/10，即计算塑性铰长度为 0.6m，与理论值较为接近。

为了直观说明以上论述，构建一简支梁，梁长 2m，两端承受集中弯矩作用，计算简图见图 5.1-3，弯矩分布如图 5.1-4。

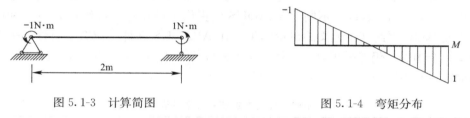

图 5.1-3　计算简图　　　　　　　　　图 5.1-4　弯矩分布

在 MIDAS Gen 软件中，建立 8 个图 5.1-3 所示计算模型，分别指定 1~8 个弯矩—分布纤维铰，并进行弹性及弹塑性分析。

图 5.1-5 及图 5.1-6 分别为弹性及弹塑性分析时的弯矩分布图，图 5.1-6 中的数值即为塑性铰（也是积分点）位置处的弯矩值。由于杆件两端的弯矩值分别为 -1 和 1，且沿梁长度方向线性变化，因此弹塑性分析显示的数值大小即为积分点所在梁长度方向的位置。由图 5.1-6 可以直观地发现：

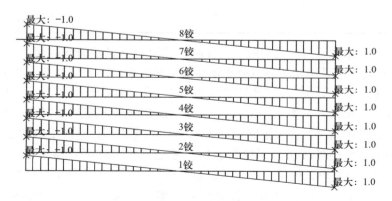

图 5.1-5　弯矩分布图（弹性分析）

（1）如果采用单积分点计算本案例的弹塑性响应，其积分处的弯矩值始终为 0，无法求解弹塑性响应。

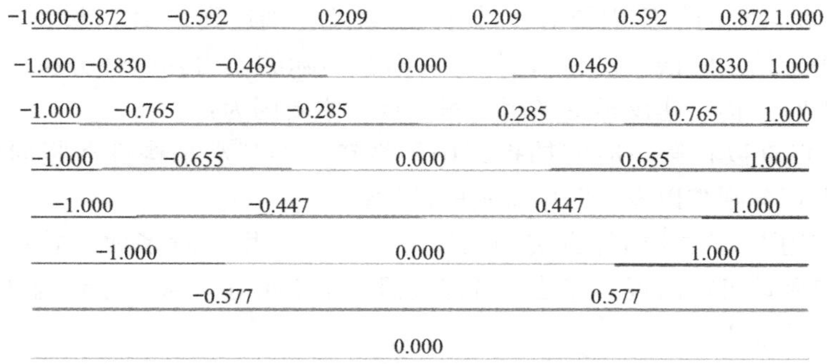

-1.000 -0.872   -0.592   0.209   0.209   0.592   0.872 1.000

-1.000 -0.830   -0.469   0.000   0.469   0.830   1.000

-1.000   -0.765   -0.285   0.285   0.765   1.000

-1.000   -0.655   0.000   0.655   1.000

-1.000   -0.447   0.447   1.000

-1.000   0.000   1.000

-0.577   0.577

0.000

图 5.1-6　积分点处弯矩分布图（弹塑性分析）

（2）如果采用 3 积分点计算，当两端弯矩值刚达到屈服值时，梁两端 0.33m 范围内即进入屈服，与实际情况相差太远。对于常见的剪力墙连梁构件，其在地震作用下的弯矩分布图和本案例简支梁弯矩分布图具有类似性，积分点数量太少将无法模拟构件塑性开展情况，甚至构件在整个分析过程中均不会出现塑性响应。

由于 MIDAS Gen 能够在一个单元中指定多个数值积分点，因此可以采用一个单元模拟一个构件。同 MIDAS Gen 不同，ABAQUS 仅提供了单积分点纤维单元 B31 和两积分点纤维单元 B32，因此基于上文的讨论结果，在 ABAQUS 软件中应有针对性的采用多个单元模拟一个构件。仍然采用以上案例，考虑杆件等分成多个纤维单元，表 5.1-4 给出了通过不同数量和不同单元类型进行数值积分的误差。

不同单元类型数值积分误差表　　　　　　　　　　　表 5.1-4

（单元数量）	B31		B32		理论解
	数值积分	相对误差	数值积分	相对误差	
2	2.656250	0.207653	3.296296	0.016730	3.352381
3	2.973022	0.113161	3.340141	0.003651	3.352381
4	3.123535	0.068264	3.348380	0.001194	3.352381
5	3.201152	0.045111			3.352381
6	3.245528	0.031874			3.352381
8	3.291237	0.018239			3.352381

当采用 8 个 B31 单元模拟案例所示构件时，数值积分误差仍然达到了 1.8%，相当于在 MIDAS Gen 软件中采用 4 积分点分布塑性铰单元的精度。采用 2 个 B32 单元模拟案例所示构件时，其误差为 1.67%，而同等数量的 B31 单元误差为 20.7%，可见 B32 单元的精度远高于 B31 单元。当采用 3 个 B32 单元时，误差已经下降至 0.37%，对比而言，尽管采用 4 个 B32 时，其误差能够下降至 0.12%，然而考虑到计算成本的增加，建议采用 3 个 B32 单元模拟一根构件即可。当计算分析中考虑采用 B31 时，鉴于表 5.1-4 的误差分析，建议采用至少 5 个单元模拟。以上的误差分析仅仅是针对构件的整体刚度或者柔度模拟，而并未讨论对于单个构件在弹塑性分析时，塑性发展深入程度的影响。比如参考表 5.1-4，采用 4 个 B32 单元，尽管误差仅为 0.12%，然而只有当杆端弯矩达到了屈服的 1.12 倍时（由于截面纤维分割的原因，实际值会高于 1.12 倍），有限元计算分析才能捕捉到弹塑性响应。

　　弹塑性分析更侧重于整体结构的弹塑性损伤，因此对于整体结构中单个构件的损伤分析结果，只要将其误差控制在一定范围内即可。也就是说，相对于构件的内力应更侧重于结构的变形。

　　提示：

　　（1）本节讨论结果对于两款软件的静力弹塑性分析仍有一定的参考性。

　　（2）尽管 ABAQUS 中的 B33 为三次精度单元，但是本书未将 B33 单元列入讨论内容，主要是 B33 不适用于 ABAQUS 显式分析，且为欧拉—伯努利梁（Euler-Bernoulli Beam）单元。由于弹塑性分析中应考虑梁柱构件的剪切变形影响，因此本书仅讨论 ABAQUS 中的铁木辛柯梁（Timoshenko beam）单元。

　　（3）考虑到在进行显式动力弹塑性分析时，单元长度对计算时间有直接关系，短梁的存在会使得求解时间成倍增加，大量的工程经验表明，当梁单元长度小于 0.5m 时，计算时间会严重超过预期。如典型连梁构件，构件长度为 2.5m，采用梁单元模拟时，控制单元长度不小于 0.5m，因此建议采用至多 5 个 B31 单元模拟一个梁构件。

5.1.2　连梁的数值模型

　　连梁是指在剪力墙结构和框架—剪力墙结构中，两端与剪力墙在平面内相连的梁，见图 5.1-7，连梁一般具有跨度小、截面大，与连梁相连的墙体刚度又很大等特点。连梁作为结构的第一道抗震防线，在结构抗震性能表现中起到了重要的作用，在地震作用下的梁端弯矩远大于重力作用下的弯矩（$M_E \gg M_G$），图 5.1-8 所示为连梁的弯矩分布。

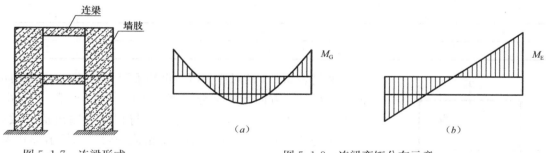

图 5.1-7　连梁形式

图 5.1-8　连梁弯矩分布示意
（a）重力作用；（b）地震作用

　　目前，对于连梁的弹塑性力学行为模拟，可以分成两种：

　　（1）基于一维线单元模拟，如集中塑性铰单元或者纤维单元，参见表 1.4-1；

　　（2）基于二维平面单元模拟，如采用非线性分层壳或者双向纤维单元，参见表 1.4-1。

　　当采用 ABAQUS 软件时，对于连梁，通过上一节讨论可知，连梁跨高比较大时，如大于 4，可以考虑采用 B31 或者 B32 进行模拟，但需要对连梁进行细分；然而当连梁跨高比较小时，连梁的剪切变形所占权重较大，在大震下产生剪切破坏的可能性较高。纤维梁单元的剪切行为一般表现为弹性，因此采用壳单元模拟是比较合理的方式。在显式分析时，常见的单元为 S4（一阶完全积分）和 S4R（一阶减缩积分）等，相对于完全积分单元，减缩积分单元的积分点数量大量减少，其计算效率也成倍增高，但当细分程度不足时，会出现零能模式。

由图 5.1-8（b）可以看出，半跨连梁在地震作用下的弯矩分布类似于悬臂梁承受集中力作用。建立悬臂梁结构（图 5.1-9），梁宽 $B=300$mm，高度 $H=800$mm，长度 $L=1600$mm，承受集中力 $P=100$kN 的作用，结构材料弹性模型为 $E=3.6\times10^4$N/mm^2。

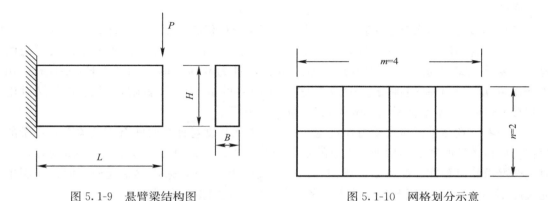

图 5.1-9　悬臂梁结构图　　　　　　　　图 5.1-10　网格划分示意

对案例悬臂梁采用二维单元，网格划分如图 5.1-10 所示，受力点竖向挠度的有限元分析结果见表 5.1-5。由于此悬臂梁跨高比较小，梁的剪切变形对总变形的贡献不可忽略，欧拉梁挠度求解公式不再适用，因此表 5.1-5 中以 S4 单元、16×8 网格划分情况下的梁挠度作为基准值。

挠度比值　　　　　　　　　　　　　　　　　表 5.1-5

单元类型	网格尺寸（$m\times n$）					
	2×1	4×2	4×4	8×4	8×8	16×8
S4	0.82	0.89	0.91	0.96	0.96	1.00
S4R	24.87	1.21	1.03	1.09	1.07	1.09

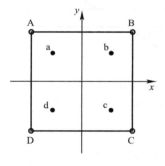

图 5.1-11　完全积分壳单元
节点与积分点位置

通过表 5.1-4 的对比分析，可知采用 S4R 模拟连梁构件时，其梁高度方向上的细分程度至少应达到 $n=4$。同时由于 S4R 是常应变单元，单元的节点与积分点输出值一致；如采用完全积分单元，单元节点输出值一般采用插值形式表达，其插值函数为线性函数。以 S4 壳元为例，a、b、c、d 是单元的 4 个积分点位置，A、B、C、D 是单元的四个节点位置，见图 5.1-11。

通过求解积分点处的应力、应变状态，即可插值得到节点处的对应数值，并形成相应的云图，表 5.1-6 给出了实际案例。

节点与积分点输出值　　　　　　　　　　　　表 5.1-6

变量值	积分点位置				节点位置			
	a	b	c	d	A	B	C	D
应力 S11（MPa）	−0.849	−3.999	−0.229	−0.382	0.576	−6.974	1.649	−0.710
塑性应变 PE11（×10^{-3}）	2.11	2.097	0.654	0.612	2.671	2.613	0.148	0.042
受压损伤值	0.834	0.068	0.212	0.439	1.332	0.000	0.254	0.306

由表 5.1-6 可知，当采用完全积分的 S4 单元时，节点处的损伤因子由于采用了线性插值，其显示值可能会超过 1.0，而采用 S4R 单元时，则不会超过 1.0。

上述主要就 ABAQUS 中连梁模拟进行了探讨。在 SAP2000 中，也可以采用分层壳单元对连梁构件进行模拟，在动力弹塑性分析时，需要将分层壳单元中使用的混凝土和钢材定义成非线性材料；而分层壳模型同样适用于墙肢。在实际的边界条件处理时，由于软件提供的分层壳单元没有垂直于单元平面的转动刚度，因此当模型中存在梁单元与分层壳单元直接连接时，需要增加"埋设梁"提供分层壳单元对梁单元的转动约束，设定埋设梁的材料密度和容重为 0。

5.1.3 楼板的数值模型

动力弹塑性分析时，楼板构件的模拟方式对结果有一定的影响。如在 ABAQUS 和 SAP2000 中可考虑采用非线性分层壳模拟楼板，在 PERFORM-3D 中可采用弹性壳。

在结构小震弹性设计时，楼板构件一般不参与到整体分析中，其刚度贡献主要通过刚性隔板假定及梁刚度放大系数同时体现，然而在大震弹塑性分析时，刚性隔板假定一般难以成立，主要原因有以下两点：

（1）一般刚性隔板假定中，约束了节点 X、Y 平动及绕 Z 轴（整体坐标系）转动自由度。在弹性分析时，其刚度一次集成，但在弹塑性分析时，由于结构的整体变形已经十分明显，计算中需要考虑几何非线性，此时如仍采用刚性隔板假定，则对结构产生额外的不合理约束，影响结果的准确性。

（2）对于纤维单元模拟梁，其截面的中性轴会随着截面顶部、底部纤维的屈服产生移动，而刚性隔板假定会对中性轴偏移产生额外的不合理约束，不利于塑性变形发展。

尽管采用弹性楼板时，相对于刚性楼板已经有了较大的改善，但是其主要缺陷在于不能模拟楼板的损伤分布，对于楼板薄弱部分或者加强层楼板的损伤情况难以评估。采用非线性分层壳单元模拟楼板，则可以最大限度地避免上述计算不合理或者不准确的情况发生，但同时也带来了计算成本的增加。以平面尺寸 50m×50m，楼层数量为 60 层的超高层为例，考虑 60% 的楼板面积分布，按照楼板单元尺寸 1m×1m，仅楼板模拟所需的非线性分层壳单元数量达到了 9 万个，自由度数量接近 40 万。

需要指出的是，当采用非线性分层壳时，材料在厚度方向上的力学行为通过一定数量的积分点进行表达。目前主要分为复化辛普森积分（Composite Simpson Rule）及高斯—勒让德积分，两者主要区别在于：当采用复化辛普森积分时，可以精确获取壳的顶面或底面的弹塑性响应，但当两者积分点数量相同时，其数值精度要低于高斯—勒让德积分方式。以图 5.1-2 所示为例，分别采用 5 积分点的复化辛普森积分和 4 节点的高斯—勒让德积分方式进行求积。

采用 5 积分点复化辛普森积分，则单元柔度矩阵积分如下：

$$\frac{1}{12}\{f(-1)+4[f(\pm0.75)+f(\pm0.25)]+2[f(\pm0.5)+f(0)]+f(1)\}=3.358398$$

采用 4 积分点高斯—勒让德积分，则单元柔度矩阵积分如下：

$$0.622145\times f(\pm0.339981)+0.347855\times f(\pm0.861136)=3.352381$$

4 积分点的高斯—勒让德数值积分结果同理论解一致，而 5 积分点的复化辛普森积分结果与理论值有微小差别。由于增加积分点数量会显著增加分析时间，实际应用过程中需要在计算精度与求解效率上进行权衡。

分析时，受计算条件限制，难以将楼板与混凝土梁顶同标高对齐，一般情况下为中心对齐，因而无法完全考虑楼板的翼缘作用，梁板系统弹性刚度较实际略低。因此当通过塑性应变评价楼板的损伤时，应尽量选择靠中心的截面积分点。

5.2 基于 ABAQUS 软件的研究

5.2.1 显式分析时间步长

相对于隐式分析，利用显式分析比较重要的一点是需要控制计算的时间步长，尤其对于大型工程项目，个别长度过小的控制单元将会给计算时间和成本带来成倍的增长；所以在进行分析之前，需要对模型的稳定步长有初步的掌握。

以梁单元为例，在 ABAQUS 中其显式分析稳定时间步长由下列计算公式确定：

$$t_s = \frac{L}{C_d} \tag{5.2-1}$$

$$C_d = \sqrt{\frac{E}{\rho}} \tag{5.2-2}$$

式中　C_d——材料波速；

L——最小单元尺度；

E——弹性模量。

由式（5.2-1）可以看出，如果要提高计算的稳定时间步长，可以通过增加单元长度、减小单元材料刚度或者增加材料密度来实现。为了加大这个极限值，ABAQUS 提供了人为增大单元质量（相应增加材料密度），即质量缩放（*FIXED MASS SCALING）的功能（详见 5.2.2 节）；但实际工程中为了模拟的真实和准确性，不会首选使用该功能，仅在使用其他方法都无法改善时间步长的情况下，针对个别的控制单元来使用。

对于稳定时间步长问题，首先通过下述方法来解决：

（1）如上文中所述，ABAQUS 中常用的三维铁木辛柯梁单元有 B31 和 B32，由于B31 单元为线性插值，故在整体结构分析中，从计算精度等方面考虑 B32 单元将更加合适，梁柱单元往往只需要划分成三段左右即可（可见 5.1.1 节相关描述）；

（2）结构模型中将不可避免存在尺寸过小的单元（长度小于 500mm），即使选用 B31等一次单元也可能无法改善其稳定时间步长，这种情况一般可以通过以下方法来尽量避免：在分析初期通过对结构模型进行细部修改来杜绝此类构件，由于该类构件本身就主要集中于布置较密集的主次梁之间，故通过删减和局部的移动都可达到改善的目的，且对结构整体性能影响可忽略不计。

另外，根据实际工程经验和专项对比分析，发现除了单元长度和波速之外，影响稳定时间步长还存在其他因素。

参考《LS-DYNA Theory Manual-March 2006》中 22.2 节关于梁单元的时间步长描

述，对于 Hughes-Liu 梁单元，仍旧使用式（5.2-1）来估算稳定时间步长；但对于 Be-lytschko 梁单元，需取式（5.2-1）和式（5.2-3）两者的较小值，可见稳定时间步长除了单元长度和波速之外，还与截面惯性矩和截面积有关。

$$t_s = \frac{0.5L}{C_d \sqrt{3I\left[\dfrac{3}{12I + AL^2} + \dfrac{1}{AL^2}\right]}} \tag{5.2-3}$$

5.2.2　质量缩放

5.2.2.1　关于质量缩放

上节中提到，在使用显式分析对结构进行弹塑性时程分析时，由于采用中心差分法，时间增量对计算分析的准确性和效率将非常重要；但某些情况下，特别是计算过程中由于变形，会产生一些无法在前期使用上节所述方法来优化和改善的小尺寸单元，这些单元将使得计算的稳定时间步长非常小，故为提高计算效率，ABAQUS 提供了质量缩放的方法。

在实际工程中，如果对整个结构进行质量缩放，将会影响计算结果的正确性和合理性；故分析中仅会针对个别控制单元进行处理，达到增加稳定时间步长的目的，从而对整个模型影响可以忽略不计，即在保证精度的前提下大大提高计算效率。

5.2.2.2　质量缩放的使用

在动力弹塑性分析中，质量缩放的方法主要有定比例质量缩放（＊FIXED MASS SCALING）和变比例质量缩放（＊VARIABLE MASS SCALING）；两者可单独或同时使用。

定比例质量缩放是通过预先定义一个固定的缩放因子，在分析步开始时执行，并在之后的每个增量步都按照这个缩放质量进行分析，由于只需要进行一次缩放计算，所以计算效率相对较高。该缩放因子可以通过两种基本方法来实现，一是直接定义质量缩放因子；一是定义一个用户期望的最小稳定时间步长，由 ABAQUS/Explicit 自动计算出缩放因子。

变比例质量缩放，相对定比例来说，在整个分析步中的缩放因子将不是不变的，其会根据计算过程中单元长度或刚度的变化计算出相应的数值。该方法通过用户预设最小稳态时间增量，由 ABAQUS/Explicit 自动计算缩放因子，并作用到相应的单元。

在实际应用中，常见的两种实施措施有：

1. 直接定义质量缩放因子

对已知影响稳定时间步长的单元组（elset）直接指定固定的缩放因子（scale _ factor），在分析步开始时进行定比例的质量缩放，并在整个分析步中保持不变。如：

＊FIXED MASS SCALING，FACTOR＝*scale _ factor*，ELSET＝*elset*

2. 通过给定稳定时间步长进行整个计算过程的质量缩放

该方法首先在分析步开始时指定合理的稳定时间步长（dt），由 ABAQUS 对模型中影响步长的单元进行一次定比例的质量缩放；同时，为了防止计算过程中单元的刚度和长度变化引起的时间增量变化，对模型再指定变比例质量缩放，从而使模型在整个计算过程中的稳定时间步长都等于该指定值。如：

＊FIXED MASS SCALING，TYPE＝BELOW MIN，DT＝d*t*

＊VARIABLE MASS SCALING，TYPE＝BELOW MIN，DT＝d*t*

5.2.3 能量平衡

5.2.3.1 ABAQUS 能量项

如 4.1.3 节所述，结构在地震作用下的表现实质上是一个能量的输入、转化和消耗的过程，其在动力弹塑性分析中是非常必要和重要的一部分，对比各能量的占比可以帮助判断评估结构在地震作用下的性能表现。

在 ABAQUS 中，整个能量平衡公式可表达为：

$$E_I + E_V + E_{FD} + E_{KE} - E_W - E_{PW} - E_{CW} - E_{MW} = E_{total} = constant \quad (5.2-4)$$

对应结构在地震作用下的弹塑性显式分析，其能量主要集中在内能、黏性耗散能、动能和外力功，故能量平衡公式可简化为：

$$E_I + E_V + E_{KE} - E_W = E_{total} = constant \quad (5.2-5)$$

其中 E_I 为内能，主要包括弹性能 E_E，塑性应变能 E_P 和伪应变能 E_A；其中伪应变能 E_A 为控制沙漏变形所耗散的主要能量，当这个值过高时，表示需要针对沙漏现象对模型做出调整；E_V 为黏性耗散能，E_{KE} 为动能，E_W 为外力做功，E_{total} 为常数项。

5.2.3.2 ABAQUS 沙漏能

如图 5.2-1（a）所示，当材料受平面内纯弯矩作用时，其变形状态下原先垂直于中线的线依旧垂直于中线，之前平行于水平轴的直线则变为常曲率的曲线；但当采用线性单元并完全积分时，由于单元边无法弯曲，其实际变形状态将会如图 5.2-1（b）所示，原先垂直于中线的线不再垂直于中线，产生剪切变形，单元的一部分能量以剪切能的形式存在；因而导致单元弯曲能相应减小，弯曲变形过小，造成单元刚度过大；此即剪切自锁现象。

针对剪切自锁，一方面可以采用二次单元来避免，但是其需要更大的计算成本，且在弯曲应力有梯度等情况下，还有可能出现某种程度的自锁现象；另一方面，可采用减缩积分，但是其会带来另一个问题——沙漏现象。

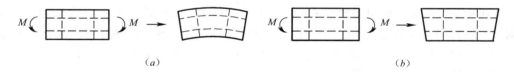

图 5.2-1 剪切自锁现象

（a）弯矩作用下弯曲变形；（b）线性单元的实际变形

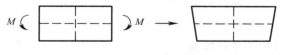

图 5.2-2 沙漏现象

当采用单一减缩积分单元来模拟纯弯矩作用时，会出现如图 5.2-2 所示，单元中虚线的长度和角度都不发生改变，即意味着单个积分点上的应力分量都为 0；这就造成在发生单元变形的情况下不产生应变能，单元没有刚度，无法抵抗变形，形成零能量模式，即沙漏现象。

沙漏现象可以通过定性观察和定量计算来判别：

（1）定性观察：单元如果变成交替出现的梯形，或者应力应变明显异常、单元变形异常等，一般是沙漏现象。

（2）定量分析：通过计算 E_A/E_I 的值来判断。ABAQUS 指出，如果伪应变能小于总内能的 2％，即 $E_A/E_I < 2\%$ 时，可以忽略沙漏的影响。

针对沙漏现象，在工程分析中可以通过以下几点来避免和改善：

（1）在兼顾计算效率的前提下对网格进行细化，由于 ABAQUS 在一阶的减缩积分单元中引入了一个小量的人工"沙漏刚度"，可以有效地限制沙漏现象，故对模型细化的网格越多，沙漏现象将限制得越好。

（2）采用光滑分析步的幅值曲线进行加载。

（3）避免单点加载，将点荷载等效为压力荷载。

5.2.3.3 能量平衡

在动态分析中，宏观上可以通过输出能量来对结果进行初步判断。通常来说，计算过程中的 E_{total} 应该为一个常量，但由于数值上的原因，其并非恒为常数；ABAQUS 中指出，E_{total} 数值的变化如果处于 1％之内就可视为常数。

从工程实际经验上来看，E_{total} 数值在 0 时刻为 0，并随着时程计算开始变化，其值相对来说一般不会很大，且一直处于微小变化状态，这样的过程即视为合理。

通过在弹塑性时程分析中进行能量监测，可以方便了解结构自身的弹塑性性能、结构地震破坏的塑性累积效应和地震动特性，并掌握结构在地震作用下的总输入能、输入结构中能量的存在形式、引起结构地震破坏的能量形式以及该能量的分布规律等信息；从罕遇地震作用下结构的整体耗能来看，塑性耗能和阻尼耗能相对占比较大。

5.2.4 钢筋/钢管混凝土构件模拟

1. 钢筋/钢管构件的模拟

钢筋和钢管混凝土构件主要由钢筋/钢管和核心混凝土构成。

利用 ABAQUS 对结构进行弹塑性时程的显式分析，钢筋的建模根据单元类型的不同一般有两种途径：

（1）对于墙板等壳（shell）单元构件，采用 * REBAR LAYER 的分布钢筋模型来实现，即通过定义钢筋的截面积、间距、方向和所在厚度位置来表现。

（2）对于梁柱等梁（beam）单元的构件，由于显式分析中无法使用 * REBAR（通过在截面上钢筋位置处增加体现钢筋性能的积分点来实现，只适用于隐式分析），一般采用共节点分离钢筋模型来实现。不同于分布式钢筋模型方法，共节点方法不再具体化到每一根钢筋，而是通过混凝土构件的含钢率来等效为箱形截面梁单元；同理，对于型钢和钢管单元，也通过共节点单元来实现。需要注意的是，由于共节点方法中多个单元在节点处的位移相同，故无法模拟出钢筋和混凝土之间的粘结滑移。

2. 普通混凝土

普通混凝土材料本构模型参考《混凝土结构设计规范》来定义，其单轴受拉的应力—应变曲线由规范附录 C.2.3 确定（图 5.2-3）：

$$\sigma = (1 - D_t)E_c\varepsilon \tag{5.2-6}$$

$$D_t = \begin{cases} 1 - \rho_t[1.2 - 0.2x^5] & x \leqslant 1 \\ 1 - \dfrac{\rho_t}{\alpha_t(x-1)^{1.7} + x} & x > 1 \end{cases} \tag{5.2-7}$$

$$x = \frac{\varepsilon}{\varepsilon_{t,r}} \tag{5.2-8}$$

$$\rho_t = \frac{f_{t,r}}{E_c \varepsilon_{t,r}} \tag{5.2-9}$$

式中　　α_t——混凝土单轴受拉应力—应变曲线下降段的参数值；

　　　　$f_{t,r}$——混凝土的单轴抗拉强度代表值；

　　　　$\varepsilon_{t,r}$——与单轴抗拉强度代表值 $f_{t,r}$ 相应的混凝土峰值拉应变；

　　　　D_t——混凝土单轴受拉损伤演化参数。

混凝土单轴受压的应力—应变曲线参考规范附录 C.2.4 确定（图 5.2-4）：

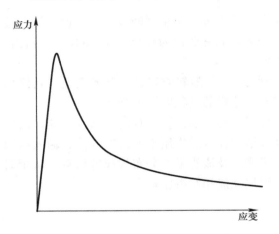

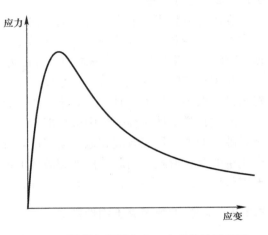

图 5.2-3　混凝土受拉应力—应变曲线示意图　　　图 5.2-4　混凝土受压应力—应变曲线示意图

$$\sigma = (1 - D_c) E_c \varepsilon \tag{5.2-10}$$

$$D_c = \begin{cases} 1 - \dfrac{\rho_c n}{n - 1 + x^n} & x \leqslant 1 \\[3mm] 1 - \dfrac{\rho_c}{\alpha_c (x-1)^2 + x} & x > 1 \end{cases} \tag{5.2-11}$$

$$\rho_c = \frac{f_{c,r}}{E_c \varepsilon_{c,r}} \tag{5.2-12}$$

$$n = \frac{E_c \varepsilon_{c,r}}{E_c \varepsilon_{c,r} - f_{c,r}} \tag{5.2-13}$$

$$x = \frac{\varepsilon}{\varepsilon_{c,r}} \tag{5.2-14}$$

式中　　α_c——混凝土单轴受压应力—应变曲线下降段的参数值；

　　　　$f_{c,r}$——混凝土的单轴抗压强度代表值；

　　　　$\varepsilon_{c,r}$——与单轴抗压强度代表值 $f_{c,r}$ 相应的混凝土峰值压应变；

　　　　D_c——混凝土单轴受压损伤演化参数。

在对混凝土本构进行塑性损伤模型的定义中，除了上述对单轴应力应变曲线作出体现外，还需对混凝土的受拉损伤因子 d_t 和受压损伤因子 d_c 作出定义，其值可以参考 2.2.1 节相关内容来通过能量等效求得。规范附录 C.2.5 提供了图 5.2-5 所示受压混凝土卸载及再加载应力路径，同样可以求得对应的受压损伤因子，可供 VUMAT 编写相关阶段参考使用：

$$\varepsilon_{pl} = \varepsilon_{un} - \frac{(\varepsilon_{un} + \varepsilon_a)\sigma_{un}}{\sigma_{un} + E_0\varepsilon_a} \tag{5.2-15}$$

$$\varepsilon_a = a\sqrt{\varepsilon_{un}\varepsilon_c} \tag{5.2-16}$$

$$a = \max\left\{\frac{\varepsilon_c}{\varepsilon_c + \varepsilon_{un}}, \frac{0.09\varepsilon_{un}}{\varepsilon_c}\right\} \tag{5.2-17}$$

$$(1 - d_c)E_c = \frac{\sigma_{un}}{\varepsilon_{un} - \varepsilon_{pl}} \tag{5.2-18}$$

式中　ε_{pl}——混凝土受压塑性应变；

　　σ_{un}、ε_{un}——受压骨架曲线上的应力应变点；

　　ε_c——混凝土的峰值应变；

$(1 - d_c)E_c$——受压损伤后的抗压刚度。

3. 钢管混凝土模型

对于圆钢管混凝土柱中的核心混凝土，材料本构可参考文献［36］中 3.2.2 节相关内容来实现，其单轴受压的应力—应变曲线按下式确定，如图 5.2-6 所示：

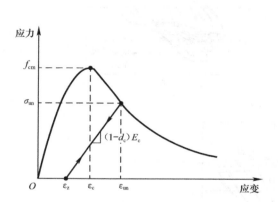

图 5.2-5　重复荷载作用下规范定义
混凝土应力—应变曲线

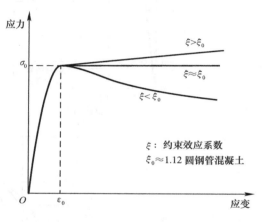

图 5.2-6　钢管混凝土核心混凝土受压
应力—应变关系曲线图

$$y = 2x - x^2 \qquad (x \leqslant 1)$$

$$y = \begin{cases} 1 + q \cdot (x^{0.1\xi} - 1) & (\xi \geqslant 1.12) \\ \dfrac{x}{\beta \cdot (x-1)^2 + x} & (\xi < 1.12) \end{cases} \qquad (x > 1) \tag{5.2-19}$$

$$x = \frac{\varepsilon}{\varepsilon_0}, \; y = \frac{\sigma}{\sigma_0} \tag{5.2-20}$$

$$\sigma_0 = \left[1 + (-0.054 \cdot \xi^2 + 0.4 \cdot \xi) \cdot \left(\frac{24}{f_c'}\right)^{0.45}\right] \cdot f_c' \tag{5.2-21}$$

$$\varepsilon_0 = \varepsilon_{cc} + \left[1400 + 800 \cdot \left(\frac{f_c'^2}{24} - 1\right)\right] \cdot \xi^{0.2} (\mu\varepsilon) \tag{5.2-22}$$

$$\varepsilon_{cc} = 1300 + 12.5 \cdot f_c' (\mu\varepsilon) \tag{5.2-23}$$

$$q = \frac{\xi^{0.745}}{2 + \xi} \tag{5.2-24}$$

$$\beta = (2.36 \times 10^{-5})^{[0.25+(\xi-0.5)^7]} \cdot f_c'^2 \cdot 3.51 \times 10^{-4} \qquad (5.2\text{-}25)$$

ξ 为约束效应系数：

$$\xi = \frac{A_s f_y}{A_c f_{ck}} \qquad (5.2\text{-}26)$$

式中　A_s、A_c——分别为钢管和其核心混凝土的横截面面积；

　　　　f_y、f_{ck}——分别为钢材屈服强度和混凝土轴心抗压强度标准值。

在通过 VUMAT 实现过程中，程序将根据不同钢管混凝土柱的各类参数，计算得到各自对应的单轴曲线，并建立相应的拉压滞回规则。

图 5.2-7 所示为三组试件（轴心受压短柱试件 SCCS2-1[36]、平面框架试件 CF-11 和 CF-21[86]）的试验数据与采用本书子程序 BEAM＿FIBER 的有限元模拟结果对比，两者结果吻合性良好，强度和刚度退化趋势基本一致。

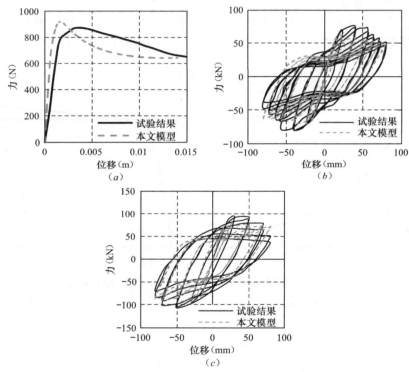

图 5.2-7　试验结果与有限元模拟结果对比

(a) 试件 SCCS2-1；(b) 试件 CF-11；(c) 试件 CF-21

4. 混凝土拉压循环加载

由于在地震作用下，结构是处于拉压循环荷载作用的，所以除了材料的单轴应力应变关系，还需要定义其拉压刚度恢复特性。

图 5.2-8 所示为 ABAQUS 自带的混凝土塑性损伤模型，其定义有拉压损伤因子（d_t、d_c）和拉压刚度恢复因子（w_t、w_c）。当混凝土受拉加载时，其路径为 O-P-Q；受拉卸载时，由于产生受拉损伤，刚度减小至 $(1-d_t)E$，路径对应为 Q-R；反向加载至受压时，如果受压刚度恢复因子 $w_c=1$（刚度恢复），则路径为 R-S-T；当受压开始卸载，刚度相应将减小至 $(1-d_c)E$，路径为 T-U；再反向至拉伸加载时，如受拉刚度恢复因子 $w_t=1$（刚

度恢复），则路径为 U-V；如果在循环加载过程中拉压刚度恢复因子为 0，路径将分别按 R-X 和 U-Y 进行。ABAQUS 程序默认定义恢复因子为 1。

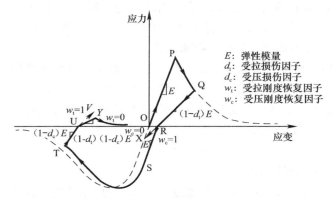

图 5.2-8　混凝土拉压刚度恢复示意图

　　用户也可根据实际需要对拉压循环进行简化或丰富得到其他滞回规则，参见 5.3.1 节相关内容。

5.3　基于 ABAQUS 软件的二次开发

　　不同于专业的建筑结构分析软件，作为通用有限元软件，ABAQUS 在结构模型的快速建立、材料本构模型的有效使用和特定结果数据的提取处理等方面都需要用户进行相应的二次开发来实现。中衡设计下属"江苏省生态建筑与复杂结构工程技术研究中心"借助 ABAQUS 的二次开发平台，开发了各类用户自定义材料、单元及一整套前处理和后处理程序，并以云端计算平台发布共享于网络，以协助工程师准确高效地完成各类复杂结构的动力弹塑性分析。

5.3.1　显式材料子程序

1. 欧拉梁和铁木辛柯梁元

　　欧拉—伯努利梁（图 5.3-1a）基于基尔霍夫（Kirchhoff）假设，忽略剪切变形和转动

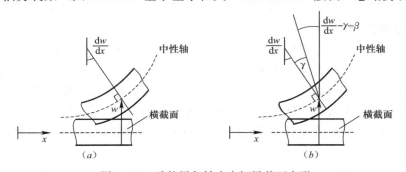

图 5.3-1　欧拉梁与铁木辛柯梁截面变形

(a) 欧拉梁截面变形；(b) 铁木辛柯梁截面变形

惯量，假设初始垂直于中性轴的截平面在变形后仍旧保持为垂直状态，即认为截面的转动量等于挠度曲线切线的斜率；但该假设是建立在梁高远小于梁跨度的基础上的，对于结构中的深梁等，其横截面上的剪切变形已不可忽略，变形后的截面已偏离与轴线垂直的方向，即发生翘曲；此时需要采用考虑剪切变形的铁木辛柯梁单元（图 5.3-1b），其位移和截面转角独立插值，并不是通过位移导数来求得。

在 ABAQUS 中，对于大多数梁截面，软件会自动计算出剪切刚度，但是在一些特殊情况下，如采用 VUMAT 时，则需要用户对单元定义和赋予剪切刚度。

ABAQUS 假定铁木辛柯梁的剪切刚度为固定模量的线弹性，故与梁单元的拉压性能没有关系，有效剪切刚度公式定义为：

$$\bar{K}_{a3} = f_p^a K_{a3} \tag{5.3-1}$$

式中　K_{a3}——实际剪切刚度；

　　　f_p^a——防止细长梁中剪切刚度过大而采用的无量纲参数，定义为

$$f_p^a = 1 \big/ \left(1 + \xi \frac{L^2 A}{12 I_{a\alpha}}\right) \tag{5.3-2}$$

式中　L——单元长度；

　　　A——横截面面积；

　　　$I_{a\alpha}$——α 方向惯性矩；

　　　ξ——长度修正系数，一阶单元取 0.25，二阶单元取 0.25×10^{-4}。

实际剪切刚度定义为：

$$K_{a3} = kGA \tag{5.3-3}$$

式中，G 为弹性剪切模量；k 为剪切因子，根据不同的横截面形式定义，常用截面对应数值见表 5.3-1。

不同截面对应剪切因子 表 5.3-1

箱形	0.44
圆形	0.89
六边形	0.53
I 形或 T 形	0.44
圆管	0.53
矩形	0.85
梯形	0.822

2. 纤维梁单元

对于三维纤维梁单元，其基本思想是将构件沿纵向划分为若干子段，再沿构件的截面划分为若干个纤维束，并对每个纤维定义其单轴本构模型，如图 5.3-2 所示，其假定构件截面在变形过程中仍保持为平面，故可通过截面的弯曲应变和轴向应变得到每根纤维的应变，从而计算得到整个截面的抗弯刚度和轴向刚度；最后，沿单元长度方向积分得到整个单元的刚度矩阵。纤维梁单元可很好地模拟单元的弯曲和轴向变形，但无法模拟其剪切和扭曲非线性。

在纤维梁单元的截面上设有多个截面点，图 5.3-3 所示为结构中常见截面类型的截面点分布情况；其中，对于剪力墙边缘构件配筋，一般采用箱形截面来折算钢筋面积，如直

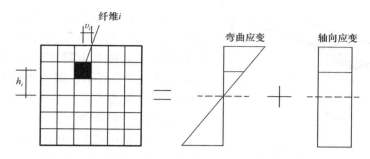

图 5.3-2　纤维束单元示意图

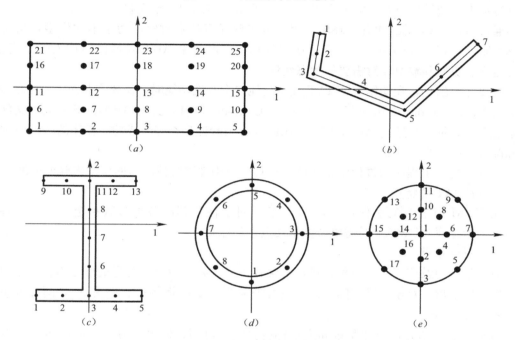

图 5.3-3　不同截面纤维梁单元的截面点分布情况图
(a) 矩形截面; (b) 任意截面; (c) 工字形截面; (d) 圆管截面; (e) 圆形截面

接采用梁单元箱形截面, 由于共节点情况下截面中心与剪力墙边缘重合, 将会造成如图 5.3-4a 所示情况, 与实际不符; 针对此, 可采用任意截面类型, 结合轴线位置、剪力墙厚度等因素, 使剪力墙边缘配筋的坐标定位尽可能接近实际情况 (图 5.3-4b)。

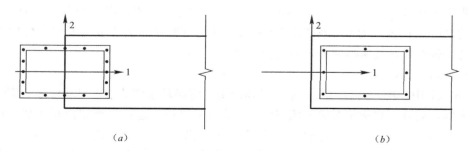

图 5.3-4　剪力墙约束边缘构件配筋实现方式对比
(a) 采用箱形截面; (b) 采用任意截面

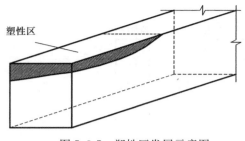

塑性区

图 5.3-5 塑性区发展示意图

由于采用纤维塑性区模型，杆件刚度由各截面内力沿长度方向积分得到，其双向弯压和弯拉的滞回性能可由材料的滞回性能来精确表达，如图 5.3-5 所示，同一截面的纤维逐渐进入塑性，而在长度方向亦是逐渐进入塑性。

3. 关于 VUMAT

由于在 ABAQUS 显式分析中，其自带的混凝土损伤不适用于三维梁单元，故在用显式方法进行动力弹塑性分析时，需要采用 VUMAT 来编写用户自定义材料子程序。

通过 VUMAT 的二次开发环境，用户可实现任意特定材料的力学本构模型，从而在整体有限元计算中被调用；在子程序运行计算中，可使用 ABAQUS 任何传入的场变量，并可定义、更新和输出任意需要的状态变量。

需要注意的是，在使用 VUMAT 或者其他二次开发功能时，需要安装对应版本的 Microsoft Visual Studio 和 Intel Visual Fortran Compiler 软件，并对 ABAQUS 的启动文件进行配置调试，最后可通过 ABAQUS Verification 来验证是否安装成功，具体的软件版本需求和配置说明可参考文献 [35]。

在编写材料子程序的过程中，建议通过对单根构件进行拉压滞回作用来验证测试。

4. VUMAT 的特点

在 VUMAT 的编写和使用中，ABAQUS 对于使用到的各类参数和定义都有一些约定，以下为编写 VUMAT 时需要遵循的几点常见原则。

（1）对称张量

对于如应力及应变等的对称张量，都含有 $ndir+nshr$ 分量，分量的序号按张量索引号的自然排序给出。对于三维空间单元，应力张量的直接分量为 σ_{11}、σ_{22} 和 σ_{33}，间接分量依次为 σ_{12}、σ_{23} 和 σ_{31}。

对于三维梁单元，拉伸张量和变形梯度张量不可用；但另一方面，必须定义厚度方向应变分量、strainInc（＊，2）和 strainInc（＊，3）；需要注意的是，其中厚度方向应力、stressNew（＊，2）及 stressNew（＊，3）都默认假定为 0，即使用户对此分配相关张量也都将被忽略，依旧作 0 值处理；strainInc（＊，4）为与扭转有关的剪切应变分量。

（2）初始计算和检查

在程序开始阶段，ABAQUS/Explicit 会假设一组应变值，定义时间步（stepTime）和总时间（tatalTime）为 0，来调用 VUMAT 对用户编写的材料本构模型进行检查，根据计算初始弹性材料波速得到等效初始材料属性。

（3）材料点删除

VUMAT 中，用户可以通过自定义破坏准则，将满足条件的材料点从模型中删除；关于破坏准则，需要用户指定对应的状态变量，在计算过程中通过计算和判断准则对其赋予布尔值，即 1 和 0：1 代表材料点"生"，表明仍旧有效；0 则代表材料点"死"，ABAQUS/Explicit 将通过设定应力为 0 来使材料点失效。在计算过程中，失效删除的材料点不会从材料点块中移除，即传递到 VUMAT 的块的结构保持不变，ABAQUS/Explicit 将对所有删除的材料点传递零应力和零应变增量。另外需要注意的是，一旦材料点被删除，将不能够被再次激活。

上述可视为 ABAQUS "生死单元" 功能的一个体现，其可应用于结构的连续倒塌模拟（见 5.4.2 节）。另外，在 ABAQUS/Standard 中适用的 " * Modal Change" 功能，也是同样利用 "生死单元" 来应用于结构的施工模拟（具体可见第 6 章相关内容）。

5. VUMAT 的编写

下列代码为 VUMAT 的抬头文件，其中包含和声明了与 ABAQUS/Explicit 需要传递和定义的所有参数，本节对应三维梁单元材料子程序中的常用变量给出其具体含义和用法。

```
subroutine vumat(
C Read only (unmodifiable) variables-
    1   nblock,ndir,nshr,nstatev,nfieldv,nprops,lanneal,
    2   stepTime,totalTime,dt,cmname,coordMp,charLength,
    3   props,density,strainInc,relSpinInc,
    4   tempOld,stretchOld,defgradOld,fieldOld,
    5   stressOld,stateOld,enerInternOld,enerInelasOld,
    6   tempNew,stretchNew,defgradNew,fieldNew,
C Write only(modifiable) variables-
    7   stressNew,stateNew,enerInternNew,enerInelasNew)
C
      include'vaba_param. inc'
C
      dimension props(nprops),density(nblock),coordMp(nblock,*),
    1   charLength(nblock),strainInc(nblock,ndir+nshr),
    2   relSpinInc(nblock,nshr),tempOld(nblock),
    3   stretchOld(nblock,ndir+nshr),
    4   defgradOld(nblock,ndir+nshr+nshr),
    5   fieldOld(nblock,nfieldv),stressOld(nblock,ndir+nshr),
    6   stateOld(nblock,nstatev),enerInternOld(nblock),
    7   enerInelasOld(nblock),tempNew(nblock),
    8   stretchNew(nblock,ndir+nshr),
    8   defgradNew(nblock,ndir+nshr+nshr),
    9   fieldNew(nblock,nfieldv),
    1   stressNew(nblock,ndir+nshr),stateNew(nblock,nstatev),
    2   enerInternNew(nblock),enerInelasNew(nblock),
C
      character * 80 cmname
C

      do 100 km=1,nblock
```

```
        user coding
100 continue

    return
    end
```

（1）定义变量

① stressNew（nblock，ndir＋nshr）：在增量计算结束时每个材料点的应力张量；其中 nblock 为材料点编号，ndir 和 nshr 为 5.3.1 节（4）中描述的对称张量的直接和间接分量编号。

② stateNew（nblock，nstatev）：增量结束时每个材料点的状态变量，状态变量的个数可以根据用户的需要来决定，最终使用到的状态变量个数 n 需在结构模型材料定义中的"＊Depvar"赋予；其中 nstatev 为用户定义的状态变量编号。

（2）更新变量

① enerInternNew（nblock）：增量结束时各个材料点单位质量的内能。

② enerInelasNew（nblock）：增量结束时各个材料点单位质量耗散的非弹性能。

（3）参考变量

① props（nprops）：用户对材料初始属性指定的对应编号，如可定义峰值压应变＝props（1），峰值拉应变＝props（2）等；在 VUMAT 中用到的各个材料属性参数都需在 ABAQUS 模型文件中通过"＊User Material"输入，总个数对应"constants"项的数值。

② stepTime，totalTime，dt：分别为自分析步开始的时间，总时间值和时间增量大小。

③ cmname：用户指定的材料名，必须都使用大写字母。另外由于 ABAQUS 内部有些材料名字以"ABQ＿"字母开头，为避免冲突，用户在定义材料名时不应该使用"ABQ＿"开头。

④ coordMp（nblock，＊）：材料点坐标，对于梁单元为质心处。

⑤ density（nblock）：材料点的当前密度，在体积应变增量非常小的情况下可能会出现不准确的值，在该情况下使用双精度分析可获得相应的准确值；另外，该密度值不受质量缩放的影响。

⑥ strainInc（nblock，ndir＋nshr）：每个材料点的应变增量张量，其中包含 ABAQUS/Explicit 传入 VUMAT 的初始变量和某些预设变量，相关内容可参考 5.3.1 节（4）。

⑦ fieldOld（nblock，nfieldv），fieldNew（nblock，nfieldv）：分别为增量开始和结束时每个材料点的用户定义场变量值。

⑧ stressOld（nblock，ndir＋nshr），stateOld（nblock，nstatev）：分别为增量开始时每个材料点的应力张量和状态变量，由上一个分析步计算完成后更新得到。

⑨ enerInternOld（nblock），enerInelasOld（nblock）：分别为增量开始时每个材料点单位质量的内能和耗散的非弹性能，在每个分析步计算后需进行能量更新。

6. 在 VUMAT 中使用多个自定义材料

由于 ABAQUS 的材料子程序只能同时使用单个文件，而在高层结构的弹塑性分析中往往会使用到多个自定义材料（如钢材、普通混凝土、钢管结构约束混凝土等），此时可在程序开头通过识别自定义材料名字的前几个字母来分类判别和调用。如下列代码所述，VUMAT_MAT1 和 VUMAT_MAT2 为两个材料子程序，用户可定义材料的名字属性（cmname）来分配对应程序，即如果材料名的开头字母为"MAT1"，则调用 VUMAT_MAT1（argument_list），其他亦然。

```
if(cmname(1 : 4). eq. 'MAT1')then
    call VUMAT_MAT1(argument_list)
else if(cmname(1 : 4). eq. 'MAT2')then
    call VUMAT_MAT2(argument_list)
end if
```

7. 子程序实现

对于罕遇地震作用下的弹塑性分析，混凝土材料的本构将不仅是单向拉压的骨架曲线，还需考虑到相应的卸载及再加载：因为混凝土截面在受拉开裂后会产生骨料咬合的裂面效应，使得开裂面在没有完全闭合的情况下就能传递一定的压应力，同时由于混凝土裂缝的发展，滞回曲线上还存在着应变软化段和刚度退化现象。然而在实际工程中，为了计算效率的提高以及计算精度的需求，可选择一些作了一定简化的滞回规则。

本书在《混凝土结构设计规范》中的混凝土本构基础上，开发了适用于三维梁单元塑性损伤的材料子程序 BEAM_FIBER。图 5.3-6 为利用 BEAM_FIBER 子程序对单个混凝土梁单元进行拉压滞回加载分析计算得到的应力应变曲线，其中图（a）模型不考虑混凝土受拉，受压滞回规则参考规范定义（具体可见第 5.2.4 节描述），该模型定义简单，但是无法完全表现构件的受力性能；图（b）模型则充分考虑了混凝土的拉压性能，拉压骨架曲线和受压加卸载规则与规范保持一致，受拉卸载指向原点。

5.3.2　隐式单元子程序

ABAQUS 自带大量的单元库，借助这些单元库，用户可以处理绝大多数的问题。但由于实际问题的复杂性及多样性，用户在面对某些特定或复杂的问题时，可能仍然难以通过选择 ABAQUS 已经提供的单元库中的某个或某些单元来分析解决问题。ABAQUS 考虑到这种情况，为用户提供了用户单元子程序（User subroutine to define an element，UEL）高级功能，它允许用户根据所研究的问题自行编程创建自己的单元——用户定义单元（User-defined elements），并利用它在 ABAQUS 中完成问题建模及分析。UEL 作为用户子程序的一种，具有以下功能和特点：

（1）增强了仅通过传统数据输入方法可能会有限制的一些 ABAQUS 选项的功能；

（2）提供了一种强有力和灵活的分析工具；

（3）通常用 FORTRAN 语言编程并且在执行分析时必须被包含在模型中；

（4）重启动运行时必须被包含进去，并且可以根据需要修改，因为它们未被存储在重启动文件中；

（5）不能够互相调用；

（6）在某些情况下，可以调用在 ABAQUS 中也可用的公用例程。

用户定义单元具有如下特点：

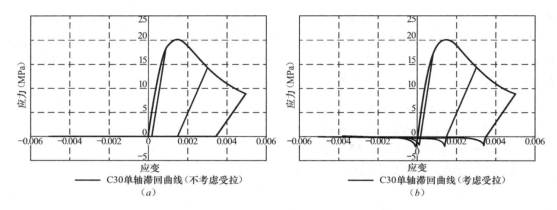

图 5.3-6　BEAM _ FIBER 自定义材料单轴滞回应力应变曲线

（1）可以是通常意义上的代表模型几何部件的有限元；

（2）可以是反馈连接，即将模型中其他点的位移、速度以函数的形式作为力施加在模型一些点上；

（3）可以用来解非标准自由度方程；

（4）可以是线性的或非线性的；

（5）可以访问在 ABAQUS 材料库中选定的材料。

ABAQUS 当前只有隐式求解器 ABAQUS/Standard 支持 UEL 功能。

调用包含 UEL 的分析模型文件的命令为：

abaqus job＝输入文件名　user＝UEL 的 Fortran 文件名（无后缀）

下面通过一个比较简单的例子来介绍用户单元子程序的基本开发过程，读者可以通过这个简单的例子参考 ABAQUS 自带帮助文档结合实际问题进行更深入的后续相关研究。

1. 研究方法

为便于检验 UEL 的正确性及介绍开发过程，首先考虑一个平面应力问题，针对该平面应力问题进行用户单元定义并对所建立模型进行分析。最后将结果与采用 ABAQUS 自带单元库中的平面应力单元 CPS4 的分析结果进行对比，检验本例 UEL 编程的正确性。

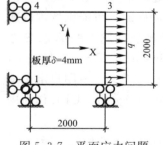

图 5.3-7　平面应力问题

2. 问题定义

分析板厚为 4mm 的 4m×4m 平板结构在两端均布荷载 $q＝82$MPa 的变形和应力。由于对称，取 1/4 结构进行分析（图 5.3-7），加载过程如表 5.3-2 所示。材料弹性模量 $E＝2.06×10^{11}$N/m²，泊松比 $\nu＝0.3$。

加载过程				表 5.3-2
时间 t(s)	0	1	2	3
幅值 A	0	1	2	3

3. 输入文件

ABAQUS 模型输入文件（.inp）中的用户单元相关代码如下：

```
* HEADING
STRESS ANALYSIS FOR A PLATE with UEL
* PREPRINT,ECHO＝YES,HISTORY＝YES,MODEL＝YES
* RESTART,WRITE,FREQ＝1
* FILE FORMAT,ZERO INCREMENT
* * 下面产生网格(节点、单元)
* NODE
1,－1.0,－1.0
2,1.0,－1.0
3,1.0,1.0
4,－1.0,1.0
* User element,nodes＝4,type＝U1001,properties＝3,coordinates＝2,variables＝7
  1,2
* ELEMENT,ELSET＝PLATE,TYPE＝U1001
  1,1,2,3,4
* Uel property,elset＝PLATE
  0.004,2.06E11,0.3
……
```

当使用 UEL 时，模型输入文件的输入需注意以下几个问题：

（1）在使用用户定义单元前，必须给用户定义单元指定一个单元类型名称，名称必须为 Un 形式，其中 n 必须是小于 10000 的正整数，如本例中的 U1001。用户定义单元和 ABAQUS 单元库中单元的使用方法相同，通过关键字"＊ELEMENT"指定即可。关键字"＊User element"必须先于关键字"＊ELEMENT"使用。

（2）在定义用户单元时，必须指明单元的结点数量，如本例中 nodes＝4 表示用户单元结点数为 4。

（3）用户可以定义结点的坐标数，如果用户定义的坐标数小于用户单元结点最大的自由度数（≤3），则 ABAQUS 会自动将坐标数调整为用户单元结点最大的自由度数，本例中 coordinates＝2 表示坐标数为 2。

（4）对于用户单元，用户可以定义单元属性个数及对应属性值。单元属性分为整数属性和实数（浮点）属性，可以分别指明它们的个数 n（I Properties＝n），m（Properties＝m），单元属性总数是整数属性与实数属性之和，默认的整数属性与实数属性个数均为 0。本例中 properties＝3 表示定义实数属性个数为 3，分别用来定义板厚、材料弹性模量及泊松比。属性值通过关键字"＊Uel property"定义。

（5）用户可以定义必须在用户单元中储存的解相关变量的个数，默认变量个数为 1。这些变量可以是应变、应力、截面内力或其他状态变量等在单元中计算的量。需要注意的是，这些解相关变量状态变量必须在用户子程序中计算和更新。本例中 variables＝7 表示定义 7 个解相关状态变量。

4. 基本公式

对于用户定义单元，一个核心的问题就是获得这个单元的刚度矩阵。下面介绍本例中平面应力单元刚度矩阵的获得，其中涉及的参数即需要在 UEL 中进行定义和编程。

将局部坐标的原点取在矩形的形心，ξ 和 η 轴分别与整体坐标轴 x 和 y 平行，结点 i 的坐标是（ξ_i，η_i）（$i=1$，2，3，4），它们的值分别是 ± 1。取位移模式：

$$u = \alpha_1 + \alpha_2 \xi + \alpha_3 \eta + \alpha_4 \xi \eta \tag{5.3-4}$$

$$v = \alpha_5 + \alpha_6 \xi + \alpha_7 \eta + \alpha_8 \xi \eta \tag{5.3-5}$$

代入结点位移得到用结点位移表示的位移模式：

$$u = \sum_{i=1}^{4} N_i u_i, \quad v = \sum_{i=1}^{4} N_i v_i \tag{5.3-6}$$

式中

$$N_i = (1 + \xi_i \xi)(1 + \eta_i \eta)/4 \tag{5.3-7}$$

或者写成

$$\mathbf{u} = \left\{ \begin{matrix} u \\ v \end{matrix} \right\} = \begin{bmatrix} \mathbf{N_1} & \mathbf{N_2} & \mathbf{N_3} & \mathbf{N_4} \end{bmatrix} \left\{ \begin{matrix} \boldsymbol{\delta}_1 \\ \boldsymbol{\delta}_2 \\ \boldsymbol{\delta}_3 \\ \boldsymbol{\delta}_4 \end{matrix} \right\} = \sum_{i=1}^{4} \mathbf{N_i} \boldsymbol{\delta}_i \tag{5.3-8}$$

式中

$$\mathbf{N_i} = \begin{bmatrix} N_i & 0 \\ 0 & N_i \end{bmatrix} = N_i \mathbf{I}, \quad \delta_i = \left\{ \begin{matrix} u_i \\ v_i \end{matrix} \right\} (i = 1, 2, 3, 4) \tag{5.3-9}$$

单元的应变为：

$$\boldsymbol{\varepsilon} = \left\{ \begin{matrix} \varepsilon_x \\ \varepsilon_y \\ \gamma_{xy} \end{matrix} \right\} = \left\{ \begin{matrix} \dfrac{\partial}{\partial x} \\ \dfrac{\partial v}{\partial y} \\ \dfrac{\partial u}{\partial y} + \dfrac{\partial v}{\partial x} \end{matrix} \right\} = \frac{1}{ab} \left\{ \begin{matrix} b\dfrac{\partial u}{\partial \xi} \\ a\dfrac{\partial v}{\partial \eta} \\ a\dfrac{\partial u}{\partial \eta} + b\dfrac{\partial v}{\partial \xi} \end{matrix} \right\} \tag{5.3-10}$$

代入式（5.3-4）并整理得到：

$$\boldsymbol{\varepsilon} = \begin{bmatrix} \mathbf{B_1} & \mathbf{B_2} & \mathbf{B_3} & \mathbf{B_4} \end{bmatrix} \boldsymbol{\delta}^e \tag{5.3-11}$$

式中

$$\mathbf{B_i} = \frac{1}{ab} \begin{bmatrix} b\dfrac{\partial N_i}{\partial \xi} & 0 \\ 0 & a\dfrac{\partial N_i}{\partial \eta} \\ a\dfrac{\partial N_i}{\partial \eta} & b\dfrac{\partial N_i}{\partial \xi} \end{bmatrix} = \frac{1}{4ab} \begin{bmatrix} b\xi_i(1 + \eta_i \eta) & 0 \\ 0 & a\eta_i(1 + \xi_i \xi) \\ a\eta_i(1 + \xi_i \xi) & b\xi_i(1 + \eta_i \eta) \end{bmatrix} (i = 1, 2, 3, 4)$$

$$\tag{5.3-12}$$

$$\boldsymbol{\delta}^e = \left\{ \begin{matrix} \boldsymbol{\delta}_1 \\ \boldsymbol{\delta}_2 \\ \boldsymbol{\delta}_3 \\ \boldsymbol{\delta}_4 \end{matrix} \right\} \tag{5.3-13}$$

单元应力：

$$\boldsymbol{\sigma} = \mathbf{D}\boldsymbol{\varepsilon} = \begin{bmatrix} \mathbf{S}_1 & \mathbf{S}_2 & \mathbf{S}_3 & \mathbf{S}_4 \end{bmatrix}\boldsymbol{\delta}^e \tag{5.3-14}$$

式中

$$\mathbf{S}_i = \mathbf{D}\mathbf{B}_i\,(i = 1,2,3,4) \tag{5.3-15}$$

对于平面应力问题

$$\mathbf{S}_i = \frac{E}{1-\mu^2}\frac{1}{4ab}\begin{bmatrix} 1 & \mu & 0 \\ \mu & 1 & 0 \\ 0 & 0 & \dfrac{1-\mu}{2} \end{bmatrix}\begin{bmatrix} b\xi_i(1+\eta_i\eta) & 0 \\ 0 & a\eta_i(1+\xi_i\xi) \\ a\eta_i(1+\xi_i\xi) & b\xi_i(1+\eta_i\eta) \end{bmatrix}$$

$$= \frac{E}{4ab(1-\mu^2)}\begin{bmatrix} b\xi_i(1+\eta_i\eta) & a\mu\eta_i(1+\xi_i\xi) \\ b\mu\xi_i(1+\eta_i\eta) & a\eta_i(1+\xi_i\xi) \\ \dfrac{1-\mu}{2}a\eta_i(1+\xi_i\xi) & \dfrac{1-\mu}{2}b\xi_i(1+\eta_i\eta) \end{bmatrix} \tag{5.3-16}$$

若将单元刚度矩阵写成如下的分块形式：

$$\mathbf{K}^e = \begin{bmatrix} \mathbf{K}_{11} & \mathbf{K}_{12} & \mathbf{K}_{13} & \mathbf{K}_{14} \\ \mathbf{K}_{21} & \mathbf{K}_{22} & \mathbf{K}_{23} & \mathbf{K}_{24} \\ \mathbf{K}_{31} & \mathbf{K}_{32} & \mathbf{K}_{33} & \mathbf{K}_{34} \\ \mathbf{K}_{41} & \mathbf{K}_{42} & \mathbf{K}_{43} & \mathbf{K}_{44} \end{bmatrix} \tag{5.3-17}$$

其中

$$\mathbf{K}_{ij} = \iint \mathbf{B}_i^T \mathbf{D}\mathbf{B}_j h\,\mathrm{d}x\mathrm{d}y = ab\int_{-1}^{1}\int_{-1}^{1}\mathbf{B}_i^T\mathbf{D}\mathbf{B}_j h\,\mathrm{d}\xi\mathrm{d}\eta\,(i,j=1,2,3,4) \tag{5.3-18}$$

单元厚度 h 为常数，则单元刚度矩阵的显式如下：

$$\mathbf{K}_{ij} = \frac{Eh}{4(1-\mu^2)}$$

$$\begin{bmatrix} \dfrac{b}{a}\xi_i\xi_j\left(1+\dfrac{1}{3}\eta_i\eta_j\right)+\dfrac{1-\mu}{2}\dfrac{a}{b}\eta_i\eta_j\left(1+\dfrac{1}{3}\xi_i\xi_j\right) & \mu\xi_i\eta_j+\dfrac{1-\mu}{2}\eta_i\xi_j \\ \mu\eta_i\xi_j+\dfrac{1-\mu}{2}\xi_i\eta_j & \dfrac{a}{b}\eta_i\eta_j\left(1+\dfrac{1}{3}\xi_i\xi_j\right)+\dfrac{1-\mu}{2}\dfrac{b}{a}\xi_i\xi_j\left(1+\dfrac{1}{3}\eta_i\eta_j\right) \end{bmatrix}$$

$$(i,j=1,2,3,4) \tag{5.3-19}$$

这样便获得了单元的刚度矩阵 $\mathbf{K}^e$。

5. 子程序编写

下面介绍 UEL 的编程，ABAQUS 帮助文档给出的标准用户子程序模板界面如下：

```
SUBROUTINE UEL(RHS,AMATRX,SVARS,ENERGY,NDOFEL,NRHS,NSVARS,
   1   PROPS,NPROPS,COORDS,MCRD,NNODE,U,DU,V,A,JTYPE,TIME,DTIME,
   2   KSTEP,KINC,JELEM,PARAMS,NDLOAD,JDLTYP,ADLMAG,PREDEF,NPREDF,
   3   LFLAGS,MLVARX,DDLMAG,MDLOAD,PNEWDT,JPROPS,NJPROP,PERIOD)
C
     INCLUDE'ABA_PARAM.INC'
C
```

```
    DIMENSION RHS(MLVARX, *),AMATRX(NDOFEL,NDOFEL),PROPS( *),
1   SVARS( *),ENERGY(8),COORDS(MCRD,NNODE),U(NDOFEL),
2   DU(MLVARX, *),V(NDOFEL),A(NDOFEL),TIME(2),PARAMS( *),
3   JDLTYP(MDLOAD, *),ADLMAG(MDLOAD, *),DDLMAG(MDLOAD, *),
4   PREDEF(2,NPREDF,NNODE),LFLAGS( *),JPROPS( *)
    user coding to define RHS,AMATRX,SVARS,ENERGY,and PNEWDT


    RETURN
    END
```

通过模板界面，可以知道，用户所需要做的工作一般与定义 RHS、AMATRX、SVARS、ENERGY 和 PNEWDT 这几个变量相关，其他变量则一般不用处理。其中 RHS、AMATRX、SVARS、ENERGY 是需要定义的变量，它们的定义依赖于 LFLAGS 数组，不可以被更新；PNEWDT 变量可以被更新。下面介绍这几个变量的定义，对于 UEL 的其他变量详见文献 [32]。具体变量的输入与上述基本公式中的关系及编程，由于篇幅所限，请参见 ABAQUS 帮助文档[32] 及 FORTRAN 语言相关参考书籍。

（1）LFLAGS：包含标识的数组。这个标识用来定义当前求解程序及单元计算的要求。如 LFLAGS(2)=0 代表小位移分析；LFLAGS(2)=1 代表大位移分析（分析步考虑几何非线性影响）。本例中 LFLAGS(1)=1，2 代表静态分析，在这种情况下，ABAQUS/Standard 会求解 $K^{NM}\tilde{u}^M = \tilde{P}^N$ 方程计算出 $\tilde{u}^M$，其中 K^{NM} 是基本状态刚度矩阵，即上文获得的单元刚度矩阵基本公式，摄动荷载向量 $\tilde{P}^N$ 是摄动荷载 $\tilde{P}$ 的线性函数，即 $\tilde{P}^N = (\partial F/\partial \tilde{P})\tilde{P}$。

（2）RHS：包含单元对总体系统方程右边向量的贡献的数组。对于大多数非线性分析，NRHS=1，RHS 应包含残余向量；修正的 Risks 静态分析是一个例外，此时 NRHS=2，RHS 第 1 列应包含残余向量，第 2 列应包含作用于单元上的外荷载的增量。

（3）AMATRX：包含单元对总体系统方程雅克比或其他矩阵的贡献的数组。其为何种矩阵依赖于 LFLAGS 数组中的值，无论 AMATRX 是否对称，都应定义 AMATRX 数组中非零项。如果在定义用户单元时没有指定矩阵是非对称的，ABAQUS/Standard 将默认使用算法 $\frac{1}{2}([A]+[A]^{\mathrm{T}})$ 定义其为对称矩阵，式中 [A] 是子程序中定义的矩阵 AMATRX。如果指定为非对称的，ABAQUS/Standard 将直接使用 AMATRX 矩阵。

（4）SVARS：包含与用户单元相联系的求解依赖状态变量值的数组。这些变量的个数用 NSVARS 表示，意义由用户定义。

（5）ENERGY：对一般非线性分析步，ENERGY 数组包含用户单元的能量值。当调用 UEL 时，数组中的值就是当前增量起始时的单元能量，当前增量结束时值应该被更新。对线性摄动分析步，在基本状态时将包含能量的数组传递给 UEL。如果希望输出这些工作量，含有摄动值的量应该被返回。本例中为 ENERGY(8)，表示施加在用户单元的荷载所做的功增量。

（6）PNEWDT：建议的新的时间步长与当前正在使用的时间步长的比值。该变量允许用户在 ABAQUS/Standard 中输入自动时间步长算法（如果自动时间步长被选中）。它只对有正常时间步长的如 LFLAGS（3）＝1 描述的平衡迭代起作用。在严重不连续迭代（如接触改变）中，除非在该分析步中指定 CONVERT SDI＝YES，否则 PNEWDT 值将被忽略。在 UEL 编程中可以不输入具体值。

6. 结果比较

图 5.3-8 是采用 ABAQUS 自带单元库中 CPS4 平面应力单元计算得到的结构结点位移和反力（单位制：N、m），图 5.3-9 是采用 UEL 计算得到的结构结点位移和反力（单

```
THE FOLLOWING TABLE IS PRINTED FOR ALL NODES

NODE FOOT-      U1              U2
     NOTE

     2       7.9612E-04      0.000
     3       7.9612E-04    -2.3883E-04
     4         0.000       -2.3883E-04
                      (a)

THE FOLLOWING TABLE IS PRINTED FOR ALL NODES

NODE FOOT-      RF1             RF2
     NOTE

     1      -3.2800E+05    -4.0940E-11
     2         0.000       -1.8665E-11
     4      -3.2800E+05      0.000
                      (b)
```

图 5.3-8　采用 ABAQUS 自带单元库中 CPS4 平面应力单元计算得到的结构结点位移和反力
(a) 结点位移；(b) 反力

```
THE FOLLOWING TABLE IS PRINTED FOR ALL NODES

NODE FOOT-      U1              U2
     NOTE

     2       7.9612E-04      0.000
     3       7.9612E-04    -2.3883E-04
     4         0.000       -2.3883E-04
                      (a)

THE FOLLOWING TABLE IS PRINTED FOR ALL NODES

NODE FOOT-      RF1             RF2
     NOTE

     1      -3.2800E+05     3.7146E-11
     2         0.000        2.2458E-11
     4      -3.2800E+05      0.000
                      (b)
```

图 5.3-9　采用 UEL 计算得到的结构结点位移和反力
(a) 结点位移；(b) 反力

位制：N、m)，对比可看出，两者的结果基本相同。需要注意的是，采用 CPS4 单元计算时，荷载为端部均布荷载；采用 UEL 计算时，荷载为等效结点荷载。荷载施加方式的不同，使得反力（RF2）可能会有略微的不同，但 RF2 的值均可以忽略不计。

采用 ABAQUS 自带单元库中 CPS4 平面应力单元计算的单元刚度矩阵可以输出到 .mtx 文件中，结果如图 5.3-10。

```
** ELEMENT TYPE  CPS4
*USER ELEMENT, NODES=          4, LINEAR
** ELEMENT NODES
**              1,         2,         3,         4
      1,        2
*MATRIX,TYPE=STIFFNESS
    407472527.47253
    147142857.14286    ,  407472527.47253
   -249010989.01099    ,   11318681.318681   ,   407472527.47253
    -11318681.318681   ,   45274725.274724   ,  -147142857.14286   ,   407472527.47253
   -203736263.73626    , -147142857.14286    ,   45274725.274724   ,   11318681.318681
    407472527.47253
   -147142857.14286    , -203736263.73626    ,  -11318681.318681   ,  -249010989.01099
    147142857.14286    ,  407472527.47253
     45274725.274724   ,  -11318681.318681   , -203736263.73626    ,  147142857.14286
   -249010989.01099    ,   11318681.318681   ,  407472527.47253
     11318681.318681   , -249010989.01099    ,  147142857.14286    , -203736263.73626
    -11318681.318681   ,   45274725.274724   , -147142857.14286    ,  407472527.47253
    ..
```

图 5.3-10　采用 ABAQUS 自带单元库中 CPS4 单元计算时的单元刚度矩阵

采用 UEL 计算的单元刚度矩阵可以输出到 .dat 文件中，结果如图 5.3-11。可以看出，采用 ABAQUS 单元库中 CPS4 单元与采用 UEL 得到的刚度矩阵也是相同的，都是对称矩阵。需要注意的是，图 5.3-11 为采用 CPS4 单元计算时的单元刚度矩阵。由于其输出格式的限制，某一行的刚度矩阵长度很大时被自动分成了两行，且由于是对称矩阵，其并没有输出上三角部分元素。

```
AMATRX
 0.40747E+09 0.14714E+09-0.24901E+09-0.11319E+08-0.20374E+09-0.14714E+09 0.45275E+08 0.11319E+08
 0.14714E+09 0.40747E+09 0.11319E+08 0.45275E+08-0.14714E+09-0.20374E+09-0.11319E+08-0.24901E+09
-0.24901E+09 0.11319E+08 0.40747E+09-0.14714E+09 0.45275E+08-0.11319E+08-0.20374E+09 0.14714E+09
-0.11319E+08 0.45275E+08-0.14714E+09 0.40747E+09 0.11319E+08-0.24901E+09 0.14714E+09-0.20374E+09
-0.20374E+09-0.14714E+09 0.45275E+08 0.11319E+08 0.40747E+09 0.14714E+09-0.24901E+09-0.11319E+08
-0.14714E+09-0.20374E+09-0.11319E+08-0.24901E+09 0.14714E+09 0.40747E+09 0.11319E+08 0.45275E+08
 0.45275E+08-0.11319E+08-0.20374E+09 0.14714E+09-0.24901E+09 0.11319E+08 0.40747E+09-0.14714E+09
 0.11319E+08-0.24901E+09 0.14714E+09-0.20374E+09-0.11319E+08 0.45275E+08-0.14714E+09 0.40747E+09
```

图 5.3-11　采用 UEL 计算时的单元刚度矩阵

上述对比校验了本例 UEL 编程的正确性。总结上述 UEL 的编程基本过程，读者应清楚，在进行 UEL 编程时，建议遵循的基本思路是：（1）分析实际问题，确定要构造的用户单元形式；（2）参考 ABAQUS 的 UEL 编程格式，确定所需定义的变量；（3）进行单元分析，获得单元的刚度矩阵的表达式；（4）进行编程。

在将所编程的 UEL 用于实际问题分析时，建议对该 UEL 进行简单例子的校验，以校验结果的可信性。另外，由于 ABAQUS 中 UEL 的编程要求较为严格，建议读者从简单的 UEL 编程例子开始，以便充分了解 UEL 编程及使用过程中可能需要考虑的问题及注意事项，对于相关的应用方法可以参考 ABAQUS 帮助文档[32]。

5.3.3　前处理二次开发

采用 ABAQUS 软件应用于超高层结构的动力弹塑性分析中，有限元模型的建立方式一般为：通过编译相关的转换接口程序，直接读取已有的有限元模型，输出 ABAQUS 可识别的前处理文件。以下对中衡设计多高层接口程序 MTATB 2013 的开发过程进行简单介绍，其主要功能是将 MIDAS Gen 程序 mgt 格式的模型文件编译成 ABAQUS 可读取的 inp 文件，从而快捷高效地生成显式计算非线性模型。转换接口采用 Python 语言进行编译，通过可视化界面完成转换操作，界面如图 5.3-12 所示。

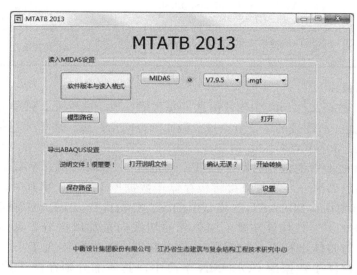

图 5.3-12　转换程序 MTATB 2013 界面

编译内容主要分以下 3 部分：

（1）mgt 模型数据文件结构信息的存储，如节点三维坐标值、单元连接单元节点、材料属性、截面信息、边界条件和荷载状况等。

（2）对所存储的结构信息进行计算与整合，如一维构件截面方向角、截面配筋、荷载转为质量源、定义分组和设定集合等。

（3）默认分析步设定静力计算与模态分析，用以校核 ABAQUS 模型的荷载与刚度指标，确保转换模型的可靠性。

接口程序编译的关键步骤是节点、构件、质量源信息，核心思路是解读各款软件的模型数据文件格式，表 5.3-3 列出了 MIDAS Gen 与 ABAQUS 关键字映射关系。下文仅对构件信息的编译作初步介绍。

MIDAS Gen 与 ABAQUS 关键字映射关系　　　　　　　　　　　表 5.3-3

mgt 文件	inp 文件	转换信息
* NODE	* NODE，NSET＝…	节点
* ELEMENT * SECTION * THICKNESS	* ELEMENT，TYPE＝B31，ELSET＝… * ELEMENT，TYPE＝S3R，ELSET＝… * ELEMENT，TYPE＝S4R，ELSET＝…	单元连接节点、截面方向角、材料
* MATERIAL	* Material，name＝… * Density * Elastic * Damping，alpha＝…	材料属性

续表

mgt 文件	inp 文件	转换信息
* CONLOAD	* CLOAD	节点荷载
* BEAMLOAD	* DLOAD, OP=MOD	线荷载
* PRESSURE	* DSLOAD	压力荷载
* LOADTOMASS	* ELEMENT, TYPE=MASS, ELSET=··· * MASS, ELSET=···	荷载转质量
* CONSTRAINT	* NSET, NSET=··· * Boundary	边界条件

1. 构件信息编译

MIDAS Gen 数据文件 mgt 中构件信息主要有梁、板、墙单元。梁单元信息包括单元号、材料号、截面、所连接的 2 个节点号及截面的方向角；板、墙单元包括单元号、材料号及所连接的 4 或 3 个节点号。

MIDAS Gen 模型中的板构件以 PLATE 单元模拟，墙构件以 WALL 单元模拟，二维构件 mgt 文件已做区分，故可直接将板存储于数据库 PLATE 字典中，墙信息存储于数据库 WALL 字典中。MIDAS Gen 模型中的梁、柱构件皆以 BEAM 单元模拟，故导入数据库 BEAM 中的梁、柱构件需要采用单元的切线向量加以区分，具体方法是：以梁单元的切线向量与整体坐标系 Z 向量的夹角去判别，若夹角不大于 10°，则为柱构件，将此属性的单元存储于数据库 COLUMN 字典中，其他部分则存储于数据库 BEAM 字典中。

接口程序将梁构件的截面配筋等效为工字形截面，柱构件截面配筋等效为箱形截面，等效原则为：钢筋材料的轴向刚度，绕强、弱轴抗弯刚度相等，如图 5.3-13 与图 5.3-14 所示。

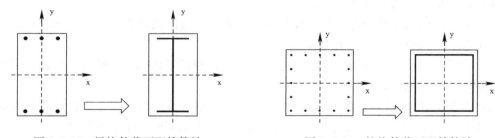

图 5.3-13　梁构件截面配筋等效　　　　　图 5.3-14　柱构件截面配筋等效

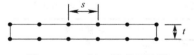

图 5.3-15　板、墙截面配筋

ABAQUS 软件以非线性分层壳模拟板、墙构件，其截面配筋如图 5.3-15 所示，每个钢筋层内的钢筋成 90°交叉分布，单根钢筋间距 s，单根钢筋面积 $A_s = \rho_s \cdot s \cdot t/2$。

在编译过程中，主要的难点在于一维构件的截面方向角，MIDAS Gen 中的梁单元截面方向是以 β 角定义：当梁单元的局部坐标系 X 轴与整体坐标系的 Z 轴平行时，β 角为整体坐标系 X 轴与单元局部坐标系 Z 轴的夹角；当梁单元的局部坐标系 X 轴与整体坐标系的 Z 轴不平行时，β 角为整体坐标系 Z 轴与单元局部坐标系 X-Z 平面的夹角。图 5.3-16 及图 5.3-17 显示了方向角定义原则。编译过程中，将 β 角储存在数据库 BEAM 与 COLUMN 字典中。

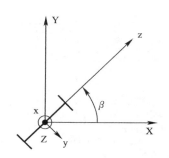

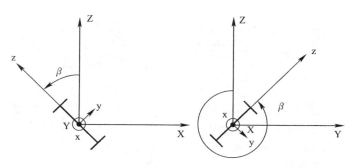

图 5.3-16　一维构件单元坐标系　　　图 5.3-17　一维构件单元坐标系 X 轴与整体坐标系 Z 轴不平行
X 轴与整体坐标系 Z 轴平行

如图 5.3-18 所示，ABAQUS 中是基于 n_1 向量来确定截面方向角的，因此需要将 MIDAS 软件中的 β 角转化为向量 n_1。

经分析测试，可采用如下方法将 β 角转化为向量 n_1，其中梁单元切线向量 t 从数据库 BEAM 字典中提取，整体坐标系 $z=(0,0,1)$。

（1）t 与 z 方向一致：
$$n_1 = (\sin\beta, -\cos\beta, 0) \tag{5.3-20}$$

（2）t 与 z 方向相反：
$$n_1 = (\sin\beta, \cos\beta, 0) \tag{5.3-21}$$

图 5.3-18　ABAQUS 梁
截面方向角

（3）t 与 z 方向不平行：
$$p = (p_1, p_2, p_3)$$
$$q = (q_1, q_2, q_3)$$
$$p = z \times t$$
$$q = t \times p$$
$$n_1 = [0, \cos\beta, \sin\beta] \cdot \begin{bmatrix} t_1 & t_2 & t_3 \\ p_1 & p_2 & p_3 \\ q_1 & q_2 & q_3 \end{bmatrix} \tag{5.3-22}$$

2. 算例校核

在对程序编译后，可取算例来进行验证。以某框架—核心筒结构体系为例，平面为 $24\text{m} \times 32\text{m}$，层高 4m，共 25 层，结构高度 100m，节点数量为 11252，单元数量为 13928。图 5.3-19 为基于 MIDAS Gen 软件计算的结构动力特性，图 5.3-20 为采用接口程序转换为 ABAQUS 前处理文件计算得到的结构动力特性，表 5.3-4 为两者宏观计算结果的对比。通过对比分析可以看出，接口程序保证了有限元模型的一致性。

5.3.4　后处理二次开发

ABAQUS 的脚本接口语言为现在较流行的面向对象化语言——Python，所以其语法和运算符都与 Python 相统一。通过该脚本接口可以完成诸如建立和修改 ABAQUS 模型（包括单元、材料、荷载和分析步等），创建、修改和提交分析工况，读写和分析处理结果文件等各类工作。

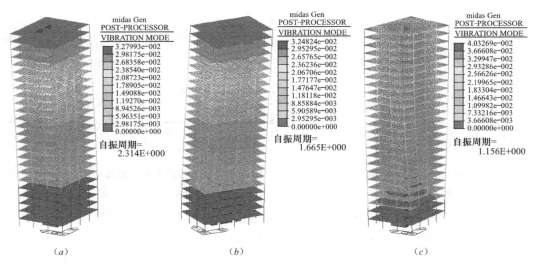

图 5.3-19 基于 MIDAS Gen 前 3 阶振型

(a) 振型 1；(b) 振型 2；(c) 振型 3

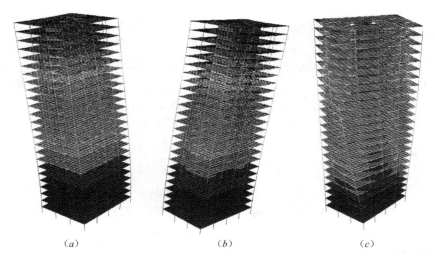

图 5.3-20 基于 ABAQUS 前 3 阶振型

(a) 振型 1；(b) 振型 2；(c) 振型 3

模型校核宏观指标对比   表 5.3-4

计算软件	结构总重	第一周期	第二周期	第三周期
MIDAS	313440	2.31	1.67	1.16
ABAQUS	313860	2.43	1.71	1.18
相对差异率	0.1%	5.2%	2.4%	1.7%

注：ABAQUS 中并未指定梁板顶齐，因此结构刚度较 MIDAS Gen 软件计算值偏小。

1. ABAQUS 脚本原理

当通过 ABAQUS/CAE 来创建模型或者查看结果时，通过 GUI 界面的每一步操作都会转化为 ABAQUS 内部对应的命令，并发送至内核来建立模型的内部表征；所以简单来说，内核是 ABAQUS/CAE 的大脑核心，GUI 则是用户和内核之间联系的可视化窗口；ABAQUS 的脚本接口则是绕开 GUI，直接与内核进行传达工作（图 5.3-21）。因而，利用脚本接口中编写代码（如实现循环）的易操作性，除了可以快速完成对应 GUI 的各项工作，更可以方便地来自动完成建模中的重复操作，进行参数化分析，以及直接访问和分析结果文件中的数据等。

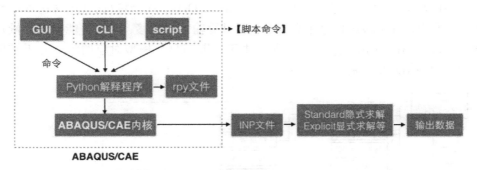

图 5.3-21　ABAQUS 脚本命令与 CAE 关系

在 ABAQUS 中运行脚本有多种方法：用户可以在 GUI 中通过 Macro Manager 来录制和执行命令；对于单行命令，可以直接使用 ABAQUS 的命令行接口（CLI）执行；另外还有一种相对更加高效且更具扩展性的方法，即通过直接编写和执行代码文本（script）来实现，其可以直接脱离 ABAQUS 的 GUI 界面来执行。

2. ABAQUS 脚本构成

ABAQUS 内核脚本程序通过其脚本接口命令流编写，脚本程序中的每个对象（object）都有相应的成员（data members）、方法（methods）和构造函数（constructor）；其中成员为对象封装的数据，创建对象的方法称为构造函数；由于 ABAQUS 脚本接口是基于 Python 语言扩展开发的，里面增加了许多新的对象类型，这些对象之间的层次（hierarchy）和关系（relationship）称为 ABAQUS 对象模型（ABAQUS object model）。这些对象之间存在着许多关联，而完整的 ABAQUS 对象模型非常复杂，但通常可以将其分为三类根（root）对象：进程对象（session），模型数据库对象（mdb）和输出数据库对象（odb）（图 5.3-22）。

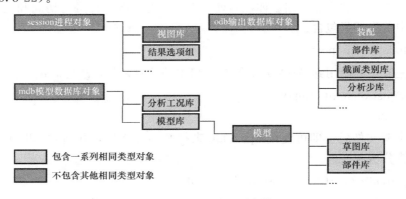

图 5.3-22　ABAQUS 对象模型

session（进程对象）主要包含一些不保存在 ABAQUS/CAE 中的数据，如显示选项（viewports）、自定义视图等，当使用进程对象数据时，ABAQUS 不会储存相应的数据。

mdb（模型数据库对象）主要包含有模型的数据，如模型部件（Part）、截面类型（Section）、材料信息（Material）和分析步（Step）等。

odb（输出数据库对象）主要包含有对应分析工况（Job）的分析模型及其分析结果，为后处理中主要使用到的对象数据。

关于输出数据库对象（odb），主要分为 Model Data 即模型数据（包含构件截面、材料等信息）和 Results Data 即结果数据（包括计算输出的位移、应力、能量等变量）两部分（图 5.3-23）。在使用中需要注意的是，由于 odb 是分析模型对应的唯一分析结果，所以其包含的模型信息中不需要模型名。

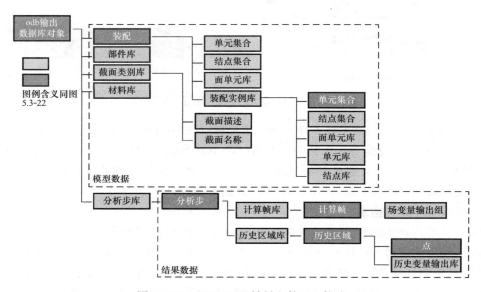

图 5.3-23　ABAQUS 结果文件 odb 构成

3. ABAQUS 脚本编写

（1）声明语句

在编写 ABAQUS 的脚本文件时，首先需要在头文件进行声明，从而可以对 ABAQUS 中相应的模块来进行访问和调用。如在后处理中需要对 odb 文件进行访问和处理的话，抬头声明语句中首先需要包含：

from odbAccess import *

另外，一般还会使用到 ABAQUS 脚本接口中的符号常数，故还需包含：

from abaqusConstants import *

（2）数据访问

在完成声明文件后，即可使用 openOdb 来打开 odb 文件，开始对 odb 中各项成员进行相应的计算分析和处理。

odb＝openOdb（path＝'yourexistedodb. odb'）

在对结果进行后处理之前，往往首先需要获取计算模型在前处理中预先定义的各类单元或者点的集合，即 odb 的"模型数据"，例如研究剪力墙的受压损伤分布，就需要先获取到剪力墙的单元集合对象，该过程可通过 assembly 模块来实现。如上所述，每个 odb 都只对应单一的计算模型，所以其只含有一个 rootAssembly，用户可以通过它来逐级访问到点集合（nodeSets）、单元集合（elementSets）等成员。另外，当需要列出 rootAssembly 所有对象成员时，可以通过 keys（ ）模块来实现。

下示命令为在访问到 assembly 对象后，通过 keys（ ）来获取模型中所有点集合的名称。

```
myAssembly＝odb. rootAssembly
for nodesetsName in myAssembly. nodeSets. keys ()
    print nodesetsName
```

如模型包含有"BASE"和"TOP"两个点集合，则运行结果为

```
BASE
TOP
```

如图 5.3-23 所示，ABAQUS 后处理中的计算结果都存储在 odb 的"结果数据"中，该部分主要包含分析步（steps）、计算帧（frames），场变量输出（field output）和历史变量输出（history output）等。通过代码访问这部分对象成员时，用户同样需要对应逐级访问。例如下示代码，其功能为访问顶部节点集合"TOP"在分析步"Step-Earthquake"中最后一帧的 U1 位移值。

```
topnodeset＝odb. rootAssembly. nodeSets['TOP']  ＃获取模型数据中的点集合
topdis = odb. steps ['Step-Earthquake']. frames [－1]. fieldOutputs ['U']. getSubset
(region＝topnodeset). values
for i in topdis：
    thenodelabel＝i. nodeLabel  ＃节点编号
    thenodeXdis＝i. data[0]  ＃节点 U1 值
    print thenodelabel，thenodeXdis
```

另外，关于结果数据中场变量和历史变量两类输出结果，其不同点在于：场变量输出主要以较低的频率来输出整个模型或大部分区域预设输出项的所有分量，从而可以用云图、矢量图或者 XY 曲线图来表现计算结果（如损伤值等）；历史变量输出则是以较高的频率来输出某些节点或集合等区域预设输出项的某一分量，其只用于绘制 XY 曲线图（如层间位移等）。通过对这两者合理的选择运用，可以有效控制结构动力弹塑性时程分析这类大型计算项目的结果文件大小。

（3）编写要点

在使用 ABAQUS 脚本文件对动力弹塑性时程分析结果进行后处理的过程中，有以下几点总结可供参考：

① 代码可以在 ABAQUS/CAE 启动页面执行，也可以在进入主界面后使用 File-Run Script 来执行。

② 代码为 ASCII 格式，可以在文本编辑器中编写；代码编写中可以使用 Python 的内置函数，如循环，方法与 Python 一致，通过缩进来实现。

③ 脚本编写时，程序的命名空间相互独立，不同命名空间中可使用相同的变量名，

但其代表不同的对象。

④ 当使用 ABAQUS/CAE 的界面操作时，可以使用命令来交互进行重复操作，比如创建视图，显示云图等。

⑤ 在 ABAQUS 的 GUI 中进行界面操作的时候，每一步都会通过 replay 文件（. rpy）记录下来，当不知道某些操作对应的代码命令或者对象路径时，可以先在 ABAQUS 中进行相应操作，然后提取和修改 rpy 文件中对应的命令。

⑥ 后处理中不支持在场变量对象和历史变量对象之间进行运算。

⑦ 在后处理中的大部分工作，基本都是对 ABAQUS 脚本接口的扩展，通过编写包含各类函数的模块，可快速解决在 ABAQUS 界面操作中无法直接进行处理的工作，如直接生成自定义等值线范围的云图等。

⑧ 如果需要在以后的工程中能直接使用当前定制的代码模块，可使用 custonKernel 模块来将其内置于 ABAQUS/CAE 的数据库中，对应数据储存于 mdb. customData 中。

4. ABAQUS 脚本在弹塑性分析后处理中的应用

以结构弹塑性分析后处理中比较重要的指标——层间位移角为例，首先通过脚本命令来逐级提取所需的模型信息（楼层节点集合与坐标信息等）和结果数据（位移值），并对其进行计算处理，最终返回到需要的对象值。图 5.3-24 所示为通过脚本文件来进行分析的流程。

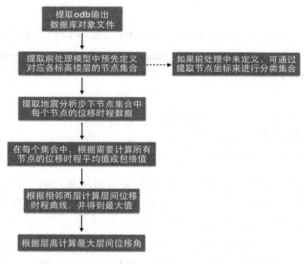

图 5.3-24　层间位移角后处理二次开发流程

5.4　一些问题的探讨

5.4.1　钢支撑模拟

在对超限结构进行动力弹塑性时程分析的时候，经常会遇到存在钢支撑（如伸臂桁架、腰桁架等）的情况；对于钢支撑的模拟方法，常用的方式有基于现象（构件）法、设置初始缺陷的有限元法，以及塑性铰法。

1. 模拟方法

在 ABAQUS 中，对于存在较少钢支撑的情况，一般采用带有初始缺陷的纤维梁单元来模拟，主要原因如下：

（1）通过 ABAQUS 进行弹塑性分析，主要是基于材料层面来模拟非线性力学行为，更加适用于纤维梁单元。

（2）相较于其他方法，其前期模拟需要的已知量较少，除了初始缺陷的大小，只涉及构件的材料和几何特性，操作性强。

（3）如第 5.3.1 节（2）中所述，纤维梁单元的刚度由截面内和长度方向动态积分得到，能够精确表达构件三维压弯和拉弯的滞回性能，所以该方法不仅适用于中等支撑（节点转动刚度贡献小，接近两端铰接的二力杆），也适用于长细比较小的短粗型支撑（节点转动刚度大，接近梁柱构件）。

为验证该方法，对文献［39］中某中等支撑进行数值模拟，并对比试验结果验证其正确性。

2. 模拟原理

在有限元分析中，理想轴心受压杆件不论发生弹性还是弹塑性的弯曲屈曲，都只属于分岔屈曲，拉压极限承载力将严格对应材料本构定义（对于钢材，拉压承载力等强）。而实际情况中，杆件都不可避免地存在几何缺陷和残余应力，所以实际的轴心受压杆件一经压力作用就会产生挠度，发生有别于上述理想直杆分岔屈曲的弯曲失稳，对受压承载力产生一定程度的折减；所以对于钢支撑的滞回特性模拟，关键的一点就是受压时发生屈曲导致的屈曲强度降低。

影响支撑受压屈曲强度的因素主要有：纵向残余应力，构件的初弯曲，荷载作用点的初偏心等。

（1）残余应力的分布和数值与构件的加工条件有关，也受截面形状和尺寸的影响。

（2）初弯曲是杆件在加工制造和运输安装的过程中，不可避免存在的微小弯曲，弯曲的形式多种多样，其中具有正弦半波图形的初弯曲最具代表性，对压杆承载力影响比较不利。已有的统计资料表明，杆中点处初弯曲的挠度约为杆长的 $1/500 \sim 1/2000$。

（3）初偏心的产生是由于构造原因和构件截面尺寸的差异，作用在杆端的轴压力实际上会不可避免地偏离截面的形心。初偏心对压杆的影响本质上和初弯曲一样，区别只是程度大小，因为初偏心的数值较小，除了对短杆稍有影响外，对长杆的影响远不如初弯曲大。

在对钢支撑的模拟中，可将残余应力、初始弯曲和初始偏心的作用全部使用初始弯曲来等价模拟。因此在有限元模拟中，杆件的极限承载力将只取决于支撑的长度、截面形式、尺寸、材料强度以及初弯曲大小。《钢结构设计规范》GB 20017—2003[15] 中对压杆初弯曲的取值规定为杆长的 $1/1000$。

3. 模拟过程

选取文献［39］中构件 CyLS1：杆件长度 3.3m；截面为方钢管形式，边长 0.04m，壁厚 0.0025m；钢材弹性模量为 1.8×10^{11}Pa，屈服强度为 380MPa。

首先按规范算法，取初始弯曲为支撑长度的 $1/1000$，即 0.0033m；整个支撑划分为若干段，采用 B32 单元，各节点位于如图 5.4-1 所示半个正弦波上，最大弯曲位于中点位置；箱形截面纤维梁单元截面积分点分布如图 5.4-2 所示，默认为 16 个；钢材本构采用运动硬化模型，如图 5.4-3 所示（模拟计算方式与整体结构动力弹塑性分析保持相同）。

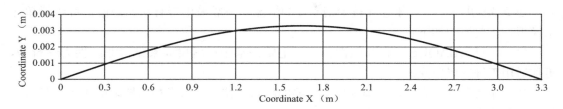

图 5.4-1　带有初始弯曲的支撑构件尺寸示意图

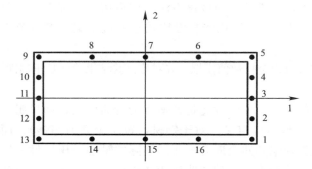

图 5.4-2　箱形截面积分点分布

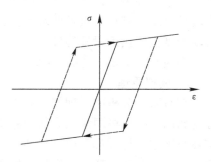

图 5.4-3　钢材运动硬化模型

边界条件和加载过程（图 5.4-4）与试验保持一致。

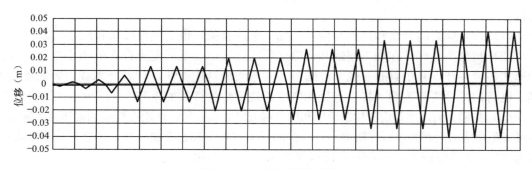

图 5.4-4　加载过程示意图

4. 模拟结果

图 5.4-5 所示为试验结果，图 5.4-6 为有限元模拟结果；另外，根据已知条件，按《钢结构设计规范》计算得到等效长细比为 137，受压屈服荷载对应为 51kN。

从结果对比来看，对于受压屈曲荷载大小，规范算法、试验结果和有限元模拟三者基本吻合，证明了该有限元模拟的正确性，以及初始弯曲 3.3mm 满足精度要求。

对比试验和有限元模拟结果曲线可见，两者的滞回特性吻合度很好：受拉和受压屈曲荷载大小接近，且屈曲荷载和卸载刚度随加载过程逐渐降低，趋势一致。

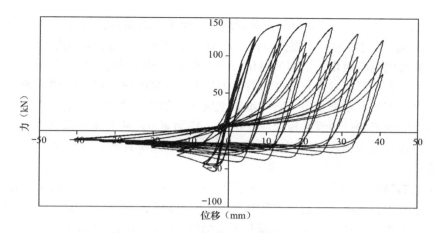

图 5.4-5 CyLS1 构件试验滞回曲线

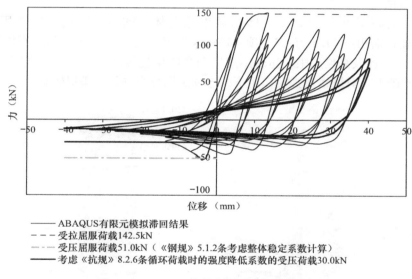

——— ABAQUS有限元模拟滞回结果
- - - - 受拉屈服荷载142.5kN
— — — 受压屈服荷载51.0kN（《钢规》5.1.2条考虑整体稳定系数计算）
———— 考虑《抗规》8.2.6条循环荷载时的强度降低系数的受压荷载30.0kN

图 5.4-6 CyLS1 构件有限元模拟滞回曲线

5.4.2 连续倒塌模拟方法

随着建筑规模体量的不断增加，以及增量动力分析（Incremental Dynamic Analysis，IDA）在抗震分析中的逐渐普及，结构在地震作用下连续倒塌的研究变得越来越有需求和意义。同弹塑性性能研究一样，连续倒塌也可通过试验和数值模拟来实现。但由于结构模型的尺寸较大，制作周期长，且单个模型无法进行多工况分析，试验费用将非常昂贵，耗时也非常久；故数值模拟方法成为目前研究结构连续倒塌的最主要的方法。

1. 模拟方法

在已有 ABAQUS 对结构进行罕遇地震作用下弹塑性时程分析的技术和经验基础上，进行连续倒塌模拟需要解决的关键技术主要有两点，一个是对构件失效机制的确定和实现，另一个是通过接触模拟倒塌过程中构件之间的相互接触。

在 ABAQUS 中，一般是通过赋予单元刚度一个很小的系数或者置 0 来实现构件失效。对于使用 ABAQUS 自带混凝土损伤模型的墙板等壳单元，可直接应用混凝土损伤模型中的损伤因子来实现刚度退化，当刚度退化到一定程度时即可近似为构件失效。对于梁柱和钢筋等纤维梁单元，可通过在材料子程序 VUMAT 中删除材料点来实现，即通过定义相应状态变量（SDV）并根据自定义破坏准则来赋予布尔值 1 和 0（材料点"生"和"死"），当某材料点处应变值超过预设的极限应变值时，应力置 0，从而删除该材料点，在之后的分析中将只传递零应力和应变，刚度贡献为 0，而当单元所有截面点都为"0"时，即代表构件完全退出工作。（参考第 5.3.1 节）

对于接触的模拟，用户可采用 ABAQUS 的通用接触（General Contact）功能，避免在模拟倒塌过程中发生单元穿过单元等与实际不符的现象，实现单元之间的碰撞和结构碎片堆积，并考虑构件碎片的冲击和堆载对下部结构的破坏影响；另外需要建立相应的刚体面来模拟地面，以真实表现结构最终的倒塌状态。

2. 分析案例

项目为一集高层办公和商业一体的城市综合体（图 5.4-7），项目总用地面积约 9600m²，总建筑面积约 11.1 万 m²。项目塔楼采用钢筋混凝土框架—核心筒体系，结构总高度为 180.8m，涉及高度超限、扭转不规则和含跃层柱等多项不规则。在罕遇地震动力弹塑性分析基础上，对塔楼在强震作用下的连续倒塌行为进行了模拟研究。

图 5.4-7　项目示意图

（a）效果图；（b）有限元模型图

模型中混凝土材料的模拟采用塑性损伤模型实现，其以损伤模型为基础，可考虑损伤效应、材料拉压强度的差异以及刚度强度的退化等，适用于地震工况往复荷载作用下的混凝土力学行为，其单轴应力—应变模型参考《混凝土结构设计规范》GB 50010—2010 定义，如图 5.4-8（a）所示。钢筋/钢材材料采用双线性运动硬化模型，其单轴应力—应变关系如图 5.4-8（b）所示，在循环过程中无刚度退化情况，并考虑包辛格效应。

材料失效机制中，定义混凝土梁柱单元失效点为压应变大于 0.0033，代表混凝土压溃；钢筋单元失效点为压应变大于 0.01 或拉应变大于 0.1，分别对应钢筋受压屈服或受拉断裂。

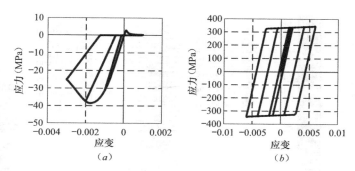

图 5.4-8 拉压往复荷载作用的下材料应力—应变曲线

(a) 混凝土；(b) 钢材

结构在罕遇地震下（220gal）可达到预定性能目标，故在此基础上，分别以幅值为 310gal（工况 1）、400gal（工况 2）和 510gal（工况 3）的强震记录对结构进行连续倒塌模拟。地震作用采用三向地震波（X：Y：Z＝1：0.85：0.65）输入，持续时间 35s，工况 1 主次方向地震波时程曲线如图 5.4-9 所示。

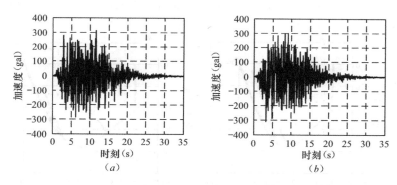

图 5.4-9 工况 1 主次方向地震波时程曲线

(a) 主方向；(b) 次方向

通过采用不同幅值的强震对结构进行分析，在工况 1 和 2 下结构破坏严重，但未发生连续倒塌行为；工况 3 下结构发生连续倒塌。图 5.4-10 分别为工况 1、2 和工况 3 地震作用下结构的变形状态。

图 5.4-7（b）中所示 46780 号构件为结构底层角柱，为矩形型钢混凝土柱，在有限元模型中由混凝土纤维、箱形等效钢筋纤维和箱形型钢纤维三个单元共节点构成，图 5.4-11～图 5.4-13 分别为这三类纤维不同截面点位置的应力—应变滞回曲线，图 5.4-14 所示为混凝土纤维和等效钢筋纤维的应变时程曲线，由图可知，忽略混凝土保护层厚度，相同截面下矩形截面点 1 和 5 对应箱形截面点 13 和 1。

对比可见，各截面点的滞回规则和子程序（图 5.4-8）保持一致；另一方面，混凝土和钢筋分别在压应变 0.0033 和 0.01 处失效，失效后应力变为 0，与本文预设的失效准则保持统一，可验证本文关于材料子程序定义的正确性。

由相同截面点的钢筋和混凝土应变时程曲线来看，两者应变在混凝土破坏前保持一致；应变达到 0.0033 时，混凝土首先受压破坏；应变至 0.01 时，钢筋也随之失效，即在 12s 左右，混凝土和钢筋先后退出工作，与实际发展规律保持一致。

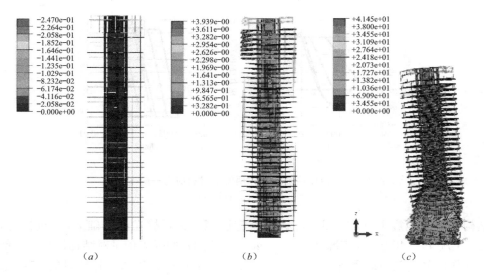

图 5.4-10　不同工况作用下结构变形状态

(*a*) 310gal；(*b*) 400gal；(*c*) 510gal

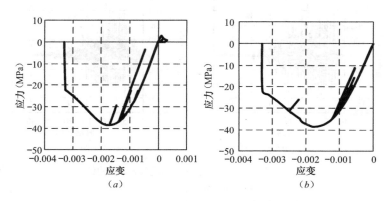

图 5.4-11　46780 号角柱矩形混凝土纤维应力—应变曲线

(*a*) 截面点 1；(*b*) 截面点 5

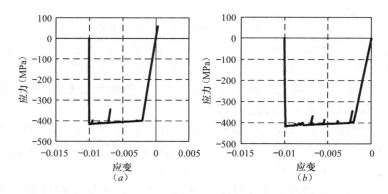

图 5.4-12　46780 号角柱箱形等效钢筋纤维应力—应变曲线

(*a*) 截面点 13；(*b*) 截面点 1

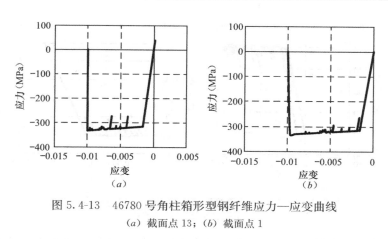

图 5.4-13 46780 号角柱箱形型钢纤维应力—应变曲线

(a) 截面点 13；(b) 截面点 1

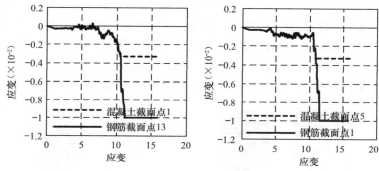

图 5.4-14 46780 号角柱相同截面点混凝土和钢筋纤维应变时程

图 5.4-15 和图 5.4-16 为 45069 号钢筋混凝土梁混凝土纤维和钢筋纤维的应力—应变曲线。

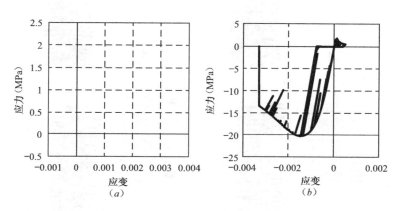

图 5.4-15 45069 号梁矩形混凝土纤维应力—应变曲线

(a) 截面点 1；(b) 截面点 21

通过对比可见，构件底部（截面点 1）受拉为主，混凝土达到受拉应变 0.0033 后破坏，拉力作用由钢筋纤维承担；顶部（截面点 21）受压为主，混凝土纤维受压应变达到预设的 0.0033 后失效，应力置 0，之后完全有钢筋纤维承担压力作用；构件整体受力与实际情况相符。

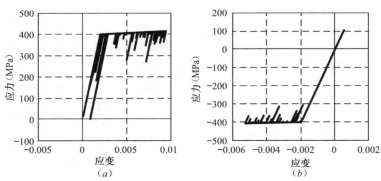

图 5.4-16　45069 号梁箱形等效钢筋纤维应力—应变曲线

(a) 截面点 13；(b) 截面点 9

图 5.4-17 所示为工况 3 作用下结构的倒塌过程。在 11s 时刻，结构顶部和底部已出现较大的变形，部分框架梁柱已退出工作；12s 时刻，结构底部部分墙柱单元严重破坏并退出工作，结构开始产生倒塌；13s 时刻，结构下部进一步产生垮塌，整体向左侧倾斜；14s 时刻，结构连续倒塌进一步加剧，不断向左侧发展，并最终垮塌。从整体来看，结构连续倒塌由底部墙柱退出工作开始，逐步引起结构下部分的连续坍塌，并最终引起整体向左侧倾斜倒塌。

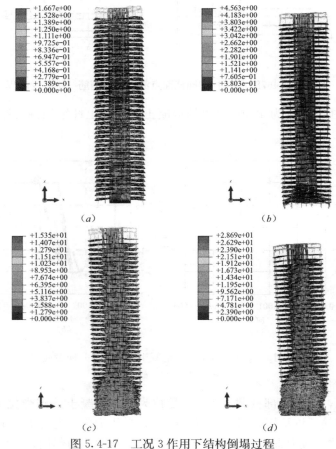

图 5.4-17　工况 3 作用下结构倒塌过程

(a) 11s 时刻；(b) 12s 时刻；(c) 13s 时刻；(d) 14s 时刻

5.4.3　纤维梁应用

在动力弹塑性分析中，梁板系统的数值模型选取对求解结果的合理性有重要影响。在第 5.1.3 节中已经说明了对于楼板系统，宜采用非线性分层壳模型。当分析软件不能提供非线性分层壳单元，或者分析模型不需要采用非线性分层壳单元时，那么在应用刚性隔板或者弹性壳模拟楼板时，应考虑对其梁模型选择的影响。以 PERFORM-3D 的动力弹塑性分析为例，梁构件非线性模拟可以采用塑性铰模型或者纤维模型。对于梁构件的塑性铰模型，一般不考虑轴力—弯矩耦合作用，楼板的水平刚度约束作用并不会对塑性铰的计算产生影响。但当采用纤维模型时（图 5.4-18），弹性楼板假定或者刚性楼板会对梁有明显的轴向约束作用。这种约束作用主要体现在其限制了由于混凝土开裂造成截面中性轴的移动，因而会提高梁的抗弯强度；而当梁的抗弯能力增强时，就会产生过大的剪力，可能导致构件剪切屈服先于弯曲屈服的假象。这种计算结果往往会带来明显的计算误差，通常表现为梁的损伤程度偏低。

PERFORM-3D 纤维截面梁假定如下：仅考虑一个方向的非弹性弯曲行为，通常是竖直方向（即绕水平轴弯曲），对于水平方向的弯曲行为假定为弹性，由于受到水平侧向支撑（如楼板）的作用，梁的水平方向弯曲变形将很小或没有。

基于上述假定，纤维截面只需沿梁高方向布置，对于水平方向弯曲行为，可设定弹性抗弯刚度。

为了说明楼板约束对纤维梁的不利影响，构建算例模型进行测试，结构体系为 6 层框架结构，柱网间距 8.4m，层高 3.9m，柱截面尺寸 650mm×650mm，梁截面尺寸 400mm×600mm，梁柱材料等级为混凝土 C30，钢筋 HRB400。结构模型如图 5.4-19 所示。

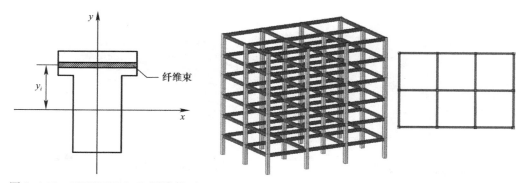

图 5.4-18　PERFORM-3D 纤维截面　　　　图 5.4-19　结构模型示意图

在梁柱构件非线性行为模拟中，采用了 3 种不同的模型。基于刚性隔板假定对结果进行了静力推覆分析，侧向力分布模式均采用模态法施加。构件模拟方案如表 5.4-1 所示。

基于 PERFORM-3D 计算模型概述　　　　　　　　　　　表 5.4-1

构件模拟	Model-A	Model-B	Model-C
柱	塑性铰	纤维模型	纤维模型
梁	塑性铰	纤维模型	纤维模型（轴向释放）

Model-C 纤维模型模拟梁，组件拼装中引入轴向释放（折减轴向刚度取 0.001），如图 5.4-20 所示。

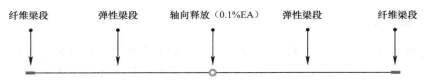

图 5.4-20　纤维模型模拟梁组件力学行为拼装图

静力推覆分析所得基底剪力—位移角曲线和构件损伤如图 5.4-21 和图 5.4-22 所示。

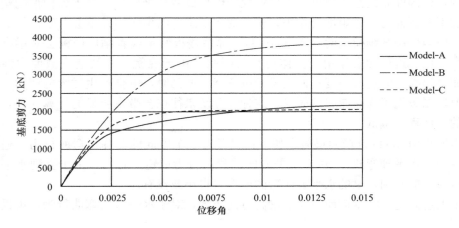

图 5.4-21　基底剪力—位移角曲线

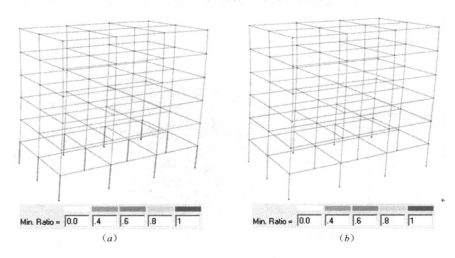

图 5.4-22　构件损伤图
(a) Model-B；(b) Model-C

从宏观层次上可以定性判断 Model-B 因纤维截面梁受到刚性板的抑制作用，因而会高估结构的承载能力，Model-B 与 Model-C 计算结果趋势基本一致（尽管采用了不同的模拟方案）。

构件层次的损伤，采用了同为纤维模型的 Model-B 与 Model-C 进行对比，可以得出，Model-B 柱损伤最为严重，梁损伤较为轻微；Model-C 柱损伤较为轻微，梁损伤最为严重。

基于上述算例，刚性板假定下的纤维截面梁轴向不做释放处理，将会得出较大的计算误差，高估结构承载力约 1.75 倍。

5.4.4　结构阻尼选用

1. 关于阻尼

阻尼是用以描述结构在振动过程中能量的一种耗散方式，是影响结构动力响应的重要因素。结构的耗能机制非常复杂，常用的是黏滞阻尼理论，即假定阻尼力与速度成正比。试验研究也表明对于多数材料，这种阻尼理论是可行的，并且物理关系明确，便于实际应用及求解。

在结构动力分析中，振型阻尼与瑞雷阻尼是两种常见的阻尼模式。对于动力弹性分析，这两种阻尼模式可单独使用，也可组合使用。大多数的结构计算通常选取振型阻尼，振型数量的设定往往以振型质量参与系数为标准（一般情况下要求大于 90%）。例如结构计算振型数量设为 n，实际结构存在 m 个振型，而振型阻尼通常只能影响前 n 个振型，则后 $(m-n)$ 个振型处于无阻尼状态。这种情况下，在高振型中设定瑞雷阻尼有时是必要的，从而形成组合形式的阻尼模型。图 5.4-23 所示为瑞雷阻尼的数字示意图，阻尼矩阵为质量矩阵和刚度矩阵的线性组合，即：

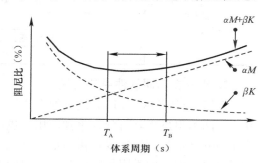

图 5.4-23　瑞雷阻尼

$$[C] = \alpha[M] + \beta[K] \tag{5.4-1}$$

式中　α、β——常数，可以直接给定，或由给定的任意二阶振型的阻尼比 ξ_i、ξ_j 反算求得。

根据振型正交条件，待定常数 α 和 β 与振型阻尼比之间的关系应满足：

$$\xi_k = \frac{\alpha}{2\omega_k} + \frac{\beta\omega_k}{2} \quad (k = 1,2,3,\cdots,n) \tag{5.4-2}$$

任意给定两个振型阻尼比 ξ_i 和 ξ_j 后，可按下式确定比例常数：

$$\alpha = 2\omega_i\omega_j \frac{\xi_j\omega_i - \xi_i\omega_j}{\omega_i^2 - \omega_j^2}, \beta = 2\frac{\xi_i\omega_i - \xi_j\omega_j}{\omega_i^2 - \omega_j^2} \tag{5.4-3}$$

式中　ω_i、ω_j——分别为第 i、j 振型的圆频率。

当结构进入强非线性状态时，由于结构的刚度处于变化过程所导致的振型形式不是确定性的，振型阻尼可能会带来明显的数值计算"振荡"，以单一的瑞雷阻尼形式构建结构体系的阻尼矩阵较为合适。然而需要注意的是，由于动力弹塑性分析时刚度矩阵处于变化过程中，瑞雷阻尼矩阵也不再是恒定值。例如在水平力作用下，对于剪力墙墙肢，当混凝土开裂后，其面内抗弯刚度远小于混凝土未开裂时的初始刚度；如果在动力计算时仍采用初始弹性刚度构建阻尼矩阵，会产生较为严重的过阻尼现象，影响数值计算的精度及结构动力响应的真实性。

上述说明结构计算分析方法基本决定了阻尼模型的选取，针对不同结构类型、不同情况，阻尼大小的取值也值得讨论。实际在弹性动力分析时，阻尼大小取值已经适当考虑了非弹性行为（混凝土结构阻尼比 5%，可能考虑到构件的部分非线性状态，如材料的开裂），而非弹性动力计算中，非弹性行为已被直接模拟。在这种情况下，结构计算中仍然采用 5%，可能偏大，更合理的假定可以采用相对较小的阻尼比。

表 5.4-2 中的阻尼比数据引自文献 [2]，结构弹性分析可以直接采用，但对于结构弹塑性时程计算建议适度折减。

阻尼比取值 表 5.4-2

应力水平	结构类型与条件	阻尼比（%）
工作状态不超过 0.5 倍屈服点	焊接钢，预应力混凝土，适筋混凝土（只有轻微开裂）	2～3
	钢筋混凝土（开裂很大）	3～5
	栓接和/或铆接钢，木结构（具有铆钉或螺栓连接）	5～7
在屈服点 或略低于屈服点	焊接钢，预应力混凝土（预应力完全没有损失）	5～7
	预应力混凝土（没有剩余预应力）	7～10
	钢筋混凝土	7～10
	栓接和/或铆接钢，木结构（具有螺栓连接）	10～15
	木结构（具有铆钉连接）	15～20

2. 阻尼在不同软件中的实现

在以 PERFORM-3D 为代表的隐式算法软件中，应用振型阻尼矩阵或瑞雷阻尼都较为方便。两类阻尼矩阵可分别单独应用，也可结合一起应用。为了节约计算时间，通常用初始弹性刚度矩阵直接形成瑞雷阻尼矩阵或计算结构的初始线弹性自振周期与振型间接形成振型阻尼矩阵，两类阻尼矩阵都不随时间变化，虽然理论上可以采用弹塑性响应过程中更新后的结构弹塑性总体刚度矩阵。将线弹性响应阶段的振型阻尼矩阵用于弹塑性响应阶段，是一种近似方法，因为结构进入弹塑性阶段工作后，自振周期延长，振型形状也出现变化。如果用瑞雷阻尼矩阵，对于刚度阻尼项 βK 必须加以关注，特别是用纤维模型模拟的混凝土单元的刚度阻尼项，如用纤维模型模拟的钢筋混凝土柱和剪力墙单元等。这类单元的混凝土纤维在初始线弹性响应阶段假设为尚未开裂，开裂后单元刚度显著下降，继续用单元开裂前的刚度矩阵就会过高估计与此类单元相关的阻尼力与能耗。PERFORM-3D 解决此问题的方法是将混凝土纤维单元的刚度阻尼项系数 β 进行折减[24]。Powell 教授在文献 [24] 中建议在隐式算法软件中实施阻尼矩阵的方法是将振型阻尼与瑞雷阻尼中的刚度阻尼项 βK 结合一起来应用，以振型阻尼为主为其所涵盖的振型施加所需阻尼，辅之以很低阻尼比的 βK 阻尼项，来解决振型阻尼矩阵中不涵盖的高振型无阻尼这一问题，为这些高振型施加少量阻尼。

在以 ABAQUS 与 LS-DYNA 为代表的显式分析计算中，实施刚度阻尼项 βK 会大量增加计算成本，不符合工程实际的需要。其原因是显式算法是有条件的稳定算法，其稳定积分时间步长由分析模型中的最高振型的频率 ω_{max} 与阻尼比 ξ_{max} 控制，如下式：

$$\Delta t \leqslant \frac{2}{\omega_{max}}(\sqrt{1+\xi_{max}^2} - \xi_{max})$$

式中：Δt——稳定积分时间步长；

ω_{max}——最高振型的频率；

ξ_{max}——最高振型的阻尼比。

因为刚度阻尼项的阻尼比与频率成正比，且结构分析模型中最高振型的频率通常比基本振型的频率高几个数量级，引入刚度阻尼项 βK 后显式算法的稳定时间步长往往会短到计算时间过长、不切实际的程度。如某结构分析模型的最高振型的频率是其基本振型频率的 1000 倍，引入刚度阻尼项后，基本振型的阻尼比设定为 0.01，最高振型的阻尼比为 10.0，稳定积分时间步长是无阻尼情况下的 $(\sqrt{1+10^2}-10)\approx0.05$ 倍。应用质量阻尼项 αM 则可避免此问题。在同一结构模型中引入质量阻尼，同样设定基本振型的阻尼比为 0.01，因为质量阻尼方法的阻尼比与频率成反比，最高振型的阻尼比是基本振型阻尼比的 0.00001。此时稳定积分时间步长是无阻尼情况下的 $\sqrt{1+10^{-10}}-10^{-5}\approx0.99999$ 倍，即基本不变。所以在显式算法中，应用质量阻尼项 αM 比较方便。但是必须关注的是，由图 5.4-23 可知，由于质量阻尼随着自振频率增大将迅速减小，仅考虑质量阻尼将导致高阶振型的阻尼偏小，过高估计了高阶振型的响应，结果将偏保守。为了克服显式算法这一不足之处，在 LS-DYNA 中对显式算法软件中的阻尼方法进行了改进，引入了振型阻尼矩阵。其方法是振型阻尼矩阵基于振型阻尼比确定，且在求解第 n 步时刻的动力平衡方程、计算第 n 步时刻的节点加速度向量时，第 n 步时刻的节点速度向量 $\dot{u}_n$ 近似采用前半步的速度向量 $\dot{u}_{n-1/2}$ 代替，将振型阻尼力作为已知外力，施加在结构质点上。因此显式算法仍然成立，且不会改变求解时间步长。

5.4.5 阻尼模型的敏感性

由式（5.4-2）可以看出，阻尼矩阵 C 仅能确保 2 个振型（图 5.4-23 中 T_A、T_B）的阻尼为 5%（对混凝土材料而言）。由图 5.4-23 可见，在 $T_A\sim T_B$ 区间阻尼比小于 5%，结构计算在此区间的阻尼估算偏低，结构响应偏大，可能导致设计偏于保守，但满足工程结构一般性分析精度；在 $0\sim T_A$ 区间，结构计算在此区间的阻尼估算偏大，结构响应偏小。在显式动力分析中，由于仅能考虑质量阻尼的影响，因而会低估高频振动部分的阻尼，分析结果偏于保守。

为分析宏观指标基底剪力与位移角对阻尼模式的敏感性，本节基于 PERFORM-3D 程序采用两阻尼模式进行对比分析：（1）瑞雷阻尼模型；（2）仅考虑质量阻尼。阻尼模型参数设置如图 5.4-24 所示。

结构算例模型如图 5.4-25 所示，为框架—核心筒结构体系，高度约 160m，梁柱构件均采用塑性铰模型，剪力墙采用纤维截面模型，加速度最大值为 220gal，持时 20s。

算例表明，高振型阻尼比主要影响结构中上部楼层的层间变形，个别楼层的最大差异约为 25%（图 5.4-26），不同的阻尼模式对基底剪力峰值响应影响较小（图 5.4-26）。基于仅考虑质量阻尼模式的计算结果，结构变形指标明显较大，结果偏保守。

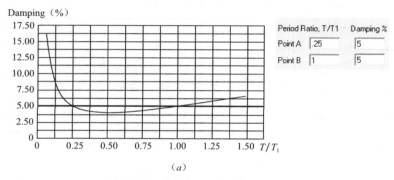

图 5.4-24 阻尼模型参数设置（一）

（a）瑞雷阻尼模型

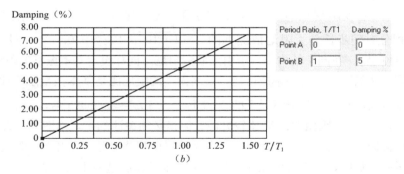

图 5.4-24 阻尼模型参数设置（二）

（b）仅质量阻尼

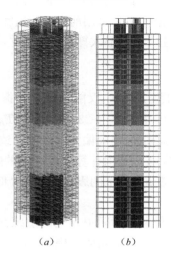

（a）   （b）

图 5.4-25 计算模型

（a）轴侧图；（b）立面图

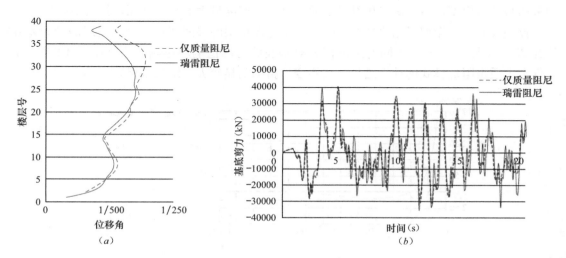

（a）   （b）

图 5.4-26 宏观指标对阻尼模型的敏感性

（a）位移角；（b）基底剪力时程

5.4.6　结构耗能能力

地震激励的输入过程也是地震能量的输入过程，而结构的耗能能力是影响结构在地震作用下抗震性能的重要因素。增加结构的耗能能力，会增加地震的输入能，但可以有效提高结构的抗震性能。以单质点体系进行定性分析为例，结构动力平衡方程如下：

$$m\ddot{y} + c\dot{y} + ky = -m\ddot{u} \qquad (5.4\text{-}4)$$

假设对结构体系输入简谐波 $\ddot{u} = A\sin\omega t$ 的激励，按照如下 3 种方式考虑结构的输入能。

1. 弹性无阻尼体系

根据动力学知识，质点的位移方程 $y = B\sin\omega t$，代入公式并积分求得能量：

$$\text{输入外能} = -\int m\ddot{u}\,\mathrm{d}y = -\int_0^{nT} mA\sin\omega t \cdot \omega B\cos\omega t\,\mathrm{d}t = 0$$

$$\text{结构内能} = \int m(\ddot{y} + ky)\mathrm{d}y = \int_0^{nT} -mB\omega^2\sin\omega t \cdot \omega B\cos\omega t\,\mathrm{d}t + \int_0^{nT} kB\sin\omega t \cdot B\cos\omega t = 0$$

式中，$T = \dfrac{2\pi}{\omega}$。由上式的推导过程可以得出，动力荷载对于无阻尼弹性结构体系做功为 0，即不会向系统输入能量。

2. 弹性有阻尼系统

根据动力学可得质点的位移方程 $y = B\sin(\omega t + \varphi)$，代入公式并进行积分，得出外荷载所做的功等于阻尼耗散的能量：

$$\int (m\ddot{y} + c\dot{y} + ky)\mathrm{d}y = -\int m\ddot{u}\,\mathrm{d}y = \int_0^{nT} c\dot{y}\,\mathrm{d}y = n\int_0^T c\dot{y}\,\mathrm{d}y$$

$$= n\int_0^T c \cdot B\omega\cos(\omega t + \varphi) \cdot \omega A\cos(\omega t + \varphi)\mathrm{d}t = nW_c \neq 0$$

因为结构为有阻尼系统，简谐荷载不断向结构输入能量，输入能被阻尼耗散，每一个循环周期输入能为 W_c。

3. 弹塑性有阻尼系统

因为刚度的动态变化，质点位移不能再用三角函数表示，但因为简谐荷载的周期性，位移响应仍然具有周期性特征，尤其在荷载激励的稳态阶段，故可得：

$$\int (m\ddot{y} + c\dot{y} + F)\mathrm{d}y = -\int m\ddot{u}\,\mathrm{d}y = \int_0^{nT} (c\dot{y} + F)\mathrm{d}y = n\int_0^T c\dot{y}\,\mathrm{d}y$$

$$= n\int_0^T c \cdot B\omega\cos(\omega t + \varphi) \cdot \omega A\cos(\omega t + \varphi)\mathrm{d}t + n\int_0^T F \cdot \omega A\cos(\omega t + \varphi)\mathrm{d}t = nW_c + nW_p \neq 0$$

式中，$F = k_D y$，k_D 为动态刚度；W_p 为每一个循环周期塑性耗能。

从以上推导过程可得，对于弹性无阻尼系统，外荷载是不做功的；在有阻尼系统中，阻尼或塑性的吸能特性会导致动力荷载在激励过程中不断向系统输入能量。因而，若一个结构没有任何阻尼或者塑性耗能能力，外荷载将难以向系统输入能量。

建立如图 5.4-27 所示 6 层框架结构的力学模型，层高 4m，柱网间距 8.4m，梁截面尺寸 400mm×600mm，柱截面尺寸 550mm×550mm，材料等级混凝土 C30，钢筋 HRB400。

A 模型：梁、柱构件采用纤维截面模型模拟，梁组件拼装定义轴向释放。

B 模型：梁、柱构件力学行为定义为弹性。

2 个模型均采用刚性板假定，阻尼模型、地震波及输入方式完全统一，加速度幅值取 220gal，计算持时 20s。

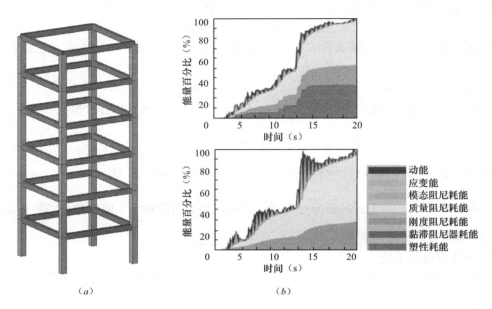

图 5.4-27　结构模型及地震能量

(a) 结构模型；(b) 地震能量

从图 5.4-27 中可以得出，非弹性模型 A 地震输入能约为 123kN·m，弹性模型 B 地震输入能约为 75kN·m（表 5.4-3）。结构耗能能力越强，则地震输入能量会增加，这是相对不利的一面。但由于构件塑性耗能比阻尼能更加有效地减弱结构动力激励下的内力响应，结构的动能和加速度响应呈下降趋势（表 5.4-3）。

增加结构耗能能力，除了利用结构构件本身的塑性耗能能力以外，还可以采用其他耗能产品，如以屈曲约束支撑为代表的位移型耗能产品，以黏滞阻尼器为代表的速度型耗能产品。

宏观地震响应对比		表 5.4-3
比较指标	模型 A	模型 B
总地震输入能（kN·m）	123	75
动能峰值	18	31
顶点加速度峰值	0.37	0.42
顶点位移峰值	101	103
基底剪力时程峰值（kN）	419	782
基底倾覆力矩时程峰值（kN·m）	7055	11620

5.4.7　延性设计与抗震性能指标

延性包括材料、截面、构件、结构四个层次。所谓延性，是指屈服后强度或承载力没有明显降低的塑性变形能力，通常以延性系数度量延性的大小：

$$\mu = \Delta_u / \Delta_y \tag{5.4-5}$$

式中　Δ_u、Δ_y——分别为变量的极限值和屈服值，该变量可以为材料的应变、截面的曲率、构件和结构的转角或位移。

截面、构件、结构的延性来自材料的延性，即材料的塑性变形能力。材料应变延性系数可以定义为：

$$\mu_\epsilon = \epsilon_u / \epsilon_y \tag{5.4-6}$$

式中　μ_ϵ——材料延性系数；

ϵ_u、ϵ_y——分别为材料的极限应变和屈服应变。

抗震结构用钢筋与钢材具有明显的屈服点、屈服平台和应变硬化段，伸长率≥15%基本可保证具有足够的材料变形能力。非约束混凝土的单轴受压应变延性与强度等级相关，高强混凝土的应力—应变曲线较普通混凝土的下降段陡，表现出脆性，材料延性降低。工程设计中通常采用箍筋或钢管约束混凝土，可明显提高核心区混凝土应变延性，现行《混凝土结构设计规范》GB 50010—2010 的最小配箍特征值便是综合考虑混凝土强度、箍筋强度及体积配箍率所设定的改善混凝土应变延性的设计参数。

以弯曲变形为主的构件进入屈服状态后，塑性铰的转动能力与单位长度上截面曲率延性直接相关。截面曲率延性系数计算公式为：

$$\mu_\phi = \phi_u / \phi_y \tag{5.4-7}$$

式中　μ_ϕ——截面曲率延性系数；

ϕ_u、ϕ_y——分别为截面的极限曲率和屈服曲率。

影响钢构件截面曲率延性的主要因素有杆件宽厚比、应力比，而影响混凝土构件的因素则较多，如轴压比、剪跨比、剪压比、弯剪比、混凝土强度和箍筋配置等。

截面曲率在截面上的积分得到截面转角，截面转角在构件长度的积分得出构件位移，构件位移延性系数可表达为：

$$\mu_\Delta = \Delta_u / \Delta_y \tag{5.4-8}$$

式中　μ_Δ——构件位移延性系数；

Δ_u、Δ_y——分别为构件的极限位移和屈服位移。

构件的塑性变形主要集中于两端的塑性铰区，截面曲率延性系数应不低于构件的位移延性系数，从而确保大震作用下构件不失效。

结构位移延性可以用顶点位移延性系数和层间位移延性系数度量，顶点位移延性系数计算公式与式（5.4-8）相同，层间位移延性系数则按下式计算：

$$\mu_{\Delta u} = \Delta u_u / \Delta u_y \tag{5.4-9}$$

式中　$\mu_{\Delta u}$——结构层间位移延性系数；

Δu_u、Δu_y——分别为结构的层间极限位移和层间屈服位移。

工程设计中，可采用静力弹塑性方法计算结构的位移延性系数，通过结构的基底剪力—顶点位移曲线和层间剪力—层间位移关系曲线得出位移延性系数，基于此法分析所得延性系数只是一个工程近似解。

结构能达到的弹塑性层间位移角与材料、截面、构件及结构层面的延性相关。例如钢筋混凝框架—剪力墙结构的屈服层间位移角为 1/300，规范弹塑性层间位移角限值为 1/100，换言之，结构的层间位移延性系数必须不小于 3，才有足够富余的塑性变形能力去保证结构不倒塌。从延性系数的定义不难得出，3≤结构位移延性系数≤构件位移延性系数≤截面曲率延性系数≤材料应变延性系数。以混凝土构件为例，混凝土材料因箍筋横向约束作用，材料延性得以明显提高，再控制轴压比、剪压比及剪跨比等指标去保证截面转动能力，从而确保构件、结构层次的延性来满足防倒塌需求。

基于性能化设计指标的结构弹塑性时程计算，通常以变形为控制准则。宏观层次以结构弹塑性层间位移角为指标；微观层次以截面转角、轴向受拉或受压变形为考察指标，因变形易于被结构试验所采集与验证，当然也可采用应变指标去评估结构的性能。

结构中的基本构件可分为两个层次：延性构件（变形控制）与非延性构件（力控制），后者再分为关键性力控制构件（如剪力墙截面受剪）与非关键性力控制构件（如楼板受剪）。

如图 5.4-28 及图 5.4-29 所示，可将基本构件的性能水平分为以下 4 个阶段：OP、IO、LS 和 CP，具体可参考 4.2.2 节相关内容。同时在性能水准定义时将 IO、LS、CP 阶段对应于"小震不坏、中震可修、大震不倒"三个性能水准。

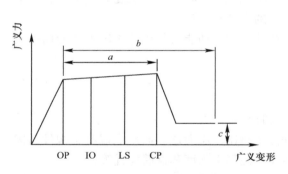

图 5.4-28　延性构件（变形控制）
性能水准阶段

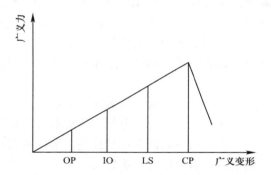

图 5.4-29　非延性构件（力控制）
性能水准阶段

延性构件性能指标如表 5.4-4～表 5.4-7 所示[20-23,63~65]。

材料的应变延性系数可由结构试验得出，截面曲率与截面转角具有一次积分相关性，截面转角能力也是截面曲率延性系数的一种表征形式。

混凝土梁非线性力—变形模型参数及截面转动性能限值（弯曲破坏控制）　表 5.4-4

$\dfrac{(A_s-A_s')f_y}{\varepsilon_b\beta_1 f_c bh_0}$	$\dfrac{V}{0.7f_t bh_0}$	模型参数			允许准则		
		塑性转角		残余强度比	塑性转角（rad）		
		a	b	c	IO	LS	CP
≤0.0	≤0.25	0.025	0.050	0.2	0.010	0.025	0.050
≤0.0	≥0.50	0.020	0.040	0.2	0.005	0.020	0.040
≥0.5	≤0.25	0.020	0.030	0.2	0.005	0.020	0.030
≥0.5	≥0.50	0.015	0.020	0.2	0.005	0.015	0.020

注：表中容许采用线性插值方法得到相应的性能限值。

混凝土柱非线性力—变形模型参数及截面转动性能限值（弯曲破坏控制）　　表 5.4-5

$\dfrac{N}{Af_c}$	$\dfrac{V}{0.7f_tbh_0}$	模型参数			允许准则		
		塑性转角		残余强度比	塑性转角（rad）		
		a	b	c	IO	LS	CP
$\leqslant 0.1$	$\leqslant 3$	0.032	0.060	0.2	0.005	0.045	0.060
$\leqslant 0.1$	$\geqslant 6$	0.025	0.060	0.2	0.005	0.045	0.060
$\geqslant 0.6$	$\leqslant 3$	0.010	0.010	0.0	0.003	0.009	0.010
$\geqslant 0.6$	$\geqslant 6$	0.008	0.008	0.0	0.003	0.007	0.008

注：表中容许采用线性插值方法得到相应的性能限值。

混凝土墙非线性力—变形模型参数及截面转动性能限值（弯曲破坏控制）　　表 5.4-6

构件类型	$\dfrac{N}{Af_c}$	有无边缘构件	$\dfrac{V}{0.7f_tt_wl_w}$	模型参数			允许准则		
				塑性转角		残余强度比	塑性转角（rad）		
				a	b	c	IO	LS	CP
墙肢	$\leqslant 0.1$	有	$\leqslant 4$	0.010	0.020	0.75	0.005	0.015	0.020
	$\leqslant 0.1$	有	$\geqslant 6$	0.009	0.015	0.40	0.004	0.010	0.015
	$\geqslant 0.25$	有	$\leqslant 4$	0.005	0.012	0.60	0.003	0.009	0.012
	$\geqslant 0.25$	有	$\geqslant 6$	0.008	0.010	0.30	0.0015	0.005	0.010
连梁	斜向 X 形配筋	无	$\leqslant 3$	0.025	0.050	0.75	0.010	0.025	0.050
			$\geqslant 6$	0.020	0.040	0.50	0.005	0.020	0.040
	有		—	0.030	0.050	0.80	0.006	0.030	0.050

注：表中容许采用线性插值方法得到相应的性能限值。

钢构件非线性力—变形模型参数及性能限值　　表 5.4-7

构件类型	模型参数			允许准则		
	塑性转角		残余强度比	塑性转角（rad）		
	a	b	c	IO	LS	CP
钢梁—弯曲变形						
$\dfrac{b}{t}\leqslant\dfrac{104}{\sqrt{f_y}}$ 且 $\dfrac{h_0}{t_w}\leqslant\dfrac{418}{\sqrt{f_y}}$	$9\theta_y$	$11\theta_y$	0.6	$1\theta_y$	$9\theta_y$	$11\theta_y$
$\dfrac{b}{t}\geqslant\dfrac{130}{\sqrt{f_y}}$ 或 $\dfrac{h_0}{t_w}\geqslant\dfrac{640}{\sqrt{f_y}}$	$4\theta_y$	$6\theta_y$	0.2	$0.25\theta_y$	$3\theta_y$	$4\theta_y$
钢柱—弯曲变形						
$N/N_0\leqslant 0.2$						
$\dfrac{b}{t}\leqslant\dfrac{104}{\sqrt{f_y}}$ 且 $\dfrac{h_0}{t_w}\leqslant\dfrac{300}{\sqrt{f_y}}$	$9\theta_y$	$11\theta_y$	0.6	$1\theta_y$	$9\theta_y$	$11\theta_y$
$\dfrac{b}{t}\geqslant\dfrac{130}{\sqrt{f_y}}$ 或 $\dfrac{h_0}{t_w}\geqslant\dfrac{460}{\sqrt{f_y}}$	$4\theta_y$	$6\theta_y$	0.2	$0.25\theta_y$	$3\theta_y$	$4\theta_y$
$0.2<N/N_0\leqslant 0.5$						
$\dfrac{b}{t}\leqslant\dfrac{104}{\sqrt{f_y}}$ 且 $\dfrac{h_0}{t_w}\leqslant\dfrac{260}{\sqrt{f_y}}$	详注 3	详注 4	0.2	$0.25\theta_y$	详注 5	详注 3
$\dfrac{b}{t}\geqslant\dfrac{130}{\sqrt{f_y}}$ 或 $\dfrac{h_0}{t_w}\geqslant\dfrac{400}{\sqrt{f_y}}$	$1\theta_y$	$1.5\theta_y$	0.2	$0.25\theta_y$	$1.2\theta_y$	$1.2\theta_y$

续表

构件类型		模型参数			允许准则		
		塑性转角		残余强度比	塑性转角（rad）		
		a	b	c	IO	LS	CP
偏心支撑体系耗能梁段							
	$e \leqslant 1.6M_P/V_P$	0.15	0.17	0.8	0.005	0.14	0.16
	$e \geqslant 2.6M_P/V_P$	与钢梁一弯曲变形相同					
防屈曲钢板剪力墙							
	满足防屈曲设计门槛需求	$14\theta_y$	$16\theta_y$	0.7	$0.5\theta_y$	$13\theta_y$	$15\theta_y$
支撑受压（不包含偏心支撑）							
H 型	$\lambda \leqslant 2.1 \sqrt{E/f_y}$	$1\Delta_c$	$8\Delta_c$	0.5	$0.5\Delta_c$	$7\Delta_c$	$8\Delta_c$
	$\lambda \geqslant 4.2 \sqrt{E/f_y}$	$0.5\Delta_c$	$10\Delta_c$	0.3	$0.5\Delta_c$	$8\Delta_c$	$10\Delta_c$
圆钢管	$\lambda \leqslant 2.1 \sqrt{E/f_y}$	$1\Delta_c$	$7\Delta_c$	0.5	$0.5\Delta_c$	$6\Delta_c$	$7\Delta_c$
	$\lambda \geqslant 4.2 \sqrt{E/f_y}$	$0.5\Delta_c$	$9\Delta_c$	0.3	$0.5\Delta_c$	$7\Delta_c$	$9\Delta_c$
支撑受拉（不包含偏心支撑）							
H 型	—	$10\Delta_t$	$13\Delta_t$	0.6	$0.5\Delta_t$	$10\Delta_t$	$13\Delta_t$
圆钢管	—	$8\Delta_t$	$9\Delta_t$	0.6	$0.5\Delta_t$	$7\Delta_t$	$9\Delta_t$
钢梁、钢柱受拉（不包含偏心支撑所在的梁、柱）							
—		$5\Delta_t$	$7\Delta_t$	1.0	$0.5\Delta_t$	$6\Delta_t$	$7\Delta_t$

注：1. 表中容许采用线性插值方法得到相应的性能限值；
　　2. 对于钢柱（箱形与圆钢管截面）板件宽厚比 b/t，宜以 110 替代 104，190 替代 130；
　　3. 塑性旋转角＝$11(1-1.7N/N_0)\theta_y$；
　　4. 塑性旋转角＝$17(1-1.7N/N_0)\theta_y$；
　　5. 塑性旋转角＝$14(1-1.7N/N_0)\theta_y$；
　　6. θ_y 为截面屈服转角值；Δ_c 为压屈曲时轴向变形值；Δ_t 为拉屈服时轴向变形值。

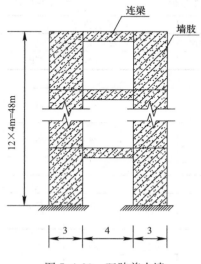

图 5.4-30　双肢剪力墙

图 5.4-30 所示为简单的双肢剪力墙结构，通过对结构进行静力推覆分析可以求解结构的荷载—位移曲线，从而分析结构的材料、截面、构件及整体结构之间延性的相关性。

示例结构为 12 层的平面双肢剪力墙结构，层高 4m，墙肢宽度 3m，连梁跨度 4m。结构墙肢厚度与连梁宽度均为 400mm，材料选用 C30。

采用 PERFORM-3D 软件进行静力推覆分析，假想水平力施加方式为楼层等水平力方式，在数值模型中，按如下方式进行设定：

（1）墙肢采用非线性剪力墙单元；

（2）连梁的塑性铰采用弯矩—转角模型。

假设连梁高度为 800mm 和 1600mm 两种，计算获得对应的荷载—位移曲线，其中荷载值采用基底水平剪力，位移采用顶部角点水平位移。

由图 5.4-31 可以看出，当连梁高度 H＝800mm 时，结构的荷载—位移曲线有明显的屈服段，结构的延性系数值约为 2.0。当连梁高度 H＝1600mm 时，结构的荷载—位移曲线没有明显的屈服段。尽管连梁高度增加，结构的极限承载力得到提高，然而结构的破坏呈现为脆性，不符合延性设计的要求。同时，减小连梁高度，结构在屈服后其刚度衰减，周期延长，将有利于减小地震作用。

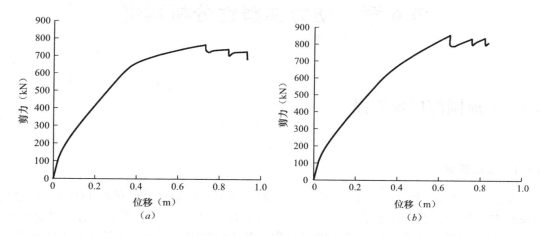

图 5.4-31　荷载—位移曲线

(a) 连梁高度 $H=800$mm；(b) 连梁高度 $H=1600$mm

第6章 动力弹塑性分析案例

6.1 太原国海广场工程

6.1.1 工程概况

太原国海广场工程（图 6.1-1）位于山西省太原市。项目用地面积约 13100m²，建筑面积约 257000m²，其中地上面积 216000m²，地下面积 41000m²。建筑共设有 4 层地下室，地上 75 层，低区主要为办公区及公寓式办公，高区为酒店。本项目建筑方案由伍兹贝格建筑设计公司完成，设计方为太原市建筑设计研究院，中衡设计为项目方案及扩初阶段结构顾问并提供独立的第三方大震时程分析校核。本工程在 2013 年通过了超限工程抗震专项审查，并在之后进行了进一步优化。

(a)   (b)   (c)

图 6.1-1 太原国海广场工程效果图

塔楼建筑总高为 309.850m，其中结构大屋面高度为 303.900m。工程所在地区抗震设防烈度为 8 度（0.20g），设计地震分组为第一组，场地类别Ⅲ类，特征周期为 0.45s。结构主要由两道抗震防线组成，第一道为混凝土核心筒，第二道为钢管混凝土外框架结构（图 6.1-2）。

结构采用外钢（钢管混凝土柱）框架＋钢筋混凝土内筒混合体系，标准层平面布置如图 6.1-3 所示，利用避难层在 35、50、64 层设置 3 道环向桁架以改善结构的抗侧性能，提高外框架的整体作用，环向桁架的斜腹杆采用方钢管（图 6.1-4）。

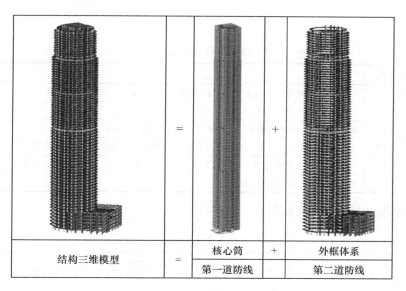

结构三维模型	=	核心筒	+	外框体系
		第一道防线		第二道防线

图 6.1-2　结构体系

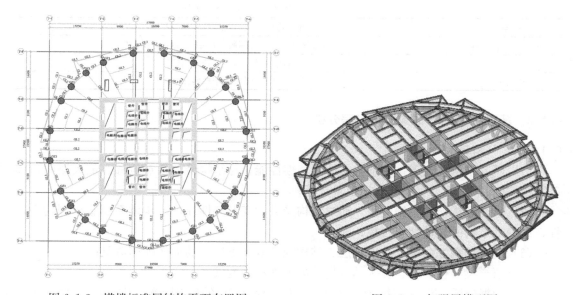

图 6.1-3　塔楼标准层结构平面布置图　　　　　图 6.1-4　加强层模型图

　　塔楼外框柱间距不等，采用了不同外径以保证外框柱在重力荷载作用下压缩变形趋于一致。结构柱截面为 $\phi2300\times50\sim\phi1300\times30$，内填 C60 自密实混凝土。核心筒外圈剪力墙厚度为 $1200\sim500$mm，内部剪力墙厚度为 $800\sim350$mm，$1\sim25$ 层暗柱中埋设型钢柱，混凝土强度等级 C60。楼面钢梁、环梁、内埋型钢及钢管混凝土柱外钢管采用 Q345B 钢材。

　　参考《建筑抗震设计规范》GB 50011—2010、《高层建筑混凝土结构技术规程》JGJ 3—2010 和《超限高层建筑工程抗震设防专项审查技术要求》等相关规范条例，结构属于高度超限和四项一般不规则的超限高层建筑结构（表 6.1-1），同时结构高度超过 300m，因此采用两个程序（ABAQUS 和 MIDAS Building 软件）进行罕遇地震作用下的弹塑性时程分析。

结构超限项目汇总 表 6.1-1

序号	不规则类型	描述	实际值
1	房屋高度	8 度型钢（钢管）混凝土框架—钢筋混凝土核心筒：150m	303.900m
2a	扭转不规则	考虑偶然偏心的扭转位移比大于 1.2	1.32
2b	偏心布置	偏心率大于 0.15 或相邻层质心相差大于相应边长 15%	15.3%
3	楼板不连续	有效宽度小于 50%，开洞面积大于 30%，错层大于梁高	有效宽度：X—51%，Y—45%
4	刚度突变	相邻层刚度变化大于 70% 或连续三层变化大于 80%	刚度比 0.68（65 层）
5	承载力突变	相邻层受剪承载力变化大于 80%	73%（49 层）

结构大震作用下性能目标如表 6.1-2 所示。

大震性能目标 表 6.1-2

项 目	性能目标
层间位移角	≤1/110
核心筒	混凝土受压应变≤1 倍峰值压应变 钢筋拉应变≤3 倍屈服应变 剪切应变≤1 倍屈服剪应变
框架柱	允许弯曲屈服，但塑性转角≤IO
环带桁架钢支撑	允许部分压屈曲或拉屈服，但塑性轴向变形≤IO
连梁	弯曲屈服，但塑性转角≤CP
楼面钢梁	允许弯曲屈服，但塑性转角≤LS

6.1.2 基于 ABAQUS 的弹塑性时程分析

6.1.2.1 分析目的

（1）研究结构在大震作用下的整体弹塑性性能，对结构最大顶点位移、最大层间位移（角）和基底最大剪力等指标作出定量计算；

（2）研究结构塑性发展过程，通过结构受力和变形特性评价结构体系屈服机制的合理性，以论证结构的设计性能目标；

（3）研究结构加强层及其周边层、结构顶部等关键区域的损伤破坏情况；

（4）研究梁、柱、墙、板等结构构件的塑性损伤发展；

（5）根据分析结果，针对结构薄弱部位和构件提出相应的加强措施，以指导施工图设计。

6.1.2.2 分析方法

本工程采用直接积分法显式计算，在模拟结构地震力作用下的弹塑性反应时同时考虑几何和材料非线性。

（1）几何非线性：计算中考虑"$P-\Delta$"、大变形和非线性屈曲等效应；

（2）材料非线性：直接在材料应力—应变本构层面上对钢材和混凝土的弹塑性性能进行模拟，可表现构件的整个塑性发展过程。

6.1.2.3 材料本构和单元选择

结构中涉及混凝土和钢材两类基本材料，分别采用塑性损伤模型（可考虑混凝土材料拉压强度差异、刚度及强度退化以及拉压循环裂缝闭合呈现的刚度恢复等）和运动硬化模型（可考虑包兴格效应）；其中墙板等壳单元采用软件自带模型（Concrete Damaged Plasticity），梁、柱和斜撑等梁单元通过对应的自定义材料子程序 BEAM_FIBER（VUMAT）来实现，具体描述见 2.2 节相关内容。

本构定义中，钢材切线模量取弹性模量的 0.01 倍；图 6.1-5 为普通混凝土 C40 在 ABAQUS 中损伤模型的输入值表现；表 6.1-3 为结构中钢管混凝土柱核心混凝土参数。

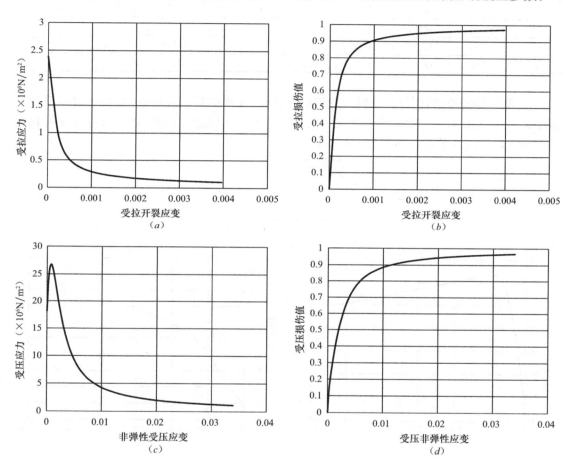

图 6.1-5　普通混凝土 C40 塑性损伤模型
(a) 受拉应力—开裂应变；(b) 受拉损伤—开裂应变；(c) 受压应力—非弹性应变；
(d) 受压损伤—非弹性应变

钢管混凝土柱核心混凝土参数　　　　　　　　　　　表 6.1-3

编号	混凝土等级	钢管等级	直径(m)	管壁厚度(m)	含钢率 α	约束效应系数 ξ	ε_0	σ_0 ($\times10^6\mathrm{N/m^2}$)
A20	C60	Q345	2	0.05	10.8%	0.968	0.004223	63.2
A19	C60	Q345	1.9	0.05	11.42%	1.023	0.004248	63.8
A18	C60	Q345	1.8	0.05	12.11%	1.085	0.004275	64.5
A17	C50	Q345	1.7	0.04	10.12%	1.078	0.003809	52.9
A16	C50	Q345	1.6	0.04	10.8%	1.15	0.003835	53.5

续表

编号	混凝土等级	钢管等级	直径（m）	管壁厚度（m）	含钢率 α	约束效应系数 ξ	ε_0	σ_0（$\times 10^6 N/m^2$）
A15	C50	Q345	1.5	0.04	11.59%	1.234	0.003863	54.3
A141	C50	Q345	1.4	0.03	9.16%	0.975	0.003769	51.9
A142	C40	Q345	1.4	0.03	9.16%	1.179	0.003469	44.3
A13	C40	Q345	1.3	0.03	9.91%	1.276	0.003497	45.1
A12	C40	Q345	1.2	0.03	10.8%	1.391	0.003528	45.9
A11	C40	Q345	1.1	0.03	11.87%	1.528	0.003563	46.9

以 A20 编号的钢管混凝土柱核心混凝土为例，其约束效应系数 $\xi < 1.12$，材料应力—应变关系见公式（5.2-22）。参考 2.4.1 节，通过 Sidiroff 能量等价原理，即可计算得到受压损伤值与压应变关系，如图 6.1-6 所示。

$$d_c = \begin{cases} 1 - \sqrt{\dfrac{\sigma_0(2-x)}{E_0\varepsilon_0}} & x \leqslant 1 \\ 1 - \sqrt{\dfrac{\sigma_0}{E_0\varepsilon_0[\beta(x-1)^2+x]}} & x > 1 \end{cases} \tag{6.1-1}$$

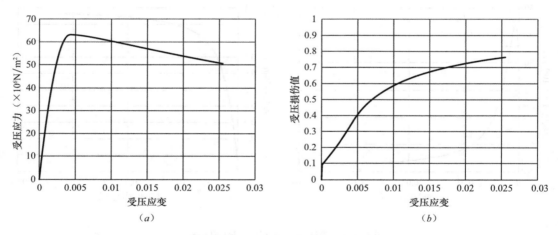

图 6.1-6　A20 编号钢管混凝土柱核心混凝土本构模型

（a）受压应力—应变曲线；（b）受压损伤—应变曲线

模型中的单元选择：梁、柱和斜撑，包括构件内钢筋等，采用三维铁木辛柯梁 B32 单元；对于小于 500mm 的梁单元，为稳定时间步长考虑采用 B31 单元；剪力墙、连梁和板，采用四边形或三角形减缩积分壳单元（S4R/S3R）。

6.1.2.4　阻尼系统

由于 ABAQUS 显式模块中无法使用振型阻尼，故在分析中采用瑞雷阻尼体系。参考 5.4.4 节，瑞雷阻尼分为质量阻尼 α 和刚度阻尼 β 两部分，其与振型阻尼的换算关系为：

$$\xi = \frac{\alpha}{2\omega_A} + \frac{\beta\omega_A}{2} = \frac{\alpha}{2\omega_B} + \frac{\beta\omega_B}{2}$$

式中 ω_A 和 ω_B 分别为结构频段 A 和 B 点的圆频率，本工程取 $\omega_A = 8\pi/T_1$，$\omega_B = 20\pi/9T_1$，其中 T_1 为结构的第一周期。由于刚度阻尼对稳定时间步长影响非常大，由此带来的计算成本过高，无法满足工程的实际要求，故在分析中只考虑质量阻尼，因而高阶振型对应的结构阻尼将偏小，计算结果相比实际情况将偏保守。

本工程中结构在罕遇地震作用下的阻尼比设定为 0.05。

6.1.2.5　地震波选择

按照抗震规范要求，罕遇地震弹塑性时程分析所选用的单条地震波需满足以下频谱特性：

（1）特征周期与场地特征周期接近；

（2）最大有效峰值符合规范要求；

（3）持续时间为结构第一周期的 5～10 倍；

（4）时程波对应的加速度反应谱在结构各周期点上与规范反应谱总体比较吻合。

另外，从弹性时程分析得到的基底最大剪力与反应谱计算剪力尽量接近的角度考虑（《建筑抗震设计规范》5.1.2 条中规定：时程分析时，每条时程曲线计算所得结构底部剪力不应小于振型分解反应谱法计算结果的 65%，多条时程曲线计算所得结构底部剪力的平均值不应小于振型分解反应谱法计算结果的 80%），本工程最终选择一组人工波、两组天然波共三组地震波；每组主次向交换进行两次分析，共计六个时程分析工况（表 6.1-4）；地震波由北京震泰工程技术有限公司提供，采用三向输入，持续时间 35s，主方向地震波峰值为 400gal，图 6.1-7 和图 6.1-8 为人工波 L850－1 的波形及人工波组加速度谱与反应谱对比曲线。

地震时程波输入分析工况　　　　　　　　　　　　　　　表 6.1-4

分析工况	时程波	时程波组合		
		X 向峰值比	Y 向峰值比	Z 向峰值比
GH_001	震泰人工波第一组	1.0	0.85	0.65
GH_002	（L850－1、L850－2、L850－3（竖向））	0.85	1.0	0.65
GH_003	震泰天然波第一组	1.0	0.85	0.65
GH_004	（L0031、L0032、L0033（竖向））	0.85	1.0	0.65
GH_005	震泰天然波第二组	1.0	0.85	0.65
GH_006	（L2623、L2625、L2624（竖向））	0.85	1.0	0.65

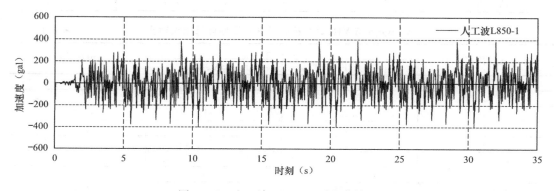

图 6.1-7　人工波 L850－1 时程曲线图

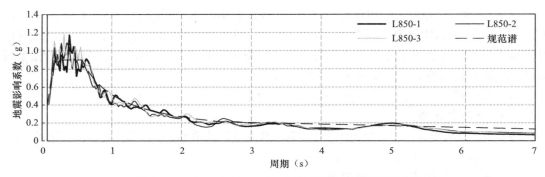

图 6.1-8　人工波 L850 三方向反应谱与规范谱对比图

6.1.2.6　分析步骤

本工程进行弹塑性时程分析的基本步骤为：

（1）基于 YJK 的弹性设计模型，结合其配筋结果和规范构造要求，通过接口软件 STA 转为 ABAQUS 模型；

（2）计算结构初始线弹性特性，与 YJK 模型计算结果对比，保证弹塑性分析模型与原模型的统一性和正确性；

（3）使用施工模拟进行结构重力加载分析，形成结构进行地震加载的初始应力；

（4）输入地震动记录，进行结构罕遇地震作用下的动力响应分析；

（5）结果后处理分析，得出结论和建议。

6.1.2.7　分析结果

1. 线弹性

在对模型进行罕遇地震作用下的动力弹塑性时程分析之前，首先对结构进行初始线弹性动力特性分析，并通过和设计软件 YJK 对比多个计算参数来保证弹塑性模型的合理性。由表 6.1-5～表 6.1-7 可见，ABAQUS 模型与 YJK 模型在结构总质量、质心坐标、周期和振型参与质量系数等指标上都基本吻合。

ABAQUS 与 YJK 计算模型总质量与质心坐标对比　　　表 6.1-5

计算软件	质量（t）	质心坐标（m）		
		X	Y	Z
YJK	344750	30.43	30.69	136.02
ABAQUS	344772	30.37	30.73	135.17

ABAQUS 与 YJK 计算模型前 9 阶周期计算结果对比　　　表 6.1-6

振型阶次	周期（s）		相对误差
	YJK	ABAQUS	
1	5.47	5.69	4.02%
2	5.44	5.61	3.13%
3	3.22	3.71	15.22%
4	1.69	1.78	5.33%
5	1.64	1.70	3.66%
6	1.24	1.38	11.29%
7	0.94	0.99	5.32%
8	0.87	0.91	4.60%
9	0.73	0.80	9.59%

ABAQUS 与 YJK 计算模型前 9 阶质量参与系数结果对比　　　　　表 6.1-7

振型阶次	X 向有效振型参与质量系数			Y 向有效振型参与质量系数		
	YJK	ABAQUS	相对误差	YJK	ABAQUS	相对误差
1	58.63	60.74	3.6%	2.15	0.02	—
2	2.14	0.02	—	58.84	61.58	4.7%
3	0.00	0.01	—	0.00	0.29	—
4	15.81	15.22	3.7%	0.00	0.04	—
5	0.00	0.05	—	15.73	14.2	9.7%
6	0.01	0.03	—	0.01	0.35	—
7	5.19	4.66	10.2%	0.00	0.00	—
8	0.00	0.01	—	6.00	5.42	9.7%
9	0.01	0.01	—	0.00	0.21	—

图 6.1-9 所示为 ABAQUS 模型的前六阶振型图；结构一阶扭转振型周期与一阶平动振型周期之比为 3.71/5.69＝0.65，满足《高层建筑混凝土结构技术规程》第 3.4.5 条扭转周期比不超过 0.85 的规定。

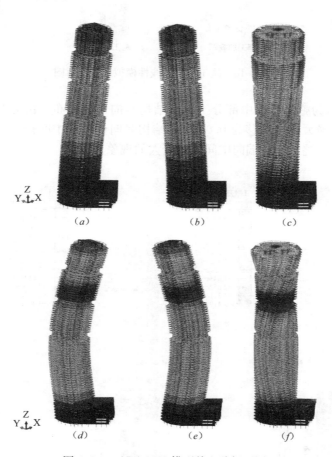

图 6.1-9　ABAQUS 模型前六阶振型图

(a) T_1＝5.69s；(b) T_2＝5.61s；(c) T_3＝3.71s；

(d) T_4＝1.78s；(e) T_5＝1.70s；(f) T_6＝1.38s

2. 施工模拟

ABAQUS 可通过使用"生死单元"来实现施工阶段的结构受力模拟：首先将整个结构模型"杀死"；然后对应施工工况逐步添加各阶段结构构件，赋予构件单元"生"（图 6.1-10）；最终求得结构在施工完成后的应力和变形状态，进而作为初始状态进行时程分析。

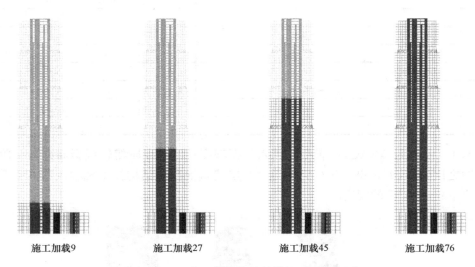

图 6.1-10 施工加载非线性模拟过程示意图

图 6.1-11 所示为施工过程中部分工况的结构竖向位移分布。由分布云图可见，施工加载完毕后结构的最大竖向位移为 0.035m，结构竖向位移在中间楼层较大，低楼层和高楼层区域位移较小，整体呈两端向中间区域变大的现象。

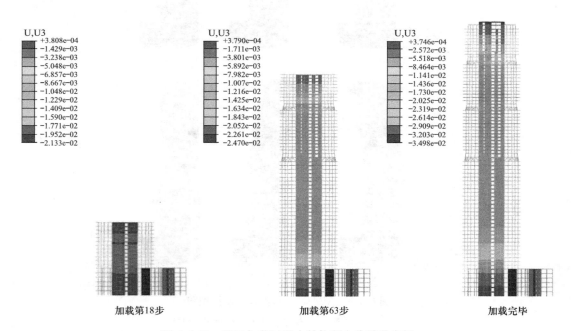

图 6.1-11 施工加载过程中结构竖向位移分布图

图 6.1-12 给出了在施工完成阶段情况下，各层外框架柱和内筒剪力墙的竖向位移随楼层分布以及两者位移差分布图，从图中可见，位移曲线整体呈抛物线状，最大位移都发生在第 39 层；柱的竖向位移大于墙，位移差曲线亦呈现抛物线状，最大差值为 0.007m，发生在第 36 层。

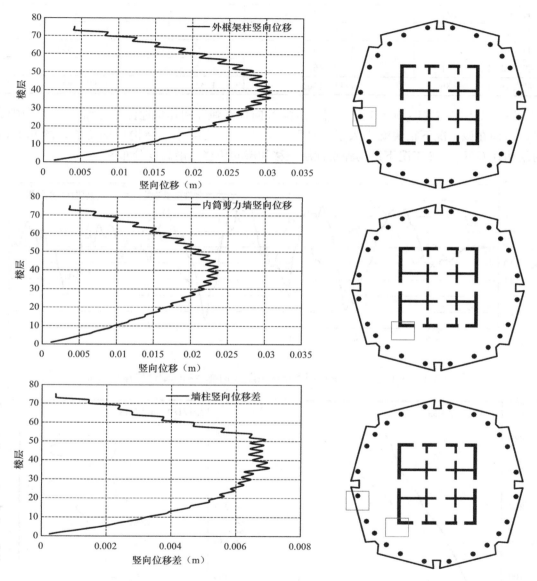

图 6.1-12　施工加载过程中外框柱和内筒墙竖向位移（差）分布图

3. 位移

表 6.1-8 所示为结构在六个不同工况下顶点最大位移和层间最大位移角，从表中可见，结构 X 向最大位移为 1.36m，层间最大位移角为 1/110，位于第 60 层；Y 向顶点最大位移为 1.33m，最大层间位移角为 1/112，位于第 67 层；满足预定性能目标 1/110 的要求。

不同工况下结构顶点最大位移和层间最大位移角　　　　　　表 6.1-8

分析工况	X 向		Y 向	
	最大位移（m）	最大位移角（所在层数）	最大位移（m）	最大位移角（所在层数）
GH＿001	1.01	1/151（44）	1.03	1/143（60）
GH＿002	0.86	1/180（43）	1.33	1/113（54）
GH＿003	1.36	1/110（60）	1.07	1/127（68）
GH＿004	1.15	1/116（59）	1.31	1/112（67）
GH＿005	0.81	1/170（61）	0.96	1/189（53）
GH＿006	0.71	1/192（62）	1.04	1/173（59）
最大值	**1.36**	**1/110（60）**	**1.33**	**1/112（67）**

　　图 6.1-13 为 GH＿002 工况作用下结构 X 向顶点弹性和弹塑性位移时程图，由图中可见，结构在该工况下很快就进入了塑性阶段，由于刚度减小，结构周期变长；图 6.1-14 为结构在 GH＿002 工况下结构弹塑性层位移和层间位移角沿高度分布图。

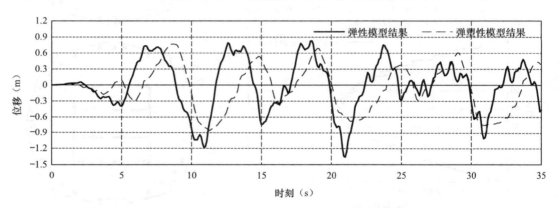

图 6.1-13　GH＿002 工况作用下结构顶点 X 向弹性和弹塑性位移对比曲线

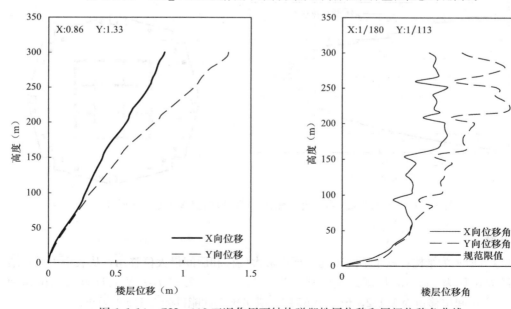

图 6.1-14　GH＿002 工况作用下结构弹塑性层位移和层间位移角曲线

4. 剪力

表 6.1-9 为结构在不同工况下基底最大剪力和对应剪重比，从表中可见，在六个工况下结构基底 X 向最大剪力为 308698kN，剪重比为 9.1%；Y 向最大剪力为 326277kN，剪重比为 9.7%；柱底剪力占比处于 16%～28%。图 6.1-15 为 GH_002 工况作用下结构基底剪力和柱剪力时程曲线图。

结构基底最大剪力和剪重比　　　　　　　　　　　　　　　表 6.1-9

分析工况	X 向			Y 向		
	最大总剪力（kN）	剪重比	柱底剪力（kN）	最大总剪力（kN）	剪重比	柱底剪力（kN）
GH_001	265552	7.9%	64267	282078	8.3%	53448
GH_002	251851	7.5%	60003	326277	9.7%	75202
GH_003	308698	9.1%	86703	239412	7.1%	47821
GH_004	274709	8.1%	56233	277125	8.2%	77848
GH_005	291500	8.6%	54964	223647	6.6%	36201
GH_006	256524	7.6%	46915	250245	7.4%	40500
最大值	**308698**	**9.1%**	—	**326277**	**9.7%**	—

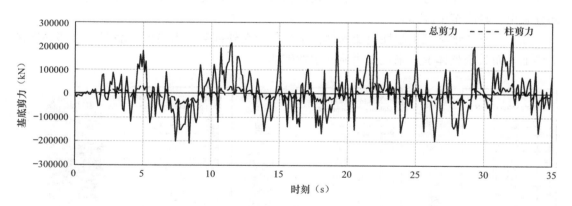

图 6.1-15　GH_002 工况作用下结构 X 向基底剪力和柱剪力时程曲线

5. 能量

地震作用下，地震能量主要通过以下三种途径来消耗或转化：构件非弹性（塑性）耗散能、黏性（阻尼）耗散能和弹性应变能，图 6.1-16 所示为 GH_001 和 GH_002 工况下结构体系能量耗散分布时程图。

从图 6.1-16 中对结构能量的监测可以看出，地震作用初期，能量主要源于静力荷载作用，所以基本都集中于弹性应变能；而随着地震的加剧，地震输入能急剧加大，弹性应变能基本保持不变，结构动能有所增加，而阻尼与塑性耗能随着地震作用的加强开始大幅度增加。总体而言，黏性（阻尼）耗能和非弹性（塑性）耗能消耗了整个地震过程中的大量能量，其中塑性耗散能达到了 50%。

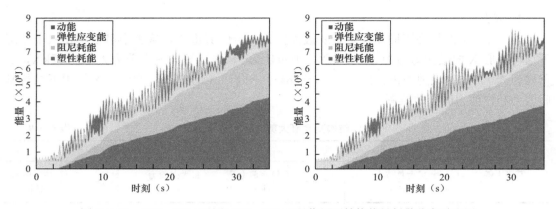

图 6.1-16　GH＿001 工况和 GH＿002 工况作用下结构能量耗散分布时程图

6. 构件（梁、柱、板等）塑性损伤应变

本节对混凝土梁、柱和板在不同工况下的受压损伤，以及混凝土构件中钢筋、结构中钢构件的塑性应变分别做出定量描述，图 6.1-17～图 6.1-20 为 GH＿002 工况作用下结构混凝土梁柱、钢构件和混凝土楼板的损伤分布图。综合各工况可得出以下结论：

（1）对于内筒中的钢筋混凝土梁构件，顶部三层在多工况作用下钢筋和混凝土都出现了较为严重的损坏，对于该部分须加强设计和构造措施；此外，在裙房和塔楼中上部也有部分梁出现轻度至中度损坏。

（2）外框架钢梁发生塑性应变的部位主要集中在外框架与内筒剪力墙四个角部的连接主梁上，而其余整体上并未发生明显的塑性破坏。

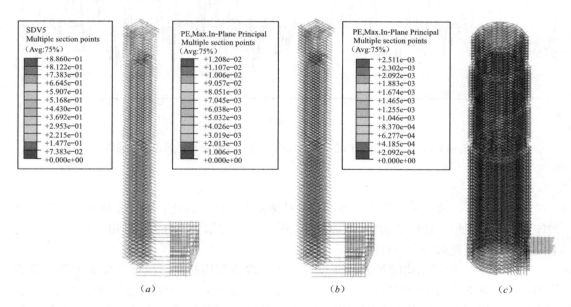

图 6.1-17　GH＿002 工况作用下混凝土梁和钢梁塑性损伤和应变分布图

（a）混凝土梁塑性损伤分布；（b）混凝土梁钢筋塑性应变分布；（c）钢梁塑性应变分布

注：图例中 SDV5 为子程序 BEAM＿FIBER 中设定的第五个状态变量，即混凝土受压损伤值；

PE MAX. In-Plane Principal 为最大主平面塑性应变值；Multiple section points 则代表多截面点；下同。

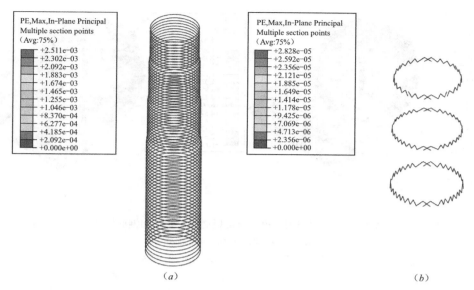

图 6.1-18 GH_002 工况作用下钢环梁和钢环带桁架塑性应变分布图

（a）钢环梁塑性应变分布；（b）钢环带桁架塑性应变分布

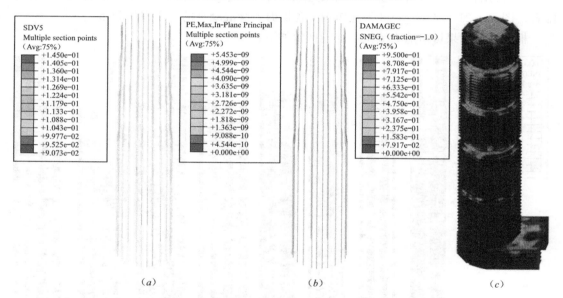

图 6.1-19 GH_002 工况作用下钢管混凝土柱和混凝土板受压损伤和塑性应变分布图

（a）钢管混凝土柱混凝土部分；（b）钢管混凝土柱钢管部分；（c）混凝土板塑性损伤

注：图例中 DAMAGEC 为混凝土受压损伤值，SNEG 相对 SPOS，分别代表面的反面和正面；下同。

（3）外框架环带桁架有个别出现塑性应变，总体而言满足大震不屈服。

（4）外框架钢管混凝土柱仅在个别位置有少量的混凝土受压损伤和钢管塑性应变，具有较大的安全储备。

（5）对于混凝土楼板，在屋面、加强层附近以及裙房处的部分混凝土都出现了轻度、中度甚至比较严重的破坏，而对应的钢筋也出现了一定程度的塑性应变，在后续设计中对应分析结果进行加强。

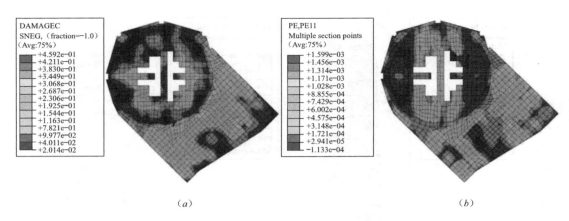

（a）　　　　　　　　　　　　　　　（b）

图 6.1-20　GH＿002 工况作用下第 6 层楼板混凝土受压和钢筋塑性应变分布图

（a）混凝土部分；（b）钢筋部分

注：图例中 PE11 为 1 方向的塑性应变；下同。

7. 剪力墙塑性损伤分布

在剪力墙弹塑性分析模型中，约束边缘构件以及连梁顶部和底部的配筋都采用了集中配置。图 6.1-21 为 GH＿002 工况作用下各榀剪力墙混凝土的受压损伤分布。

根据计算结果可对剪力墙抗震性能评价如下：

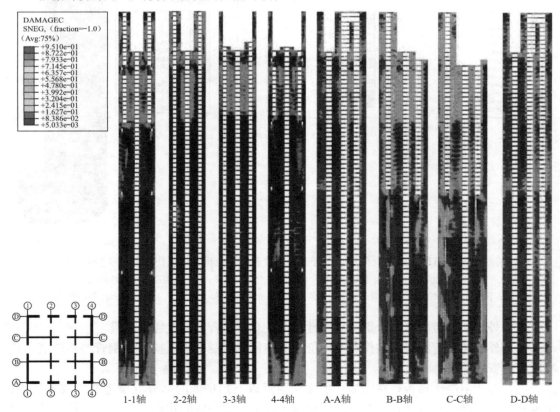

图 6.1-21　GH＿002 工况作用下各榀剪力墙受压操作分布图

（1）连梁作为结构抗震第一道防线，在地震作用下能迅速进入损伤阶段，并在整个地震过程中保持耗能作用；在地震作用后，连梁损伤较大，破坏较为明显，达到耗能设计意图，有效保护了主体墙肢不被严重破坏，结构的整体性保持较好。

（2）剪力墙外墙顶部连梁周围的混凝土出现较大损伤值，内墙在 67 层以上楼板大开洞周围产生了比较严重的受压损伤，在结构后续设计中须加强对这些部分墙肢的配筋。

（3）某些地震工况下结构底部剪力墙出现了一定程度的受压损伤，建议对该部分剪力墙进行加强。

（4）在内墙垂直交叉处，多工况下都出现了较大范围的条状破坏，可能的原因是在此交界处传力复杂，应力较为集中，建议在设计中对该区域的墙肢和边缘构件设计进行加强。

6.1.2.8 结论建议

通过对太原国海广场工程进行六组工况的罕遇地震作用下弹塑性时程分析，主要结构构件损伤情况如表 6.1-10 所示，综合可得如下结论和建议：

主要结构构件损坏情况汇总

表 6.1-10

结构构件	损坏程度			
	轻微损坏	轻度损坏	中度损坏	比较严重损坏
框架柱	个别柱核心混凝土出现受压损伤	无	无	无
框架梁	部分外框架钢梁	外框架钢梁与剪力墙角部连接处	核心筒体内平面中部位置和裙房的少数混凝土梁	核心筒体内顶部三层个别混凝土梁
楼板	多数楼板受拉开裂	部分楼板	加强层附近楼板	屋面板，裙房与塔楼连接处楼板，加强层附近部分楼板
剪力墙	多数墙肢受拉开裂	部分墙肢	连梁附近部分墙肢，底部剪力墙	连梁，墙肢顶部，B-B和 C-C 轴线内墙下半部分

（1）在考虑重力二阶效应及大变形的条件下，结构在地震作用下的最大顶点位移为 1.36m，并最终仍能保持直立，满足"大震不倒"的设防要求。

（2）主体结构层间位移角在五个加强层处有明显的收进，各组地震波作用下的最大弹塑性层间位移角为 1/110，满足规范限值及预定性能目标要求。

（3）连梁作为结构抗震第一道防线，破坏较为明显，达到耗能设计目的。

（4）剪力墙顶部连梁周围的混凝土出现较大损伤值，在 67 层以上楼板大开洞周围产生了较大的受压损伤，建议在后续结构设计中加强对这些部分墙肢的配筋。

（5）在 B-B 和 C-C 轴线内墙，多工况下都出现了明显的条状破坏，可能的原因是剪力墙厚度过渡较明显，内墙在此交界处传力复杂，应力较为集中，建议减缓厚度的过渡，并对该区域的墙肢和边缘构件设计进行加强。

（6）某些工况下结构底部剪力墙出现了一定程度的损伤，建议对该部分加强设计要求。

（7）在屋面板、加强层附近和裙房处的部分混凝土楼板出现了轻度、中度甚至比较严重的破坏，建议在后续设计中分别对应进行加强。

（8）对于钢筋混凝土梁，在顶部三层多工况都出现了较为严重的损坏，对于该区域必须加强设计措施，此外在裙房和塔楼中上部也有部分梁出现一定损坏，需引起重视。

（9）外框架钢管混凝土柱、钢梁和环带桁架仅在个别部位出现了少量的损伤和塑性应变，具有较大的安全储备，故结构整体还有较大的弹塑性变形能力储备，震害较轻，满足抗震性能设计目标要求。

综上，结构在 8 度罕遇地震下满足预期性能目标，抗震性能优于不倒塌，可修复后使用。

6.1.3　基于 MIDAS Building 弹塑性时程分析

6.1.3.1　分析目的

在罕遇地震作用下结构会产生较大的变形，部分构件会进入塑性状态，结构的动力响应呈现出非线性。本工程多项指标超出现行规范、规程，为超限高层结构。结构在大震作用下的动力响应复杂，部分构件非线性效应明显。因此，应考虑构件与结构的非线性来构建计算模型，对结构的非线性效应进行分析，评价其在罕遇地震作用下的抗震性能。具体内容包括：

（1）评价结构在罕遇地震作用下的弹塑性行为，根据主要构件的变形或强度发展深度与分布，以及整体结构弹塑性变形情况，确认结构是否达到"大震不倒"的设防水准要求；

（2）研究结构特点对抗震性能的影响，包括罕遇地震作用下最大层间位移角和最大楼层剪力分布；

（3）考察结构构件在罕遇地震作用下的屈服状态与塑性变形状态，评价结构体系的工作耗能机制；

（4）基于分析结果，针对结构薄弱部位提出相应的加强措施，为后续施工图设计提供参考建议。

6.1.3.2　计算模型

结构弹塑性分析采用 MIDAS Building，计算模型如图 6.1-22 所示。

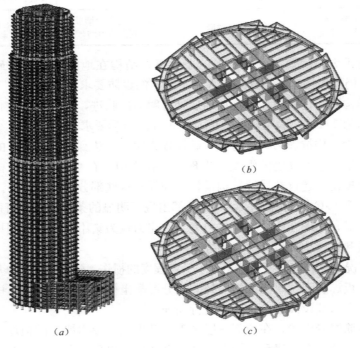

（b）

（a）

（c）

图 6.1-22　基于 MIDAS Building 计算模型

（a）整体；（b）标准层；（c）环带桁架层

1. 非线性墙定义

MIDAS Building 提供了带洞口的基于纤维模型的非线性剪力墙单元，非线性墙构件由多个墙单元构成，每个墙单元又被分割成具有一定数量的竖向和水平向的纤维，每个纤维有一个积分点，剪切特性则计算每个墙单元的四个高斯点位置的剪切变形，如图 6.1-23 所示。考虑到墙单元产生裂缝后，水平向、竖向、剪切方向的变形具有一定的独立性，MIDAS Building 非线性墙单元不考虑泊松比的影响，假设水平向、竖向、剪切变形互相独立。墙单元各成分铰位置如图 6.1-24 所示。

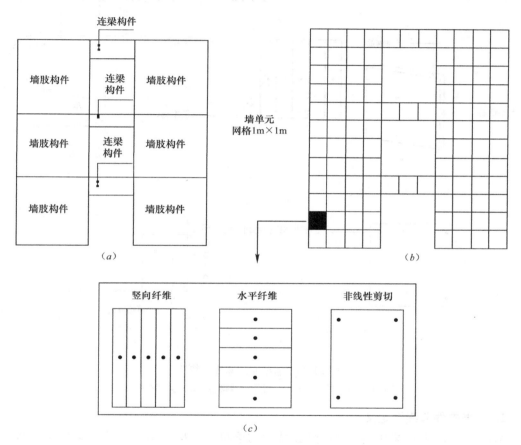

图 6.1-23　非线性墙单元

(*a*) 构件层次；(*b*) 单元层次；(*c*) 纤维层次

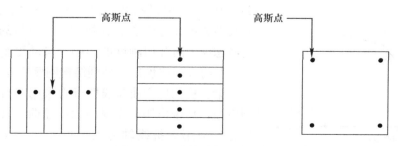

图 6.1-24　墙单元各成分铰位置

本工程混凝土采用《混凝土结构设计规范》附录 C 中的单轴受压应力—应变本构模型；钢筋采用双折线本构模型，屈服后的刚度使用折减刚度；墙单元剪切本构采用三折线模拟。增量步分析中程序会计算各积分点上的应变，然后利用混凝土和钢筋的应力—应变关系分别计算混凝土和钢筋的应力。墙单元非线性特性如图 6.1-25 所示。

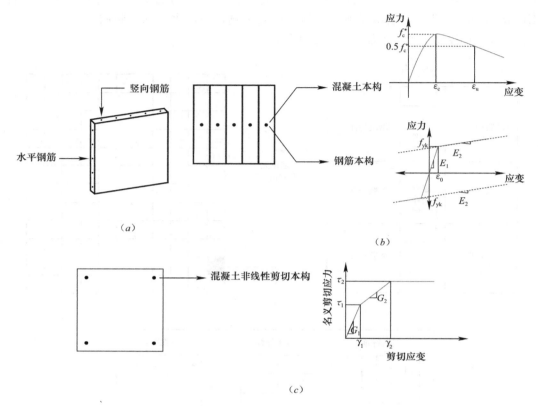

图 6.1-25 墙单元的非线性特性

（a）墙单元的构成；（b）纤维材料模型；（c）剪切本构

2. 一维构件非线性定义

MIDAS Building 采用具有非线性铰特性的梁单元模拟一维构件的力学行为。梁单元公式使用柔度法（flexibility method），在荷载作用下的变形和位移使用小变形和平截面假定理论（欧拉贝努利梁理论，Euler Bernoulli Beam Theory），并假设扭矩、轴力和弯矩成分互相独立。非线性梁单元考虑了 P-Δ 效应，在分析的每个步骤都会考虑内力对几何刚度的影响，自动更新几何刚度矩阵，并将几何刚度矩阵加到结构刚度矩阵中。

梁、柱构件弯曲非线性行为采用双折线塑性铰模型模拟，环带桁架钢支撑的轴压屈曲与轴拉屈服非线性行为采用双折线轴力铰模型模拟。双折线本构如图 6.1-26 所示。

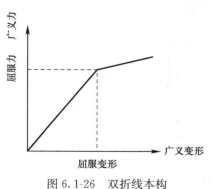

图 6.1-26 双折线本构

6.1.3.3　抗震性能目标

基于一维构件受力状态与构件设计情况，截面塑性变形性能状态定义如图 6.1-27 和表 6.1-11 所示。

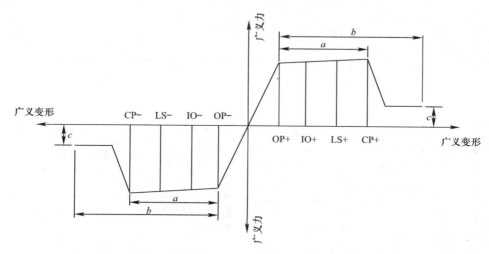

图 6.1-27　截面塑性变形性能状态

一维构件截面塑性变形性能状态　　　　　　　　　　　　　表 6.1-11

构件类型		性能指标		
		IO	LS	CP
框架柱	钢管混凝土柱	0.003	0.010	0.012
	混凝土柱	0.003	0.012	0.015
梁构件	楼面钢梁	$1\theta_y$	$6\theta_y$	$8\theta_y$
	连梁	0.005	0.010	0.012
环带桁架钢支撑	受拉	$0.25\Delta_t$	$7\Delta_t$	$9\Delta_t$
	受压	$0.25\Delta_c$	$4\Delta_c$	$6\Delta_c$

注：θ_y——截面屈服转角值；Δ_c——压屈曲时轴向变形值；Δ_t——拉屈服时轴向变形值。

6.1.3.4　分析步

非线性动力时程分析方法避免了非线性静力推覆分析方法的局限性，可以准确体现高阶振型与竖向地震影响，且可模拟多维地震波激励下结构的动力响应。

重力荷载的施加与地震波的输入将分两步进行：

（1）施加重力荷载代表值（恒载＋50％活载）；

（2）基于第 1 步结构内力及变形，将地震主方向峰值加速度调整为 400gal，按照 1：0.85：0.65 输入地震波激励。

本工程选取了 1 组人工波和 2 组天然波作为弹塑性分析的时程波，加速度主向波形及波谱分析曲线如图 6.1-28 所示。

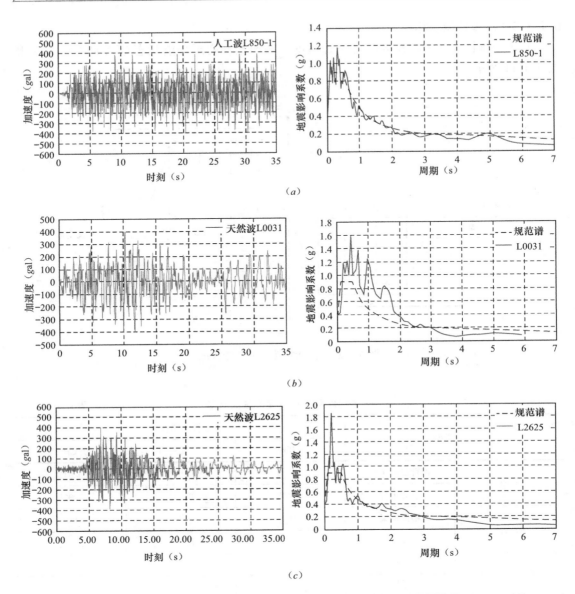

图 6.1-28　各工况主方向罕遇地震波波形及波频谱分析曲线
(a) GH_001 工况；(b) GH_003 工况；(c) GH_005 工况

弹塑性计算结构体系阻尼机制采用瑞雷模型，定义 $T_a/T_1=0.25$ 与 $T_b/T_1=1.25$，T_a 与 T_b 对应的阻尼比取值 0.05。

6.1.3.5　计算分析结果

1. 振型

基于 MIDAS Building 计算出的前 3 阶振型模态如图 6.1-29 所示，MIDAS Building 与 YJK 计算出的前 3 阶周期如表 6.1-12 所示。

结构前 3 阶周期（s）			表 6.1-12
阶数	1	2	3
MIDAS Building	5.62	5.61	3.35
YJK	5.47	5.44	3.22

　　由表 6.1-12 可见，MIDAS Building 与 YJK 计算出的结构周期基本接近，验证了模型的正确性。

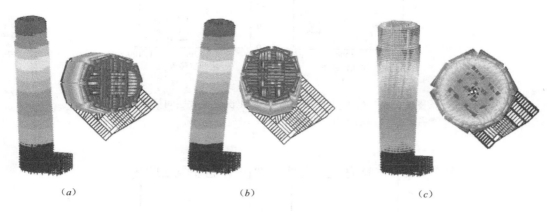

图 6.1-29　结构前 3 阶振型模态
(*a*) 第 1 振型；(*b*) 第 2 振型；(*c*) 第 3 振型

2. 层间位移角
各组地震波作用下结构的最大层间位移角如图 6.1-30～图 6.1-32 所示。

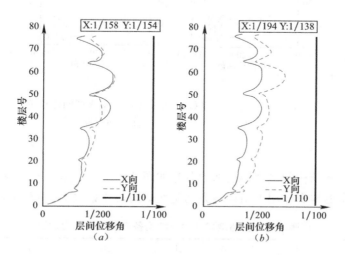

图 6.1-30　GH_001 和 GH_002 工况下最大层间位移角
(*a*) GH_001 工况；(*b*) GH_002 工况

　　结构主体在各组地震波作用下，X 向最大弹塑性层间位移角为 1/135，Y 向最大弹塑性层间位移角为 1/127，满足性能目标要求。

145

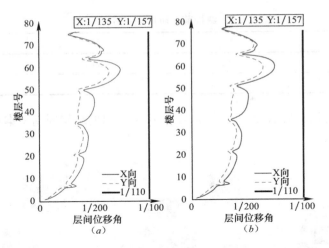

图 6.1-31　GH_003 和 GH_004 工况下最大层间位移角
(a) GH_003 工况; (b) GH_004 工况

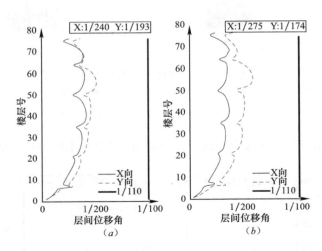

图 6.1-32　GH_005 和 GH_006 工况下最大层间位移角
(a) GH_005 工况; (b) GH_006 工况

3. 楼层剪力

罕遇地震作用下结构的最大楼层剪力分布如图 6.1-33～图 6.1-35 所示。

罕遇地震与多遇地震作用下结构各方向基底剪力对比如表 6.1-13 所示。

罕遇地震与多遇地震作用下结构各方向基底剪力对比 　　　表 6.1-13

地震工况	GH_001	GH_002	GH_003	GH_004	GH_005	GH_006
比值	2.97	3.46	3.36	3.07	2.21	2.47

4. 构件性能状态

（1）剪力墙性能状态

为便于表述，剪力墙轴线编号如图 6.1-36 所示，应变等级定义如图 6.1-37～图 6.1-39 所示。

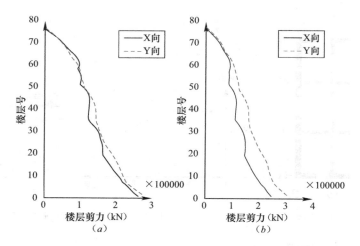

图 6.1-33　GH_001 和 GH_002 工况下最大楼层剪力

(a) GH_001 工况；(b) GH_002 工况

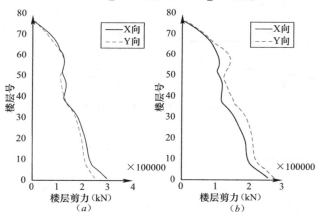

图 6.1-34　GH_003 和 GH_004 工况下最大楼层剪力

(a) GH_003 工况；(b) GH_004 工况

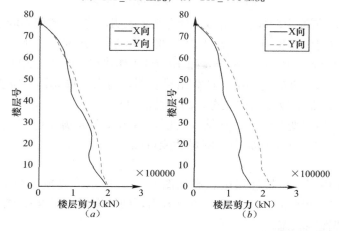

图 6.1-35　GH_005 和 GH_006 工况下最大楼层剪力

(a) GH_005 工况；(b) GH_006 工况

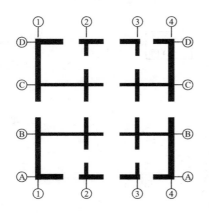

图 6.1-36　剪力墙轴线编号

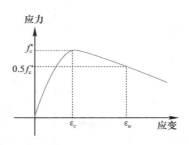

图 6.1-37　混凝土纤维应变等级

应变等级
受压状态 = ε3/3
受拉状态=无

等级	抗压	抗拉
1	0.5	0
2	0.8	0
3	1	0
4	1.5	0
5	3	0

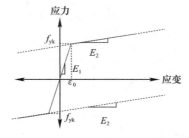

图 6.1-38　钢筋纤维应变等级

应变等级
状态=ε/ε0

等级	抗压	抗拉
1	0.7	0.7
2	1	1
3	2	2
4	4	4
5	8	8

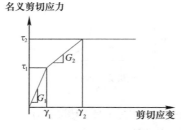

图 6.1-39　剪力墙剪切应变等级

应变等级
理想弹塑性: 状态=γ/γ1
三折线: 状态=γ/γ2

等级	(+)	(-)
1	0.6	0.6
2	0.8	0.8
3	1	1
4	2	2
5	4	4

图 6.1-40 所示为混凝土纤维应变等级，计算结果表明，约 1% 的剪力墙单元混凝土压应变等级处于 2～3，即处于（0.8～1.0）倍峰值压应变工作状态，约 99% 的剪力墙单元混凝土压应变等级处于 1～2，即处于（0.5～0.8）倍峰值压应变工作状态，满足性能目标。

图 6.1-41 为钢筋纤维应变等级，计算结果表明，剪力墙单元钢筋应变等级处于 1～2，即处于（0.7～1）倍屈服应变工作状态，满足性能目标。

图 6.1-42 为剪切应变等级，计算结果表明，剪力墙单元剪切应变处于 1～2，即处于（0.6～1）倍剪切屈服应变工作状态，满足性能目标。

（2）柱性能状态

在罕遇地震作用下，框架柱屈服状态如图 6.1-43 所示，仅顶部个别柱进入截面屈服状态，塑性变形状态如图 6.1-44 所示，可以看出，塑性变形小于 IO，满足性能目标要求。

（3）环带桁架性能状态

在罕遇地震作用下，环带桁架钢支撑塑性变形状态如图 6.1-45 所示，可以看出，受拉与受压轴向塑性变形均小于 IO，满足性能目标要求。

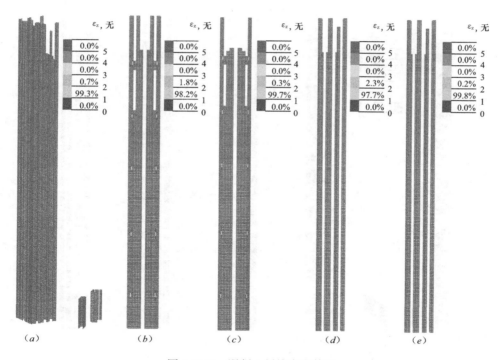

图 6.1-40　混凝土纤维应变等级

(a) 整体；(b) 1-1 轴；(c) 4-4 轴；(d) A-A 轴；(e) D-D 轴

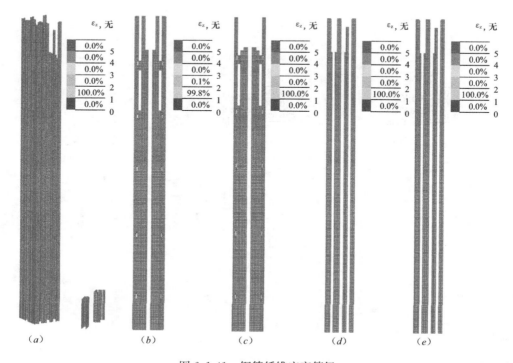

图 6.1-41　钢筋纤维应变等级

(a) 整体；(b) 1-1 轴；(c) 4-4 轴；(d) A-A 轴；(e) D-D 轴

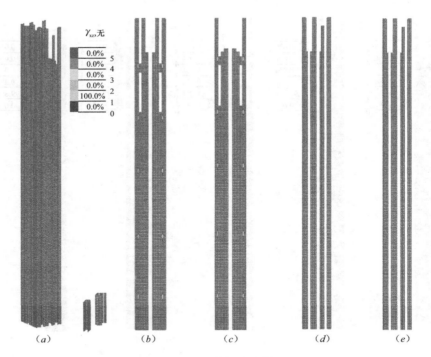

图 6.1-42　剪切应变等级

(*a*) 整体；(*b*) 1-1 轴；(*c*) 4-4 轴；(*d*) A-A 轴；(*e*) D-D 轴

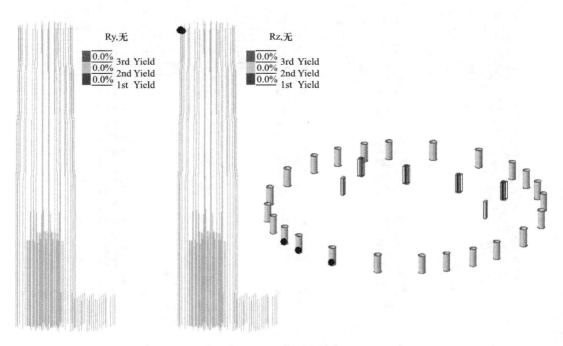

图 6.1-43　柱屈服状态

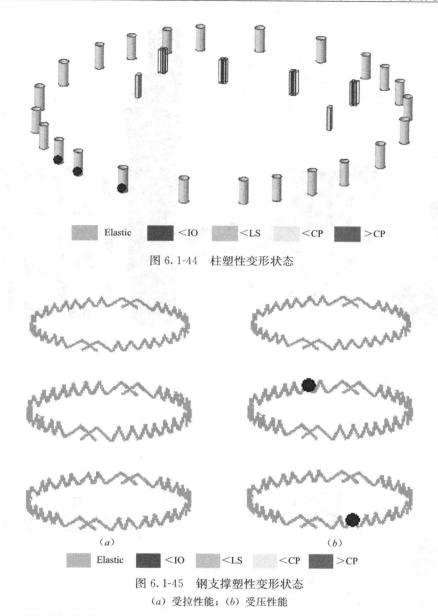

图 6.1-44　柱塑性变形状态

图 6.1-45　钢支撑塑性变形状态

（a）受拉性能；（b）受压性能

（4）水平构件性能状态

在罕遇地震作用下，水平构件屈服状态如图 6.1-46 所示，可以看出，约 16％的水平构件发生弯曲屈服，其中连梁约占 75％，环向钢梁约占 5％，径向钢梁处于弹性工作状态，裙房框架梁约占 20％，从耗能构建比例分布而言，连梁为主要耗能构件，符合工程抗震设计理念。

图 6.1-47 为连梁塑性变形状态，约 10.5％的连梁处于 LS～CP 工作状态，约 65％的连梁处于 IO～LS 工作状态，约 15％的连梁不超过 IO 工作状态，尚未屈服的连梁占 9.5％，满足性能目标要求。

5. 计算结果汇总

罕遇地震作用下结构整体指标计算结果汇总如表 6.1-14 所示。

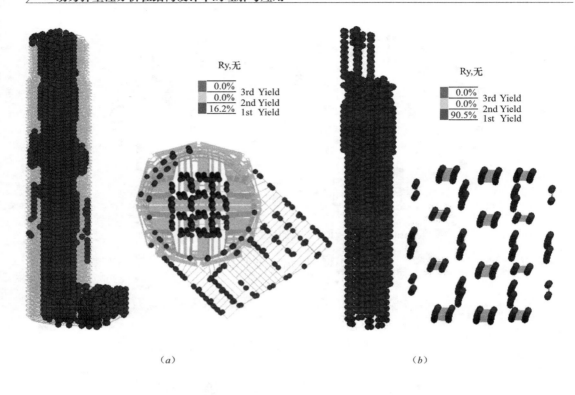

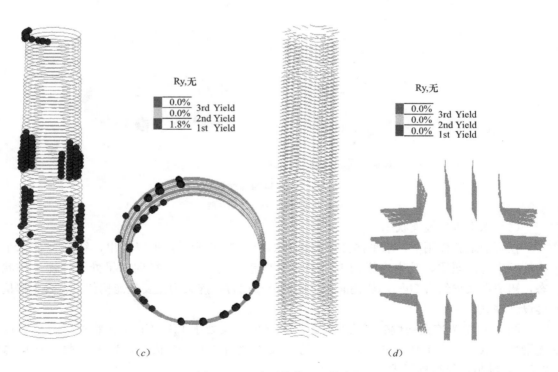

图 6.1-46 水平构件屈服状态

（a）整体水平构件；（b）连梁；（c）环向楼面钢梁；（d）径向楼面钢梁

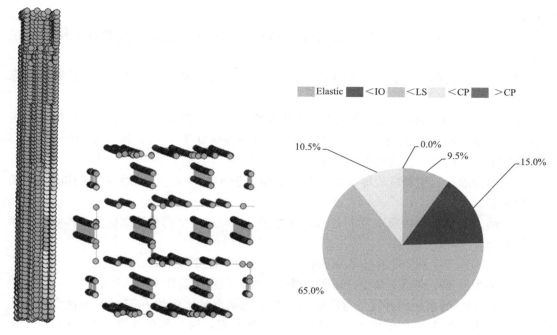

| | Elastic | <IO | <LS | <CP | >CP |

图 6.1-47　连梁塑性变形状态

整体计算结果汇总表　　　　　　　　　　　　　　　　　表 6.1-14

地震工况	人工波 1		天然波 1		天然波 2	
	主向 X	主向 Y	主向 X	主向 Y	主向 X	主向 Y
X 向最大顶点位移（mm）	1044	904	945	840	827	728
Y 向最大顶点位移（mm）	1176	1276	918	1042	1079	1172
X 向最大层间位移角	1/158	1/194	1/135	1/173	1/240	1/275
Y 向最大层间位移角	1/154	1/138	1/157	1/127	1/193	1/174
X 向最大基底剪力（kN）	261788	244306	295752	256171	194052	164041
X 向最大剪重比	7.48%	6.98%	8.45%	7.32%	5.54%	4.69%
Y 向最大基底剪力（kN）	277762	307650	247232	273403	198765	219528
Y 向最大剪重比	7.94%	8.79%	7.06%	7.81%	5.68%	6.37%

罕遇地震作用下结构构件塑性变形状态如表 6.1-15 所示。

构件性能状态汇总　　　　　　　　　　　　　　　　　表 6.1-15

地震工况		剪力墙			柱	支撑	梁
		混凝土压应变 2‰	钢筋拉应变 2‰	剪切应变 4‰	IO	IO	CP
人工波 1	主向 X	0.88	0.95	0.78	<1.0	<1.0	<1.0
	主向 Y	0.86	0.93	0.75	<1.0	<1.0	<1.0
天然波 1	主向 X	0.90	0.96	0.81	<1.0	<1.0	<1.0
	主向 Y	0.87	0.94	0.76	<1.0	<1.0	<1.0
天然波 2	主向 X	0.82	0.88	0.72	<1.0	<1.0	<1.0
	主向 Y	0.78	0.85	0.69	<1.0	<1.0	<1.0

注：表中数值为地震历程累积最大值。

6.1.3.6 结论

（1）MIDAS Building 与 YJK 计算出的结构周期基本一致，有效验证了模型的正确性。

（2）主体结构在各组地震波作用下，最大弹塑性层间位移角为 1/127，满足性能目标要求。

（3）约 1% 的剪力墙单元混凝土压应变等级处于 2～3，即处于（0.8～1.0）倍峰值压应变工作状态，约 99% 的剪力墙单元混凝土压应变等级处于 1～2，即处于（0.5～0.8）倍峰值压应变工作状态，满足性能目标。

（4）剪力墙单元钢筋应变等级处于 1～2，即处于（0.7～1）倍屈服应变工作状态，满足性能目标。

（5）剪力墙单元剪切应变处于 1～2，即处于（0.6～1）倍剪切屈服应变工作状态，满足性能目标。

（6）结构顶部个别框架柱步入屈服状态，但弯曲塑性变形<IO。

（7）环带桁架个别钢支撑受拉屈服或受压屈曲，但轴向塑性变形<IO。

（8）约 16% 的水平构件发生弯曲屈服，其中连梁贡献比例约占 75%。塑性变形满足性能目标要求，约 10.5% 的连梁处于 LS～CP 工作状态，约 65% 的连梁处于 IO～LS 工作状态，约 15% 的连梁不超过 IO 工作状态，尚未屈服的连梁占 9.5%。

基于上述结构构件变形和强度分析，主要抗侧力构件没有发生严重破坏，连梁屈服耗能，部分楼面钢梁参与塑性耗能，可以确定结构设计满足预设的性能目标。

6.2 康力电梯测试塔工程

6.2.1 工程概况

康力电梯测试塔位于江苏吴江汾湖经济开发区康力大道以北，江苏路以西，近沪苏浙高速公路，为超高层测试塔。主体结构地上 36 层，高度为 268.000m；地下 2 层，埋深 14m。建筑效果图和结构设计模型分别如图 6.2-1 和图 6.2-2 所示。该项目由中衡设计集团进行设计及施工总承包（EPC），并在 2012 年通过超限工程抗震专项审查，是目前在建的世界最高的电梯测试塔，于 2015 年 12 月底结构封顶。

由于结构高宽比达 11.4，结构较柔，为了有效提高结构抗侧刚度，利用电梯井形成剪力墙筒体，同时在建筑外围布置外筒，形成钢筋混凝土多束筒体结构，参考筒中筒结构体系设计。结构第 9 层缩进角部剪力墙，在 26 层和 31 层设置悬挑观光平台并取消下部剪力墙（图 6.2-3）。剪力墙混凝土强度在 46m 以下为 C60，106m 以上为 C40，中间为 C50。内墙厚度为 400mm，外墙后屋为 600～450mm。

本工程抗震设防烈度为 6 度，设计地震分组为第一组，场地类别为Ⅳ类，特征周期为 0.45s。

如表 6.2-1 所示，结构属于高度超限和四项一般不规则的超限高层结构。

图 6.2-1　康力电梯测试塔效果图　　　　图 6.2-2　结构设计模型图

参考《建筑抗震设计规范》GB 50011—2010，选用性能目标 3 作为本工程的性能目标，如表 6.2-2 所示。

6.2.2　基于 ABAQUS 的弹塑性时程分析

6.2.2.1　分析目的

由于该项目涉及多项超限，通过补充动力弹塑性时程分析，可更准确完整地反映结构在地震作用下复杂的非线性响应，论证结构是否能达到"大震不倒"的抗震性能目标，并达到以下目的：

（1）计算分析结构整体性能指标，包括罕遇地震作用下的最大顶点位移、最大层间位移（角）、层间剪力分布以及最大基底剪力等；

（2）研究分析结构构件性能，包括地震作用下梁、柱、墙、板等的塑性损伤情况，特别针对结构关键区域，如悬挑观光部分、结构顶部等；

（3）根据分析结果，评价结构体系合理性，并针对结构薄弱部位和构件提出相应的加强措施，以指导后续结构设计。

6.2.2.2　分析过程

分析采用基于 ABAQUS 显式方法的动力弹塑性时程分析，计算中同时考虑了结构的几何非线性和材料非线性；模型前处理工作借助接口软件 STA 完成，其中包括结构网格的划分和设计软件配筋率的读取等。在分析模型中，所有对结构刚度有贡献的结构构件均按实际情况模拟，首先定义材料本构模型，加上截面几何参数得到构件模型，最后构件之间通过节点的几何连接形成整体模型。

工程中材料主要包含钢材和混凝土两类，由于模拟地震作用，需要采用能够准确模拟循环特点的本构关系，其中钢材采用运动硬化模型，混凝土采用塑性损伤模型，对于显式分析中不能使用 ABAQUS 自带混凝土损伤模型的混凝土纤维梁单元，采用开发的材料子程序 BEAN _ FIBER。具体定义可参考 2.2 节和 6.1.2.3 节相关内容。

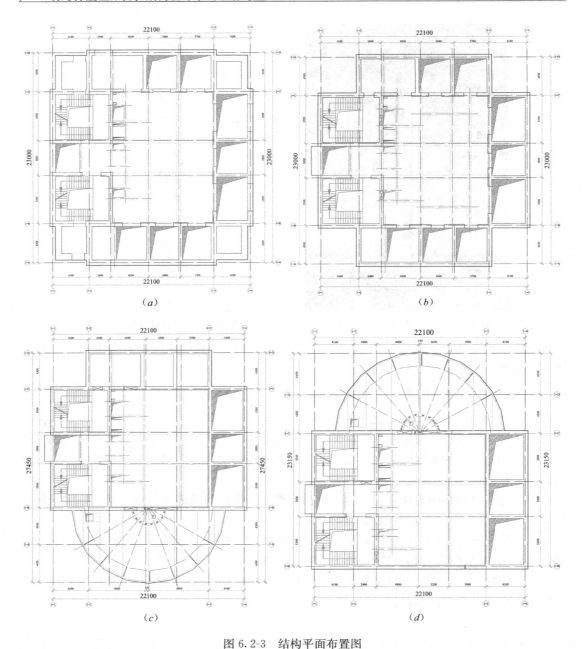

图 6.2-3　结构平面布置图

(a) 1 层结构平面图；(b) 9 层结构平面图；(c) 26 层结构平面图；(d) 31 层结构平面图

结构超限情况　　　　　　　　　　　　　　　　　表 6.2-1

超限项目		判定结果	判定原因
高度超限		是	结构总高度 268m，超 A 级高度（180m），未超 B 级高度范围
不规则类型	楼板不连续	是	开洞面积大于楼面面积的 30%
	刚度突变	是	楼层高度改变导致刚度比超限
	尺寸突变	是	部分外围剪力墙在 36m、196m 和 235m 高度以上取消
	高宽比超限	是	高宽比为 11.4，超过规范限值

大震性能目标

表 6.2-2

项 目	性能目标
层间位移角	≤1/120
核心筒	混凝土受压应变≤1 倍峰值压应变 钢筋拉应变≤3 倍屈服应变 剪切应变≤1 倍屈服剪应变
钢柱	允许弯曲屈服，但塑性转角≤IO
连梁	弯曲屈服，但塑性转角≤CP
楼面钢梁	允许弯曲屈服，但塑性转角≤LS

模型中的梁单元（包括混凝土梁、柱，梁柱中钢筋、型钢等）采用三维铁木辛柯梁 B31 单元，壳单元（剪力墙、连梁、楼板等）采用四边形或三角形完全积分单元（S4/S3），壳单元中的钢筋单元采用分布式钢筋"*Rebar Layer"实现，具体描述可见第 5 章相关内容。

参考《建筑抗震设计规范》，取结构在罕遇地震作用下的阻尼比为 0.05，分析中只考虑瑞雷阻尼中的质量阻尼，具体可参考 6.1.2.4 节。

地震波的选取结合《建筑抗震设计规范》5.1.2 条的要求（表 6.2-3），并满足各项频谱特性要求（参考 6.1.2.5 节），分析中采用三向输入，地震波峰值比为 X：Y：Z＝1：0.85：0.65，持续时间 30s，主方向地震波峰值为 187.5gal。图 6.2-4 为地震波人工波组 S01-1 波形及加速度反应谱与规范谱对比示意。如表 6.2-4 所示，每组地震波计算两组工况，共计六组。

弹性时程分析基底最大剪力与反应谱结果对比

表 6.2-3

工况	CQC 反应谱	人工波 S01-1	天然波 S02-1	天然波 S03-1
X 向最大基底剪力（kN）	55513	52992	51973	58243
Y 向最大基底剪力（kN）	50169	59190	52082	40012
X 向与 CQC 法比值	—	0.95	0.94	1.05
Y 向与 CQC 法比值	—	1.18	1.04	0.80

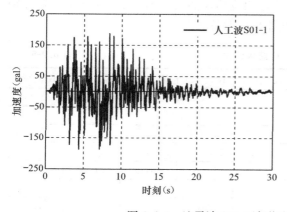 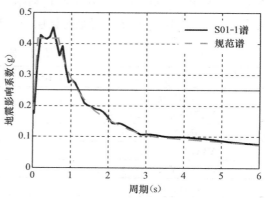

图 6.2-4 地震波 S01-1 波形及加速度反应谱与规范谱对比

地震时程波输入分析工况　　　　　　表 6.2-4

分析工况	时程波	时程波组合		
		X 向峰值比	Y 向峰值比	Z 向峰值比
KL_001	人工波 01	1.0	0.85	0.65
KL_002	(S01-1、S01-2、S01-3（竖向))	0.85	1.0	0.65
KL_003	天然波 02	1.0	0.85	0.65
KL_004	(S02-1、S02-2、S02-3（竖向))	0.85	1.0	0.65
KL_005	天然波 03	1.0	0.85	0.65
KL_006	(S03-1、S03-2、S03-3（竖向))	0.85	1.0	0.65

在对结构进行罕遇地震作用下的弹塑性时程分析之前，首先对结构的初始线弹性进行了计算，并与设计软件的结果进行对比分析，保证模型的正确性；其次，对弹塑性模型进行结构重力加载分析，形成初始应力状态；最后进行上述六个地震工况的非线性分析，得到结论和建议。

6.2.2.3 分析结果

1. 整体指标

由结构整体分析可得到以下结论：

（1）对比结构总质量和前六周期等整体弹性指标，ABAQUS 有限元模型和 YJK 设计模型的计算结果基本一致，验证弹塑性模型的正确性。

（2）在考虑重力二阶效应及大变形的条件下，结构在地震作用下的最大顶点位移为 0.951m，并最终仍能保持直立，满足"大震不倒"的设防要求；主体结构在各组地震波工况作用下的最大弹塑性层间位移角为 1/197，满足规范限值及预定性能目标要求；在各组地震波下，结构层间位移角曲线没有明显的突变，表明结构无明显的薄弱层。

（3）地震作用初期，能量主要源于静力荷载作用，基本都集中于弹性应变能；随着地震的加剧，结构动能有所增加，弹性应变能基本保持不变，而阻尼与塑性耗能随着地震作用的加强开始大幅度增加，并慢慢趋于稳定；总体而言，在整个地震作用过程中，黏性（阻尼）耗能和非弹性（塑性）耗能消耗了大量地震能量。

表 6.2-5 为结构整体计算结果汇总，图 6.2-5 为 ABAQUS 模型结构前六阶振型图，图 6.2-6 为 KL_001 工况作用下结构弹塑性位移和位移角曲线，图 6.2-7 和图 6.2-8 分别为 KL_001 和 KL_002 工况结构楼层剪力和能量耗散分布图。

结构整体计算结果汇总　　　　　　表 6.2-5

作用工况	KL_001	KL_002	KL_003	KL_004	KL_005	KL_006
YJK 结构总质量（t）			59622			
ABAQUS 结构总质量（t）			61059			
YJK 前 6 周期（s）			4.65，4.43，0.95，0.87，0.73，0.42			
ABAQUS 前 6 周期（s）			4.44，4.21，0.89，0.85，0.68，0.40			
X 向最大基底剪力（kN）	58641	53854	53256	48469	51461	43682
X 向最大剪重比	9.8%	9.0%	8.9%	8.1%	8.6%	7.3%
Y 向最大基底剪力（kN）	46673	55649	32911	35304	39493	47272
Y 向最大剪重比	7.8%	9.3%	5.5%	5.9%	6.6%	7.9%

续表

作用工况	KL_001	KL_002	KL_003	KL_004	KL_005	KL_006
X 向最大顶点位移（m）	0.837	0.692	0.217	0.193	0.836	0.718
Y 向最大顶点位移（m）	0.807	0.951	0.101	0.107	0.231	0.248
X 向最大层间位移角（所在层标高）	1/197 (208)	1/244 (208)	1/450 (268)	1/435 (268)	1/216 (268)	1/225 (268)
Y 向最大层间位移角（所在层标高）	1/246 (228)	1/212 (208)	1/781 (256)	1/790 (256)	1/520 (228)	1/440 (245)

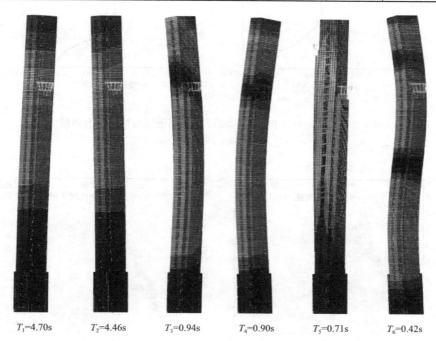

$T_1=4.70\text{s}$ $T_2=4.46\text{s}$ $T_3=0.94\text{s}$ $T_4=0.90\text{s}$ $T_5=0.71\text{s}$ $T_6=0.42\text{s}$

图 6.2-5 结构前六阶振型图

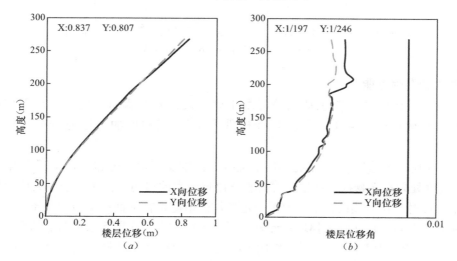

图 6.2-6 KL_001 工况作用下结构弹塑性层位移和层间位移角曲线
（a）层位移；（b）层间位移角

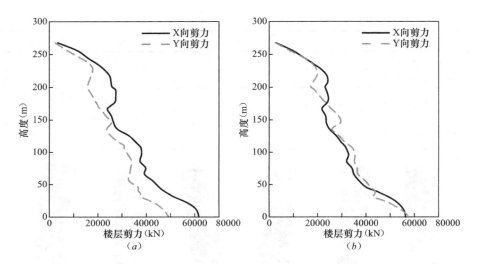

图 6.2-7　KL_001 和 KL_002 工况作用下结构楼层剪力曲线

(a) KL_001 工况；(b) KL_002 工况

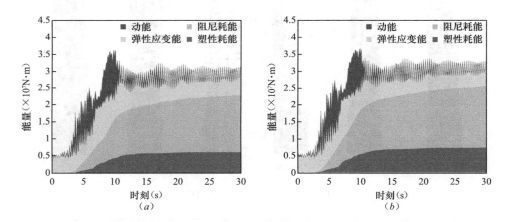

图 6.2-8　KL_001 和 KL_002 工况作用下结构能量耗散分布时程图

(a) KL_001 工况；(b) KL_002 工况

2. 构件弹塑性性能

本工程的结构构件主要包括钢筋混凝土梁、板、剪力墙和悬挑观光台部位的钢构件，本小节对构件中混凝土受压损伤及构件中钢筋/钢构件的塑性应变分别做出定量描述。

图 6.2-9 所示为 KL_002 工况作用下混凝土梁的受压损伤分布图，从图中可以看出，在 201m 高度处即观光悬挑所在层，混凝土梁出现较大的损伤，损伤因子最大值超过 0.8，破坏严重，针对此在后续设计中采取了一定的加强措施；在平面中部位置的部分主梁，损伤因子在 0.2 左右，存在轻度损坏；此外，混凝土梁在大震作用下未见明显的受压损伤。

图 6.2-10 所示为 KL_002 工况作用下混凝土梁中钢筋和结构中钢构件的塑性应变分布图，除结构上部几层和观光悬挑所在层有少量的钢筋（材）出现塑性应变（不同工况下，最大值在 0.006~0.01）外，结构中未出现明显的塑性应变。

160

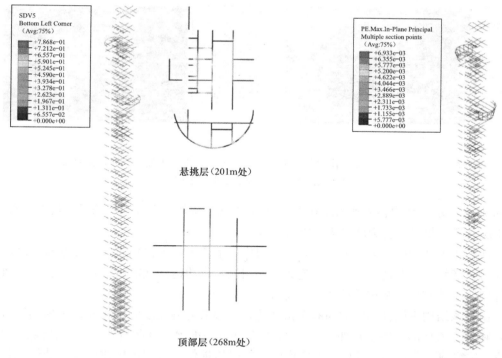

悬挑层（201m处）

顶部层（268m处）

图 6.2-9　KL＿002 工况作用下结构
混凝土构件塑性损伤分布

图 6.2-10　KL＿002 工况作用下结构
钢筋和钢构件塑性应变分布

　　分析结果表明，结构混凝土楼板观光悬挑所在层和结构顶部屋面损伤较为明显，图 6.2-11 和图 6.2-12 分别为 201m 高度和顶部楼板在 KL＿002 工况作用下的混凝土损伤和钢筋塑性应变分布图。由图可见，由于混凝土筒刚度较大，破坏主要集中在混凝土筒周边，个别达到中度损坏；而由楼板钢筋应力分布可以看出，虽然混凝土损伤较大，但是对应的钢筋仅出现（或完全没出现）轻微的塑性应变，故不会造成楼板的突然垮塌；而个别位置（201m 处部分楼板）钢筋塑性应变超过 0.012，已经严重破坏，故该区域在设计中进行特别加强措施，但总体来说由于损伤面积较小，不影响楼板的整体性。

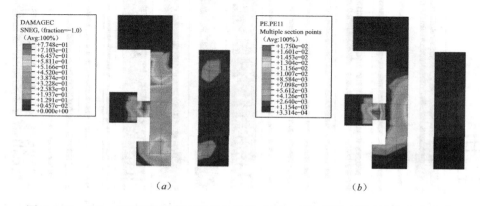

（a）　　　　　　　　　　　　　　　　（b）

图 6.2-11　KL＿002 工况作用下结构悬挑层（201m 处）混凝土楼板塑性损伤分布
（a）混凝土损伤分布；（b）钢筋塑性应变分布

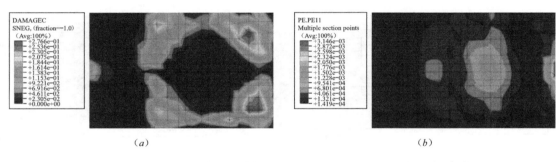

(a)   (b)

图 6.2-12　KL＿002 工况作用下结构顶部层（268m 处）混凝土楼板塑性损伤分布

(a) 混凝土损伤分布；(b) 钢筋塑性应变分布

图 6.2-13 所示为结构各榀剪力墙在 KL＿002 工况地震作用下混凝土的受压损伤分布，综合各工况计算结果可对剪力墙抗震性能评价如下：

（1）连梁作为结构抗震第一道防线，在地震作用下首先进入损伤阶段，并在整个地震过程中保持耗能状态；在地震作用后，连梁损伤明显，成功达到耗能设计意图，从而有效保护主体墙肢不被破坏，结构的整体性保持较好。

（2）由于该结构平面在高度方向有多次变化，各榀剪力墙高度并不相同；由损伤图可以看出，在剪力墙顶部，如 1-1 轴线、7-7 轴线的 36m 高度顶部（凹角处），2-2 轴线、4-4 轴线和 5-5 轴线顶部等，都局部出现了中度破坏的受压损伤，对应区域在后续的结构设计中进行适当的加强措施。

（3）在悬挑观光体支承的剪力墙部分（B-B 轴线和 E-E 轴线），特别是洞口附近，受力较为复杂，墙体出现较大的受压损伤，除此之外，部分剪力墙洞口附近亦出现轻度损坏或中等损坏的受压损伤，需加强该部分墙肢的配筋。

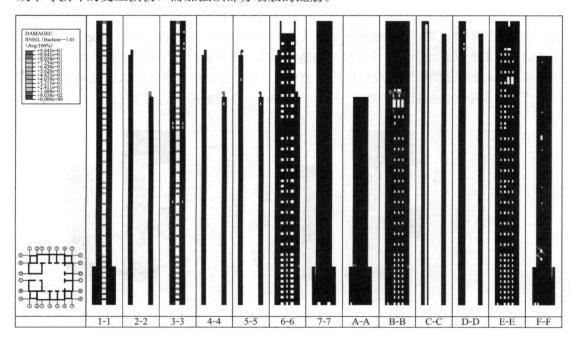

图 6.2-13　KL＿002 工况作用下各榀剪力墙受压损伤分布图

6.2.2.4　结论建议

结构在各工况作用下的损坏情况汇总于表 6.2-6 中，最终结论和建议如下：

（1）在考虑重力二阶效应及大变形的条件下，结构在地震作用下的最大顶点位移为 0.951m，并最终仍能保持直立，满足"大震不倒"的设防要求；主体结构在各组地震波作用下的最大弹塑性层间位移角为 1/197，满足规范限值及预定性能目标要求；在各组地震波下，结构的层间位移角曲线没有明显的突变，表明结构无明显的薄弱层，性能较好。

（2）连梁破坏较为明显，达到了耗能设计目的；部分剪力墙的顶端、洞口周围及结构凹角处周边的剪力墙边缘，出现少许损伤，不影响性能；地震作用后墙体整体性保持良好。

（3）结构整体破坏较为明显的区域集中在悬挑观光所在层，其混凝土梁、楼板和剪力墙都出现轻度或中度甚至比较严重损坏，对这些部位必须补充加强措施。

总体而言，结构整体和各类构件仍有较大的弹塑性变形能力储备，震害较轻，满足抗震性能设计目标要求。

主要结构构件损坏情况汇总

表 6.2-6

结构构件	损坏程度			
	轻微损坏	轻度损坏	中度损坏	比较严重损坏
梁、柱	部分主梁	结构上部的部分梁	观光悬挑体所在楼层的部分梁	观光悬挑体所在楼层的少量梁
楼板	多数楼板受拉开裂	部分楼板	筒体周边楼板	悬挑体所在楼层局部楼板
剪力墙	多数墙肢受拉开裂	部分洞口周边和部分剪力墙肢顶端	部分剪力墙肢顶端、部分洞口附近和结构凹角处周边的剪力墙边缘	大部分连梁，悬挑体支承剪力墙部分

6.2.3　基于 PERFORM-3D 弹塑性时程分析

6.2.3.1　分析目的

弹塑性时程分析是一种直接基于结构动力方程的数值方法，可以得到结构在地震作用下每个时刻各个质点的位移、速度、加速度和构件的内力，给出结构开裂和屈服的顺序，发现应力和变形集中的部位，获得结构的弹塑性变形和延性要求，进而判断结构的屈服机制、薄弱环节及可能的破坏类型。

按照《建筑抗震设计规范》GB 50011—2010 第 5.5.2 条规定，高度超过 150m 的结构应进行弹塑性变形验算，同时根据《高层建筑混凝土结构技术规程》第 3.11.4 条规定，高度超过 200m 时，应采用弹塑性时程分析法。本结构进行弹塑性时程分析计算，主要考察如下结构性能特点：

（1）评价结构在罕遇地震作用下弹塑性行为，根据主要构件的变形发展深度与分布，以及整体变形情况，确认结构是否达到"大震不倒"的设防水准要求；

（2）研究本结构特点对抗震性能的影响，包括罕遇地震作用下最大弹塑性层间位移角、最大楼层剪力及结构体系能量耗散分布时程；

（3）考察梁、柱及剪力墙构件在罕遇地震作用下的变形使用率情况，评价结构体系的工作耗能机制；

（4）根据以上分析结果，针对结构薄弱部位或薄弱构件提出相应的加强措施，为后续施工图设计提供参考。

6.2.3.2 计算模型

基于 PERFORM-3D 建立的结构计算模型如图 6.2-14 所示。

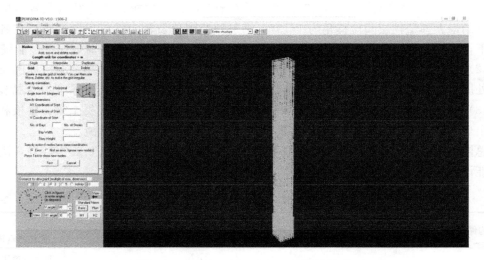

图 6.2-14 基于 PERFORM-3D 计算模型

1. 材料模型

根据《混凝土结构设计规范》附录 C 对钢筋本构的定义，考虑材料的流塑变形，按照《建筑抗震设计规范》附录 M，最小极限强度值可取为屈服强度标准值的 1.25 倍，HRB400 本构曲线如图 6.2-15 所示。

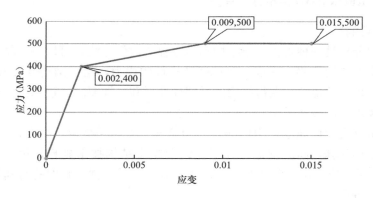

图 6.2-15 HRB400 本构曲线

基于能量相等原则，不考虑混凝土的受拉强度，将《混凝土结构设计规范》附录 C 中的混凝土应力—应变曲线转化为考虑强度退化的三折线形式的应力—应变关系曲线。初始刚度取材料的弹性刚度，残余强度取材料抗压强度标准值的 10%，根据转换前后 2 条曲线围成的面积基本相等为原则确定曲线的负刚度。以 C40 为例，转换前后材料的应力—应变曲线如图 6.2-16 所示。

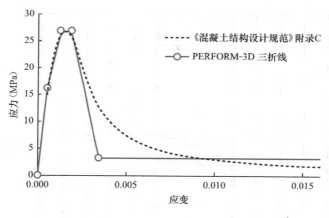

图 6.2-16 C40 本构曲线

转化为考虑强度退化的 PERFORM-3D 三折线形式的混凝土本构曲线与附录 C 中的曲线相似度较高。

剪力墙受剪特性定义，PERFORM-3D 采用三折线剪切本构模型模拟，第 1 拐点坐标为 $(0.6\times0.15f_{ck}/0.4E_c,~0.6\times0.15f_{ck})$，第 2 拐点坐标为 $(0.004,~0.15f_{ck})$，第 3 拐点坐标为 $(0.01,~0.15f_{ck})$。以 C40 为例，混凝土材料的剪切应力—应变曲线如图 6.2-17 所示。

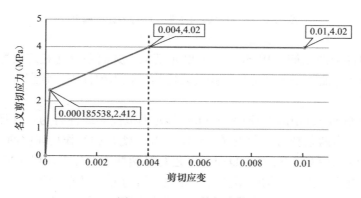

图 6.2-17 C40 剪切本构

2. 构件非线性行为模拟

（1）剪力墙模拟

剪力墙是结构抗侧力系统的主要构件，本工程采用 PERFORM-3D 中的单向纤维非线性剪力墙单元模拟剪力墙墙肢力学行为，对于小跨高比（<2.5）的连梁也采用非线性墙单元模拟。剪力墙构件（墙肢与小跨高比连梁）非线性行为计算模型如图 6.2-18 所示。PERFORM-3D 剪力墙单元本质为纤维墙元，将剪力墙墙肢沿竖直方向划分为多个钢筋与混凝土纤维，采用纤维单元材料层次的轴向变形模拟墙肢构件层次的轴向变形与平面内的弯曲变形，墙肢水平方向的受剪特性采用混凝土三折线剪切本构模拟。

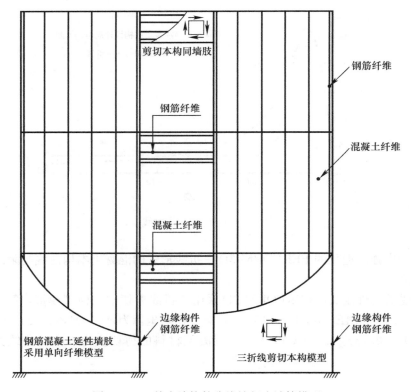

图 6.2-18　剪力墙构件非线性行为计算模型

墙肢边缘构件中的钢筋采用 Steel bar 单元模拟，其面积宜作相应折减以考虑形心差异。剪力墙平面外弯曲、平面外剪切及扭转效应均模拟为弹性工作状态。

（2）柱模拟

采用 PERFORM-3D 中的 FEMA column 单元模拟柱非线性行为，柱屈服面在三维空间像一个橄榄球，由两条轴力—弯矩（$N-M_2$、$N-M_3$）相互作用屈服曲线确定。

截面受力特性采用 CSI Section Designer 进行弹塑性静力分析，程序采用平截面假定，用纤维单元模型进行计算，本构模型参考《混凝土结构设计规范》附录 E。

柱构件两端与中部设置剪切强度截面以考察柱的受剪性能状态，沿构件轴向位置依次为 $0.05L$、$0.5L$、$0.95L$。剪切强度截面为测量组件，在计算过程中实时计算截面剪力的需求能力比，即截面剪切效应与名义剪应力之比，当需求能力比大于 1.0，则宜修改截面尺寸以降低剪切效应，使其满足截面剪压比指标。柱非线性行为计算模型如图 6.2-19 所示。

对于柱两端约束不同、反弯点不在柱中点的情况，PERFORM-3D 通过改变两个 FEMA column 长度比例的方法进行调节。

（3）梁模拟

采用 PERFORM-3D 中的 FEMA beam 单元模拟楼面梁非线性行为（图 6.2-20），对于跨高比大于 2.5 的连梁，可采用弯曲塑性铰模拟其截面转动非线性行为（图 6.2-21）。

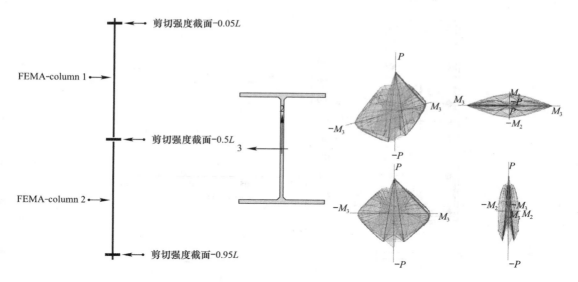

图 6.2-19　柱非线性行为计算模型

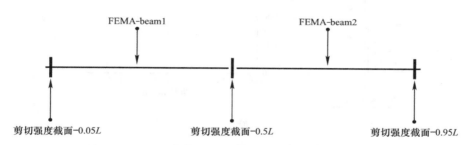

图 6.2-20　楼面梁非线性行为计算模型

图 6.2-21　连梁非线性行为计算模型（跨高比≥2.5）

　　梁构件两端与中部设置剪切强度截面以考察梁的受剪性能状态，沿构件轴向位置依次为 $0.05L$、$0.5L$、$0.95L$。剪切强度截面为测量组件，在计算过程中实时计算截面剪力的需求能力比，即截面剪切效应与名义剪应力之比，当需求能力比大于 1.0，则宜修改截面尺寸以降低剪切效应，使其满足截面剪压比指标。

　　基于 CSI Section Designer 截面设计器，输入截面几何信息与材料本构模型进行弹塑性静力分析，本工程典型梁截面弯曲—曲率曲线如图 6.2-22 所示。

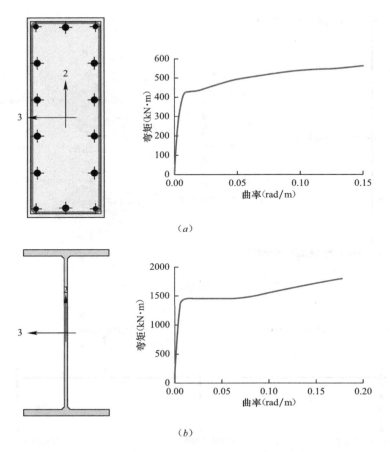

图 6.2-22　基于 CSI Setion Designer 截面弯矩—曲率曲线

（a）连梁；（b）钢梁

对于 FEAM 单元模拟框架梁，需考虑梁两端约束不同、反弯点不在梁中点的情况，PERFORM-3D 通过改变两个 FEMA beam 长度比例的方法进行调节。

6.2.3.3　抗震性能目标

参考结构抗震性能目标，基于构件受力状态与构件设计情况，截面塑性变形性能状态定义如表 6.2-7 所示。

一维构件截面塑性变形性能状态

表 6.2-7

构件类型		性能指标		
		IO	LS	CP
钢柱		$0.25\theta_y$	$1.2\theta_y$	$1.65\theta_y$
梁构件	楼面钢梁	$1\theta_y$	$6\theta_y$	$8\theta_y$
	连梁	0.005	0.010	0.012

注：θ_y 为截面屈服转角值。

6.2.3.4　分析步

结构罕遇地震时程分析通过 2 个非线性分析步进行：第 1 步，施加竖向荷载，包括结构自重、全部附加恒荷载与 50% 的活荷载；第 2 步，保持竖向荷载作用不变，输入地震时程激励。

根据《建筑抗震设计规范》的规定，将地震主方向峰值加速度调整为 187.5gal，按照 1∶0.85∶0.65 输入地震波激励。本工程选取了 1 组人工波和 2 组天然波作为弹塑性分析的时程波。

弹塑性计算结构体系阻尼机制采用 Rayleigh 模型，定义 $T_a/T_1 = 0.25$ 与 $T_b/T_1 = 1.25$，T_a 与 T_b 对应的阻尼比取值 0.05。

6.2.3.5 计算分析结果

1. 振型

基于 PERFORM-3D 计算出的前 3 阶振型模态如图 6.2-23 所示。PERFORM-3D 与 YJK 计算出的前 3 阶周期如表 6.2-8 所示。

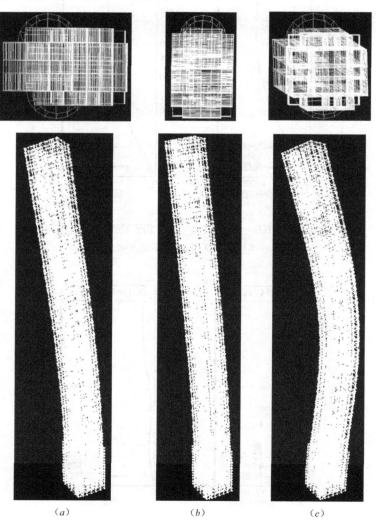

图 6.2-23 结构前 3 阶振型模态

(*a*) 第 1 振型；(*b*) 第 2 振型；(*c*) 第 3 振型

结构前 3 阶周期（s）			表 6.2-8
阶数	1	2	3
PERFORM-3D	4.52	4.25	0.83
YJK	4.65	4.43	0.95

由表 6.2-8 可见，PERFORM-3D 与 YJK 计算出的结构周期基本接近，验证了模型的正确性。

2. 层间位移角

各组地震波作用下结构的最大层间位移角如图 6.2-24～图 6.2-26 所示。

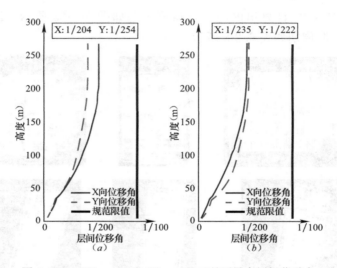

图 6.2-24　KL_001 和 KL_002 工况下最大层间位移角
(a) KL_001 工况；(b) KL_002 工况

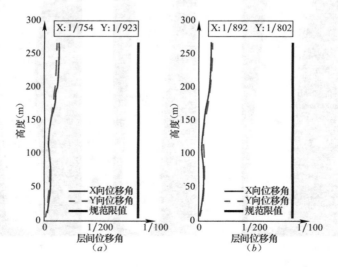

图 6.2-25　KL_003 和 KL_004 工况下最大层间位移角
(a) KL_003 工况；(b) KL_004 工况

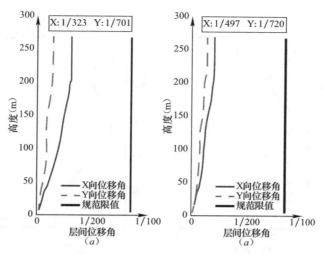

图 6.2-26　KL_005 和 KL_006 工况下最大层间位移角

(a) KL_005 工况；(b) KL_006 工况

结构主体在各组地震波作用下，X 向最大弹塑性层间位移角为 1/204，Y 向最大弹塑性层间位移角为 1/222，满足性能目标要求。

3. 楼层剪力

罕遇地震与多遇地震作用下结构各方向基底剪力对比如表 6.2-9 所示。

罕遇地震与多遇地震作用下结构各方向基底剪力对比　　　　表 6.2-9

地震工况	人工波 1		天然波 2		天然波 3	
	X 主向	Y 主向	X 主向	Y 主向	X 主向	Y 主向
比值	5.44	5.87	4.66	5.16	5.20	5.01

罕遇地震作用下结构的最大楼层剪力分布如图 6.2-27～图 6.2-29 所示。

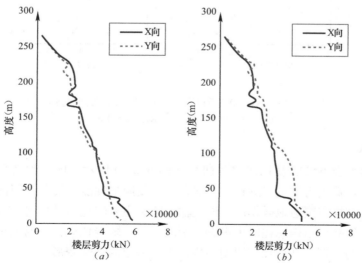

图 6.2-27　KL_001 和 KL_002 工况下最大楼层剪力

(a) KL_001 工况；(b) KL_002 工况

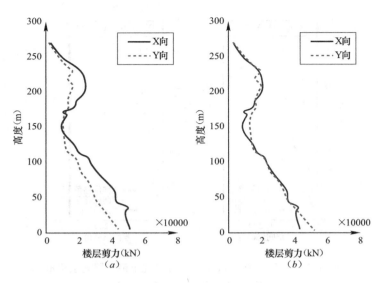

图 6.2-28 KL＿003 和 KL＿004 工况下最大楼层剪力
(a) KL＿003 工况；(b) KL＿004 工况

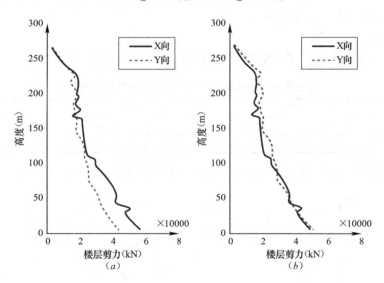

图 6.2-29 KL＿005 和 KL＿006 工况下最大楼层剪力
(a) KL＿005 工况；(b) KL＿006 工况

4. 能量耗散

结构在罕遇地震下的能量耗散时程曲线如图 6.2-30 所示。图中深蓝色为动能，浅蓝色为弹性应变能，黄色为质量阻尼耗能，绿色为刚度阻尼耗能，红色为塑性变形耗能。

由图可见，结构在罕遇地震作用下地震输入能量主要转化为动能与应变能，同时阻尼耗能与塑性变形耗能在结构总耗能中占有一定的比例。随着地震输入时间的增加，塑性变形耗能占总耗能的比例不断增加，说明结构发生了一定的塑性变形。

5. 构件性能状态

为节约篇幅，构件性能状态将以塑性损伤较大的地震工况加以阐述。

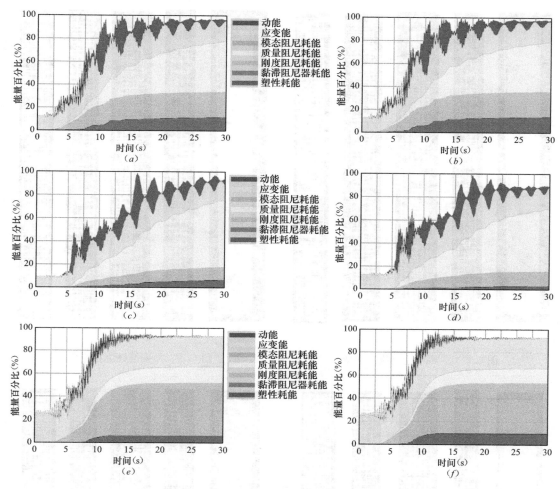

图 6.2-30　罕遇地震作用下结构能量分布时程曲线

(*a*) KL_001 工况；(*b*) KL_002 工况；(*c*) KL_003 工况；

(*d*) KL_004 工况；(*e*) KL_005 工况；(*f*) KL_006 工况

(1) 剪力墙性能状态

图 6.2-31 为混凝土纤维压应变，使用率 1 表示压应变值 0.002，云图表明墙肢基本处于不屈服工作状态。

图 6.2-32 为剪力墙墙肢钢筋纤维拉应变，使用率 1 表示拉应变值 0.002，云图表明墙肢中的钢筋工作状态基本小于 0.8 倍屈服应变。

图 6.2-33 为边缘构件钢筋纤维拉应变，使用率 1 表示拉应变值 0.002，云图表明边缘构件中的钢筋有部分处于 (0.8~1) 倍屈服应变工作状态。

图 6.2-34 为剪力墙剪切应变，使用率 1 表示剪切应变值 0.004，云图表明墙肢的剪切性能基本处于 (0.2~0.5) 倍屈服剪应变，连梁（墙元模拟）的剪切性能部分进入 (0.5~0.8) 倍屈服剪应变，极个别墙单元剪切应变大于 1.0，为单元严重不规则所致。

计算结果表明，纤维应变与剪切应变均满足性能目标要求。

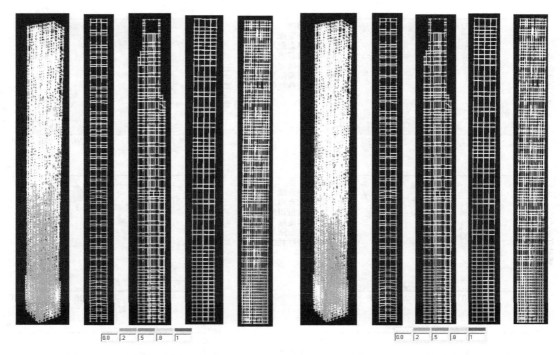

图 6.2-31　混凝土纤维压应变　　　　　图 6.2-32　钢筋纤维拉应变

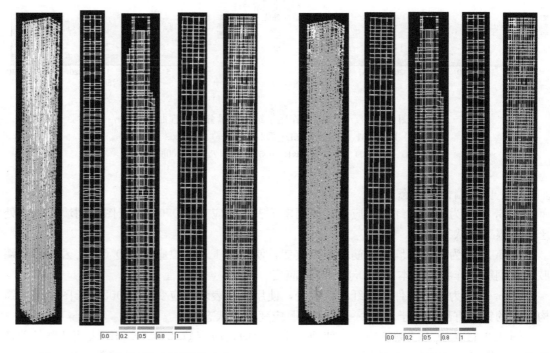

图 6.2-33　边缘构件钢筋纤维拉应变　　　图 6.2-34　剪切应变

（2）柱性能状态

在罕遇地震作用下，柱所处的性能状态如图 6.2-35 所示。由图可见钢柱塑性变形小于IO，满足性能目标要求。

（3）水平构件性能状态

在罕遇地震作用下，结构中的钢梁与混凝土梁的性能状态如图6.2-36～图6.2-38所示。由图可见，钢梁与混凝土梁塑性变形均小于IO，满足性能目标要求。连梁剪切需求能力比小于0.5，满足剪压比限值要求。

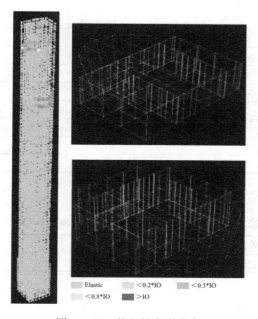

图 6.2-35　柱塑性变形状态

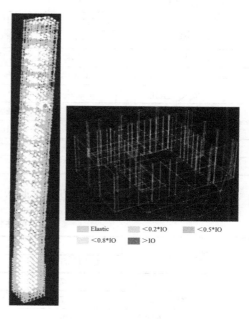

图 6.2-36　混凝土梁塑性变形状态

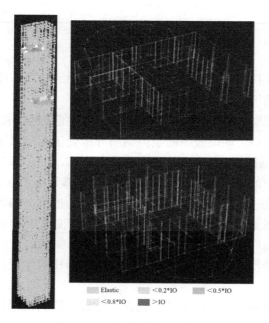

图 6.2-37　钢梁塑性变形状态

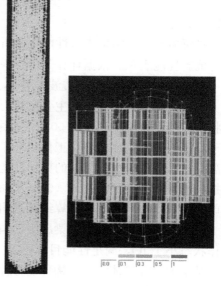

图 6.2-38　连梁剪切强度截面

6. 计算结果汇总

罕遇地震作用下结构整体指标计算结果汇总如表 6.2-10 所示。

整体计算结果汇总　　　　　　　　　　　　表 6.2-10

地震工况	KL_001 工况	KL_002 工况	KL_003 工况	KL_004 工况	KL_005 工况	KL_006 工况
地震能量（kN·m）	35590	38420	26760	25380	31930	32740
塑性耗能百分比	11.21%	13.14%	7.96%	6.3.35%	8.62%	10.58%
X 向最大基底剪力（kN）	58640	50160	50280	42620	56080	47740
X 向最大剪重比	9.83%	8.41%	8.43%	7.15%	9.40%	8.01%
Y 向最大基底剪力（kN）	51080	57830	43280	50780	43140	49350
Y 向最大剪重比	8.57%	9.70%	7.26%	8.52%	7.23%	8.28%
X 向最大顶点位移（m）	0.952	0.820	0.197	0.167	0.574	0.360
Y 向最大顶点位移（m）	0.780	0.915	0.164	0.187	0.252	0.238
X 向最大层间位移角	1/204	1/235	1/754	1/892	1/323	1/497
Y 向最大层间位移角	1/254	1/222	1/923	1/802	1/701	1/720

罕遇地震作用下结构构件塑性变形状态如表 6.2-11 所示。

构件性能状态汇总　　　　　　　　　　　　表 6.2-11

地震工况		剪力墙			柱	梁
		混凝土压应变 2‰	钢筋拉应变 2‰	剪切应变 4‰	IO	IO
人工波 1	主向 X	0.75	0.79	0.96	0.80	0.48
	主向 Y	0.72	0.77	0.85	0.72	0.45
天然波 1	主向 X	0.66	0.71	0.81	0.68	0.43
	主向 Y	0.67	0.73	0.83	0.71	0.44
天然波 2	主向 X	0.68	0.70	0.79	0.67	0.41
	主向 Y	0.63	0.69	0.77	0.70	0.42

注：表中数值为地震历程累积最大值。

6.2.3.6 结论

对康力测试塔结构进行性能化分析的主要目的，是为了更好地认识结构罕遇地震作用下的抗震性能表现。根据计算分析结果，对结构抗震性能作出如下综合评价：

（1）主体结构在各组地震波作用下，最大弹塑性层间位移角为 1/204，满足性能目标要求。

（2）剪力墙为本结构的主要抗侧力构件，剪力墙墙肢中的竖向钢筋纤维处于不屈服工作状态，最大拉应变约为 0.0016；边缘构件钢筋纤维的拉应变，最大值小于 0.002，部分处于（0.8~1）倍屈服应变工作状态；墙肢中的竖向混凝土纤维性能状态大部分小于 0.5倍混凝土峰值压应变；墙肢的剪切性能基本处于（0.2~0.5）倍屈服剪应变，连梁（墙元模拟）的剪切性能部分进入（0.5~0.8）倍屈服剪应变，极个别墙单元剪切应变大于 1.0，为单元严重不规则所致。计算结果表明，纤维应变与剪切应变均满足性能目标要求。

（3）部分钢梁与混凝土梁屈服，但塑性变形状态均小于 IO 性能水准；钢柱塑性变形工作状态小于 IO，满足性能目标要求。

基于弹塑性整体指标、构件变形性能状态可知，结构体系及构件尺寸设计均满足预期的抗震性能目标。

6.3　苏州中心广场工程

6.3.1　工程概况

苏州中心广场项目（图 6.3-1）位于苏州工业园区湖西 CBD 核心区域，北临苏绣路、南到苏惠路、西起星阳街、东至星港街，整个地块围绕"东方之门"，东侧面向金鸡湖城市广场。本工程苏州中心广场南区 8、9 号楼公寓（图 6.3-2）分别属于苏州中心广场项目 D 区及 E 区，建筑方案与初步设计由日建设计完成，结构性能化分析与施工图设计工作由中衡设计完成，并在 2013 年通过超限工程抗震专项审查。

图 6.3-1　苏州中心项目

图 6.3-2　苏州中心 8、9 号楼

本工程为两栋（8 号和 9 号）超高层连体公寓楼，其中 8 号楼结构高度为 194.700m，9 号楼结构高度为 221.700m，均采用框架—核心筒结构体系。8 号与 9 号楼在 3 层、4 层采用钢结构桁架连成一体，裙房采用框架结构；裙房与塔楼主体形成大底盘的双塔结构。

由于项目所在区域场地地震安全性评价报告给出的小震下水平加速度峰值为 36gal，并且项目较为重要，因此业主要求按 7 度（0.10g）进行设计，大震时程分析中水平地震峰值加速度取值为 220gal。

由于结构设计过程中对核心筒及外侧柱网进行了调整，本工程经历了两次设计和审查，前后两次动力弹塑性分析分别采用 PERFORM-3D 和 ABAQUS 完成。在 6.3.2 节及 6.3.3 节分别对新、旧方案进行了动力弹塑性分析应用的介绍。

以 9 号楼为例，图 6.3-3 和图 6.3-4 分别为标准层调整后和调整前的平面布置图，表 6.3-1 为新旧方案的结构概况对比，可见结构外围尺寸基本未变，高度增加了 2.800m，核心筒宽度增大 6.35m，相应的核心筒高宽比由 21.40 减小到 13.08，结构形式更加合理，包括墙柱截面、型钢柱高度等构件尺寸均小于原有设计，底部墙肢在中震作用下基本不受拉，抗震性能更好。

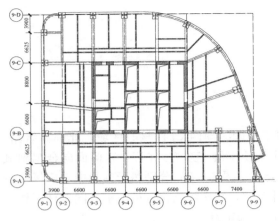

图 6.3-3　9 号楼新方案标准层平面布置图

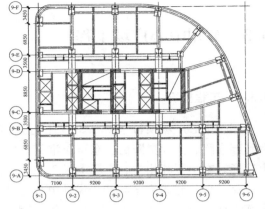

图 6.3-4　9 号楼旧方案标准层平面布置图

在新方案中，9 号楼核心筒外墙厚度为 $1000 \sim 300$mm，内墙厚度为 $300 \sim 200$mm，外框柱截面为 1400mm$\times 1800$mm~ 700mm$\times 700$mm。8 号楼核心筒外墙厚度为 $750 \sim 300$mm，内墙厚度为 $300 \sim 200$mm，外框柱截面为 1200mm$\times 1200$mm~ 700mm$\times 700$mm。结构竖向构件混凝土强度等级为 C60$\sim$C40，地区楼层外框柱为型钢混凝土柱。

参考《建筑抗震设计规范》GB 50011—2010 和《高层建筑混凝土结构技术规程》JGJ 3—2010 等相关规范条例，本工程为塔楼高度超限的复杂高层（大底盘多塔），涉及扭转不规则、楼板不连续、刚度突变和尺寸突变等多项一般不规则项目，具体描述见表 6.3-2 和表 6.3-3。

9 号楼新旧方案结构设计概况对比 　　　　　　表 6.3-1

类别	新方案	旧方案	类别	新方案	旧方案
结构类型	框架＋核心筒结构	框架＋核心筒结构	结构高宽比	5.460	5.410
建筑物平面长度	43.900m	43.900m	核心筒长度	20.400m	22.700m
建筑物平面宽度	38.150m	38.150m	核心筒宽度	16.000m	9.650m
层数	地上 56/地下 3 层	地上 56/地下 3 层	核心筒高宽比	13.08	21.40
高度	209.300m	206.500m	标准层层高	3.500m	3.400m/3.500m
地下室埋深	15.350m	15.350m	底部最大层高	7.000m	6.000m
基础形式	塔楼：桩筏基础 裙房：桩基承台 ＋抗水板	塔楼：桩筏基础 裙房：桩基承台 ＋抗水板	外围柱距	6.600m	9.200m
			楼面最大跨距	10.500m	10.500m

8 号楼超限项目汇总 　　　　　　表 6.3-2

超限项目		判定结果	判定原因
高度超限		是	结构总高度 182.200m，超 B 级高度（180m）
是否复杂高层		是	大底盘多塔结构
不规则类型	扭转不规则	是	规定水平力下的楼层最大位移比：X 向 1.31，Y 向 1.18 最大超过 1.2，但小于 B 级高度限值 1.4
	偏心布置	是	单塔或多塔与大底盘的质心偏心距大于底盘相应边长的 20% 高层部分偏心率小于 0.15%

超限项目		判定结果	判定原因
不规则类型	楼板不连续	是	主楼楼板连续，没有大开口 裙房部分大宴会厅两层通高，故局部存在楼板不连续
	刚度突变	是	34F 楼层侧向刚度与上层刚度 90%、110% 的比值小于 1.0，存在薄弱层
	尺寸突变	是	主楼尺寸不发生突变，裙房屋面处收进尺寸大于 25%
	其他不规则	是	局部存在穿层柱

9 号楼超限情况汇总　　　　　　　　　　　　　表 6.3-3

超限项目		判定结果	判定原因
高度超限		是	结构总高度 209.300m，超 B 级高度（180m）
是否复杂高层		是	大底盘多塔结构
不规则类型	扭转不规则	是	规定水平力下的楼层最大位移比：X 向 1.24，Y 向 1.24 最大超过 1.2，但小于 B 级高度限值 1.4
	刚度突变	是	28F 楼层侧向刚度与上层刚度 90%、110% 的比值小于 1.0，存在薄弱层
	尺寸突变	是	主楼尺寸不发生突变，裙房屋面处收进尺寸大于 25%

针对本工程结构的特点和超限情况，设定结构大震作用下的性能目标如表 6.3-4 所示。

大震性能目标　　　　　　　　　　　　　　　表 6.3-4

	抗震烈度水准		罕遇地震
塔楼	整体变形控制目标		1/120
	关键构件	底部加强部位核心筒及框架柱	满足抗剪截面控制条件
	一般构件	非底部加强部位核心筒及框架柱	满足抗剪截面控制条件
		框架梁、连梁	大部分可弯曲屈服，满足抗剪截面控制条件
连体桁架	连体桁架		部分可弯曲屈服
	连体桁架楼板		—
	与连体桁架相连框架柱		部分可弯曲屈服

6.3.2　基于 ABAQUS 的弹塑性时程分析

6.3.2.1　分析目的

通过弹塑性时程法对该大底盘多塔结构进行分析，得到结构在罕遇地震作用下完整的非线性响应过程，以此论证结构预设的抗震性能目标，并达到以下目的：

（1）分别计算结构两栋塔楼的整体性能指标，包括罕遇地震作用下的最大顶点位移、最大层间位移（角），以及最大基底剪力等，并对整体结构的基底剪力等指标进行分析。

（2）研究结构构件性能，包括地震作用下塔楼部分的梁、柱、墙、板等构件，裙房部分的钢桁架、楼板等构件的塑性损伤发展情况。

（3）根据分析结果，评价结构体系合理性，并针对结构薄弱部位和构件提出相应的加强措施，指导后续结构设计。

6.3.2.2　分析过程

本工程有限元分析模型基于设计软件 PKPM，采用接口软件 STA 完成结构网格划分和钢筋信息的输入等前处理工作，主要概况见表 6.3-5。

分析概况 表 6.3-5

类别		分析方法
计算方法		基于 ABAQUS 显式方法的动力弹塑性时程方法 考虑几何非线性和材料非线性
材料模型	混凝土壳单元	混凝土塑性损伤模型
	混凝土梁单元	VUMAT 编写的基于混凝土塑性损伤模型的材料子程序
	钢材	运动硬化模型
构件模拟	梁单元	B32 单元，长度小于 500mm 采用 B31 单元
	壳单元	四边形或三角形完全积分单元 S4/S3
	钢筋实现	梁单元中的钢筋单元采用共节点梁单元实现 壳单元中的钢筋单元采用分布式钢筋"＊Rebar Layer"实现
结构阻尼		参考《建筑抗震设计规范》，取结构在罕遇地震作用下的阻尼比为 0.05 分析中仅考虑瑞雷阻尼中的质量阻尼
分析步骤	线弹性	对有限元模型进行模态分析，对比设计软件计算结果，保证模型正确性
	施工模拟	对大底盘多塔结构进行非线性施工模拟，形成时程分析的初始状态
	地震工况弹塑性	进行六个地震工况的弹塑性时程分析

地震波数据库由江苏省地震工程研究院提供，结合规范要求最终选择三组最适合的地震波，图 6.3-5 和图 6.3-6 分别为人工波 S01-1 波形及人工波组对应加速度谱与规范谱对比曲线。本工程采用三向地震波输入，持续时间 40s，主方向地震波有效峰值为 220gal。如表 6.3-6 所示，每组地震波 X、Y 向交替进行主方向输入，计算两组工况，总共计六组。

地震时程输入分析工况 表 6.3-6

分析工况	时程波	时程波组合		
		Y 向峰值比	X 向峰值比	Z 向峰值比
SZC_001	人工波第一组	1.00×(S01-1)	0.85×(S01-2)	0.65×(S01-3)
SZC_002	(S01-1、S01-2、S01-3（竖向）)	0.85×(S01-2)	1.00×(S01-1)	0.65×(S01-3)
SZC_003	天然波第一组	1.00×(S02-1)	0.85×(S02-2)	0.65×(S02-3)
SZC_004	(S02-1、S02-2、S02-3（竖向）)	0.85×(S02-2)	1.00×(S02-1)	0.65×(S02-3)
SZC_005	天然波第二组	1.00×(S03-1)	0.85×(S03-2)	0.65×(S03-3)
SZC_006	(S03-1、S03-2、S03-3（竖向）)	0.85×(S03-2)	1.00×(S03-1)	0.65×(S03-3)

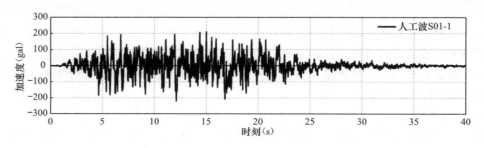

图 6.3-5 人工波 S01-1 时程曲线图

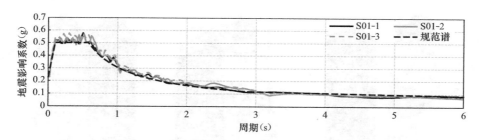

图 6.3-6 人工波 S01 三方向反应谱与规范谱对比图

6.3.2.3 分析结果

1. 初始线弹性特征

表 6.3-7 为 ABAQUS 与 SATWE 计算模型总质量和质心坐标对比，表 6.3-8 为模型前 9 阶周期计算结果对比，从表中可知，两者结果基本吻合，可验证 ABAQUS 有限元模型的正确性和合理性。

ABAQUS 与 SATWE 计算模型总质量与质心坐标对比 表 6.3-7

计算软件	质量（t）	质心坐标（m）		
		X	Y	Z
SATWE	290846	60.77	20.09	90.00
ABAQUS	290843	60.73	20.07	89.47

ABAQUS 与 SATWE 计算模型前 9 阶周期计算结果对比 表 6.3-8

振型阶次	周期（s）		相对误差
	SATWE	ABAQUS	
1	5.84	5.58	4.67%
2	5.28	5.37	1.64%
3	5.22	5.25	0.58%
4	4.62	4.91	5.93%
5	4.54	4.40	3.00%
6	4.04	4.04	0.04%
7	1.79	1.76	2.14%
8	1.70	1.69	0.88%
9	1.60	1.65	3.23%

图 6.3-7 为 ABAQUS 计算前六阶振型形状，结构第一、二阶为 9 号楼 Y 向和 X 向的一阶平动，第三、四阶为 8 号楼 Y 向和 X 向的一阶平动，第五、六阶分别为 9 号和 8 号楼的一阶扭转。

2. 施工模拟

在施工过程的非线性模拟中，对塔楼的每三个楼层采用一个施工步，裙房部分的两层大跨度连体桁架在塔楼整体施工完成后再进行加载，部分步骤示意如图 6.3-8 所示。

图 6.3-7　ABAQUS 模型前六阶振型
(a) $T_1=5.58$s；(b) $T_2=5.37$s；(c) $T_3=5.25$s；
(d) $T_4=4.91$s；(e) $T_5=4.40$s；(f) $T_6=4.04$s

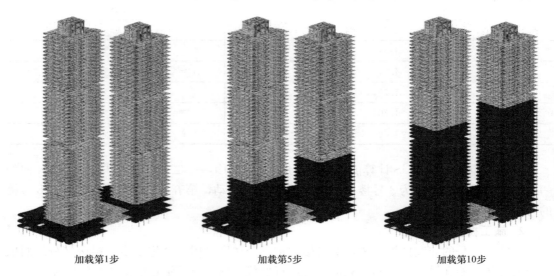

加载第1步　　　　　　　　加载第5步　　　　　　　　加载第10步

图 6.3-8　施工加载非线性模拟过程示意图（一）

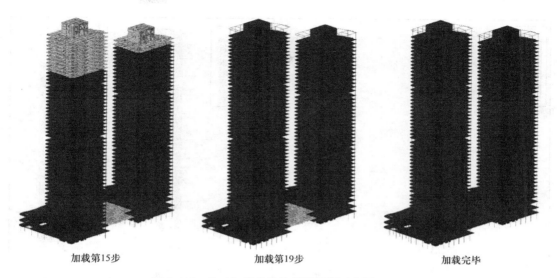

加载第15步　　　　　　　　加载第19步　　　　　　　　加载完毕

图 6.3-8　施工加载非线性模拟过程示意图（二）

图 6.3-9 所示为某些施工工况下的结构竖向位移分布，施工加载完毕后结构的最大竖向位移，9 号楼为 0.020m（竖向构件），8 号楼为 0.018m（竖向构件）。从云图可见，结构竖向位移在中间楼层较大，低楼层和高楼层区域位移较小，整体呈两端向中间区域变大的现象。

图 6.3-10 和图 6.3-11 分别为施工完成阶段 8 号楼和 9 号楼外框架柱和内筒剪力墙的竖向位移随楼层分布以及两者位移差分布图。从图中可见，墙、柱竖向位移曲线整体呈抛

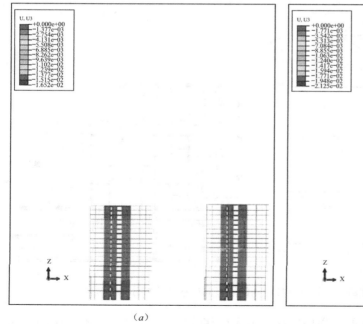

(a)

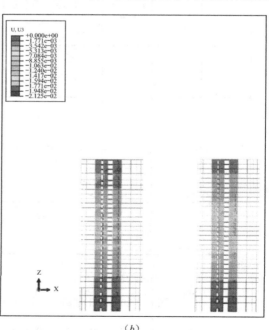

(b)

图 6.3-9　施工加载过程中塔楼部分竖向位移分布图（一）

(a) 加载第 6 步；(b) 加载第 10 步

183

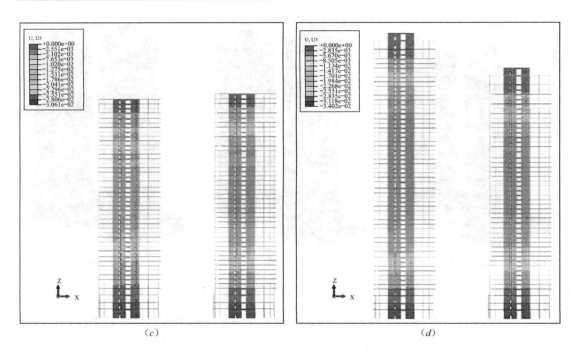

图 6.3-9　施工加载过程中塔楼部分竖向位移分布图（二）

（c）加载第 15 步；（d）加载第 19 步

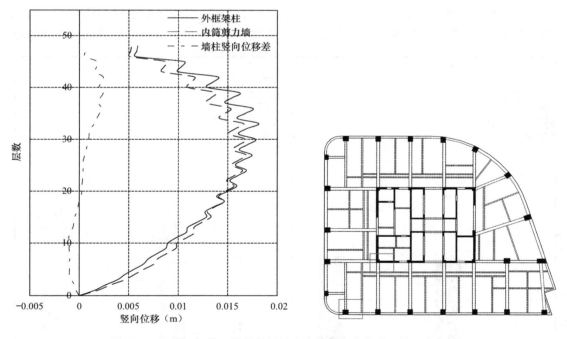

图 6.3-10　施工加载 8 号楼外框柱和内筒墙竖向位移（差）分布图

物线状，均为中间楼层大、低楼层和高楼层小，最大位移分别发生在第 33/33 和第 27/30 层；由柱墙竖向位移差分布可见，在结构下部，外框架变形小于内筒，但随着层数增加变形超过核心筒。

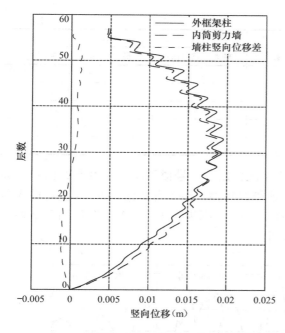
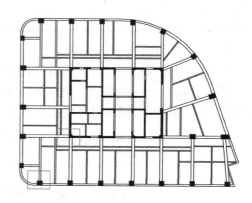

图 6.3-11　施工加载 9 号楼外框柱和内筒墙竖向位移（差）分布图

3. 弹塑性位移

表 6.3-9 和表 6.3-10 分别为结构 8 号楼和 9 号楼在六个不同工况下顶点最大位移和层间最大位移角。结构 X 向最大位移为 0.83m（8 号楼）和 0.87m（9 号楼），层间最大位移角为 1/173（8 号楼）和 1/143（9 号楼），位于第 35 层（8 号楼）和第 38 层（9 号楼）；Y 向顶点最大位移为 1.01m（8 号楼）和 1.11m（9 号楼），层间最大位移角为 1/128（8 号楼）和 1/142（9 号楼），位于第 34 层（8 号楼）和第 38 层（9 号楼）；层间位移角均满足预定性能目标 1/120 的要求。

不同工况下 8 号楼顶点最大位移和层间最大位移角　　　表 6.3-9

分析工况	X 向		Y 向	
	最大位移（m）	最大位移角（所在层数）	最大位移（m）	最大位移角（所在层数）
SZC_001	0.83	1/184（29）	1.01	1/128（34）
SZC_002	0.78	1/174（33）	0.68	1/181（42）
SZC_003	0.21	1/434（39）	0.62	1/181（40）
SZC_004	0.65	1/173（35）	0.33	1/314（34）
SZC_005	0.30	1/306（45）	0.68	1/177（33）
SZC_006	0.63	1/191（33）	0.34	1/291（44）
最大值	0.83	1/173（35）	1.01	1/128（34）

不同工况下 9 号楼顶点最大位移和层间最大位移角　　　表 6.3-10

分析工况	X 向		Y 向	
	最大位移（m）	最大位移角（所在层数）	最大位移（m）	最大位移角（所在层数）
SZC_001	0.65	1/205（38）	1.11	1/156（47）
SZC_002	0.87	1/143（39）	0.71	1/203（47）

分析工况	X 向		Y 向	
	最大位移（m）	最大位移角（所在层数）	最大位移（m）	最大位移角（所在层数）
SZC＿003	0.31	1/375 (47)	0.70	1/196 (41)
SZC＿004	0.65	1/177 (46)	0.34	1/296 (48)
SZC＿005	0.28	1/337 (49)	0.83	1/142 (38)
SZC＿006	0.79	1/159 (38)	0.35	1/326 (51)
最大值	0.87	1/143 (39)	1.11	1/142 (38)

图 6.3-12 和图 6.3-13 分别为 SZC＿001 工况作用下 8 号楼和 9 号楼顶点 X 向弹性和弹塑性位移对比曲线图。由图中可见，对应地震波特性，该工况下结构在 5s 左右进入塑性阶段，结构周期明显增大。图 6.3-14 和图 6.3-15 分别为 SZC＿001 工况作用下结构弹塑性层位移和层间位移角沿高度变化的分布图。

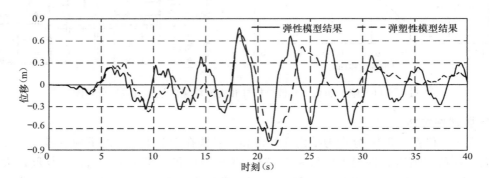

图 6.3-12　SZC＿001 工况作用下 8 号楼 X 向弹性和弹塑性位移对比曲线

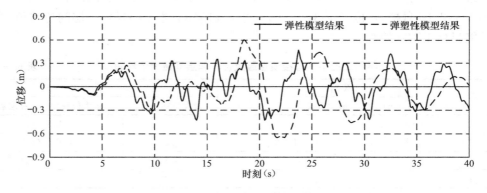

图 6.3-13　SZC＿001 工况作用下 9 号楼 X 向弹性和弹塑性位移对比曲线

4. 基底剪力

表 6.3-11～表 6.3-13 分别为连体结构、8 号楼和 9 号楼在不同工况下基底最大剪力和对应剪重比。六个工况下连体结构基底剪力 X 向最大为 190345kN，剪重比为 6.68％，Y 向最大为 181066kN，剪重比为 6.35％；8 号楼基底剪力 X 向最大为 114323kN，剪重比为 9.14％，Y 向最大为 102639kN，剪重比为 8.21％；9 号楼基底剪力 X 向最大为 139186kN，剪重比为 9.23％，Y 向最大为 115455kN，剪重比为 7.66％。

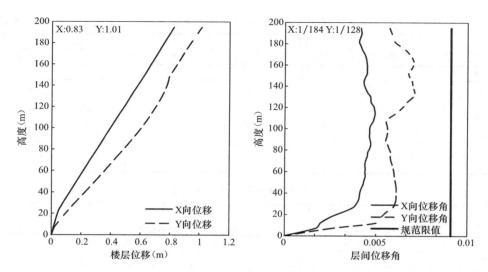

图 6.3-14　SZC_001 工况作用下 8 号楼弹塑性层位移和层间位移角曲线

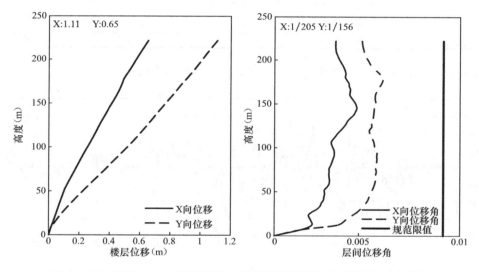

图 6.3-15　SZC_001 工况作用下 9 号楼弹塑性层位移和层间位移角曲线

连体结构基底最大剪力和剪重比　　　　　　　　　　　表 6.3-11

分析工况	X 向		Y 向	
	最大总剪力（kN）	剪重比	最大总剪力（kN）	剪重比
SZC_001	173318	6.08%	162045	5.69%
SZC_002	190345	6.68%	159058	5.58%
SZC_003	160072	5.62%	170169	5.97%
SZC_004	169537	5.95%	160329	5.63%
SZC_005	150077	5.27%	181066	6.35%
SZC_006	161744	5.67%	176053	6.18%
最大值	190345	6.68%	181066	6.35%

8 号楼结构基底最大剪力和剪重比　　　　　　　　　表 6.3-12

分析工况	X 向		Y 向	
	最大总剪力（kN）	剪重比	最大总剪力（kN）	剪重比
SZC_001	110652	8.85%	93316	7.46%
SZC_002	114323	9.14%	78659	6.29%
SZC_003	97169	7.77%	98099	7.84%
SZC_004	111467	8.91%	75894	6.07%
SZC_005	91751	7.34%	102639	8.21%
SZC_006	97166	7.77%	98340	7.86%
最大值	114323	9.14%	102639	8.21%

9 号楼结构基底最大剪力和剪重比　　　　　　　　　表 6.3-13

分析工况	X 向		Y 向	
	最大总剪力（kN）	剪重比	最大总剪力（kN）	剪重比
SZC_001	123492	8.19%	92392	6.13%
SZC_002	139186	9.23%	90181	5.98%
SZC_003	101975	6.76%	115455	7.66%
SZC_004	116009	7.70%	86040	5.71%
SZC_005	121810	8.08%	92985	6.17%
SZC_006	126062	8.36%	89058	5.91%
最大值	139186	9.23%	115455	7.66%

图 6.3-16～图 6.3-18 为 SZC_001 工况下结构基底剪力时程曲线图。

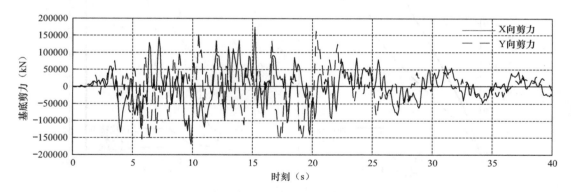

图 6.3-16　SZC_001 工况作用下连体结构基底剪力时程曲线

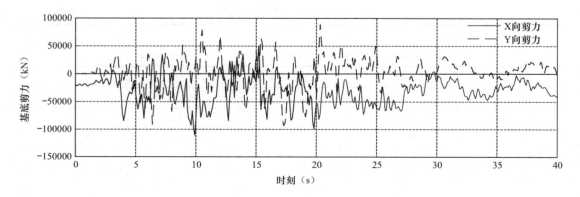

图 6.3-17　SZC_001 工况作用下 8 号楼结构基底剪力时程曲线

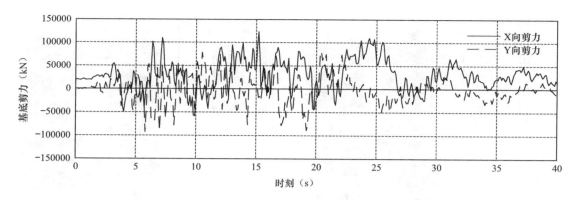

图 6.3-18　SZC＿001 工况作用下 9 号楼结构基底剪力时程曲线

5. 能量平衡

图 6.3-19 所示为 SZC＿001 和 SZC＿002 工况下结构体系能量耗散分布时程图。从图中对结构能量的监测可以看出，在地震作用初期，能量主要源于静力荷载作用；随着地震的加剧，地震输入能急剧加大，弹性应变能保持不变，而阻尼与塑性耗能随着地震作用的加强开始大幅度增加，消耗了整个地震过程中的大量能量，其中塑性耗散能达到 40％左右。

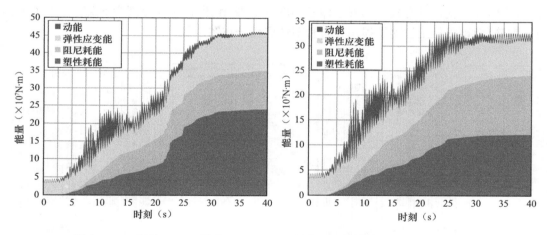

图 6.3-19　SZC＿001 工况和 SZC＿002 工况作用下结构能量耗散分布时程图

6. 构件塑性损伤情况

本节对混凝土梁、板和剪力墙在不同工况下的受压损伤，以及混凝土构件中钢筋、结构中钢构件的塑性应变分别做出定量描述。

对于钢筋混凝土梁构件，两个塔楼的顶部（出屋面，设备架空层）的部分梁在多工况作用下钢筋和混凝土都出现了较为严重的损坏，另外两栋塔楼外框柱和内筒连接主梁，也有部分梁端部出现轻度至中度损坏，此外在大震作用下未见明显的受压损伤；由钢筋塑性应变分布来看，结构中存在少量钢筋进入塑性状态，除个别工况下结构顶部有钢筋出现较大塑性应变外，其他都处于轻度损坏级别以下。图 6.3-20 和图 6.3-21 分别为结构混凝土梁在 SZC＿001 工况作用下的混凝土损伤和钢筋塑性应变分布图。

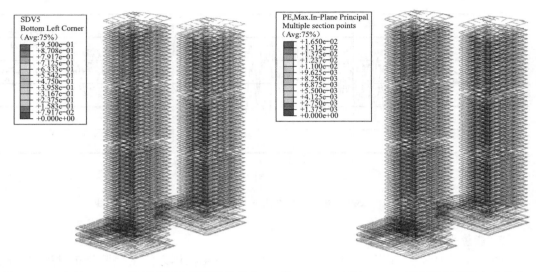

图 6.3-20　SZC_001 工况梁混凝土受压损伤分布　　图 6.3-21　SZC_001 工况梁钢筋塑性应变分布

外框架柱方面，除两栋塔楼顶部（出屋面，设备架空层）出现较大混凝土受压损坏（轻度至中度，对应钢筋发生轻度损坏）外，仅有个别位置有少量的混凝土受压损伤和钢材/钢筋塑性应变，具有较大的安全储备。图 6.3-22 和图 6.3-23 分别为 SZC_001 工况作用下钢筋/型钢混凝土柱塑性损伤分布和塑性应变分布图。

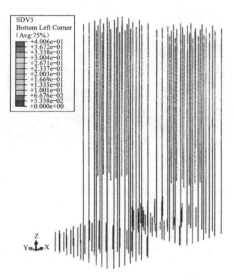 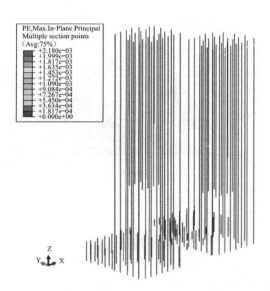

图 6.3-22　SZC_001 工况柱混凝　　　　　　图 6.3-23　SZC_001 工况柱钢筋/型

土塑性损伤分布　　　　　　　　　　　　钢塑性应变分布

塔楼裙房连接处的钢桁架和钢支撑都未发生明显的塑性破坏，在裙房第二层上的型钢柱有个别出现塑性应变，总体而言满足大震不屈服。图 6.3-24 为 SZC_001 工况作用下裙房钢桁架和钢支撑的塑性应变分布图，图 6.3-25 为 SZC_001 工况下裙房第二层型钢柱的塑性分布图。

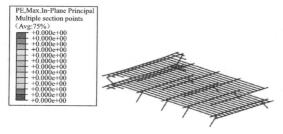

图 6.3-24　SZC＿001 工况钢桁架和
支撑塑性应变分布

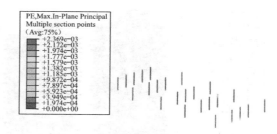

图 6.3-25　SZC＿001 工况钢柱塑性
应变分布

由全楼的混凝土楼板损伤分布可以看出，楼板损伤主要集中于裙房层和设备层附近。混凝土损伤主要分布在裙房与塔楼的连接处、核心筒周边、部分洞口周围，以及板跨较大的区域，损坏可达到中度破坏级别；另一方面，对应的钢筋仅出现轻微至轻度损坏级别的塑性应变，故不会造成楼板的突然垮塌；但是从楼板整体性来说，由于某些区域破坏面积较大，在后续设计中依旧进行了加强处理；除此之外，其他多数楼板损伤值处于 0.2 以下。图 6.3-26～图 6.3-30 为 SZC＿001 工况作用下结构楼板整体混凝土损伤和部分楼层塑性损伤分布图。

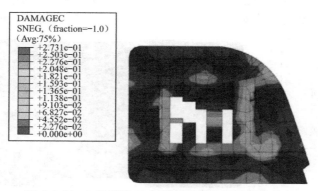

图 6.3-26　8 号楼第 32 层楼板混凝土受压损伤分布

由两栋塔楼的剪力墙计算结果可得：连梁作为结构抗震第一道防线，在地震作用下损伤较为明显，达到耗能设计意图；两栋塔楼 A 和 B 轴线外墙的中上半部分连梁周围，混凝土出现了大范围较大的损伤值；在内墙垂直交叉处，多工况下两个塔楼都出现了较大范围的条状破坏；另外，个别地震工况下结构底部剪力墙出现一定程度的受压损伤；对应钢筋的塑性应变处于中度及以下级别的损坏；后续设计对应分析结果分别进行了墙肢配筋和边缘构件的加强。图 6.3-31 和图 6.3-32 分别为 SZC＿001 工况作用下 8 号和 9 号两栋塔楼剪力墙混凝土损伤和钢筋塑性应变分布图。

6.3.2.4　结论建议

结构在各工况作用下的损坏情况汇总于表 6.3-14 中，整体结论如下：

（1）在考虑重力二阶效应及大变形的条件下，两栋塔楼在地震作用下的最大顶点位移分别为 1.01m 和 1.11m，并最终仍能保持直立，满足"大震不倒"的设防要求；8 号楼和 9 号楼在各组地震波作用下的最大弹塑性层间位移角分别为 1/128 和 1/142，满足规范限值及预定性能目标要求。

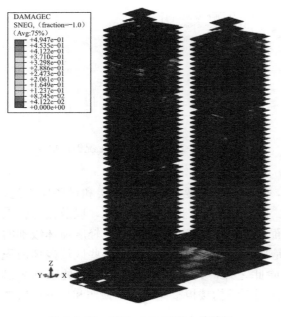

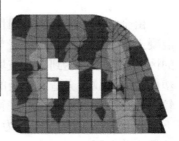

图 6.3-27　SZC_001 工况全楼楼板　　　　图 6.3-28　8 号楼第 32 层楼板钢筋
　　　　　混凝土受压损伤分布　　　　　　　　　　　塑性应变分布

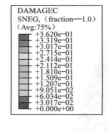
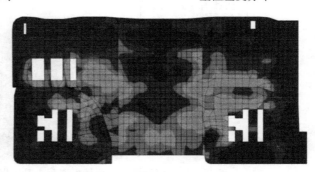

图 6.3-29　裙房第 3 层楼板混凝土受压损伤分布

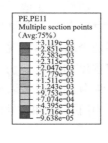
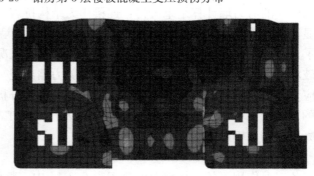

图 6.3-30　裙房第 3 层楼板钢筋塑性应变分布

（2）连梁作为结构抗震第一道防线，其屈服耗能有效地保护了主体墙肢，结构的整体性保持较好，两栋塔楼 A 和 B 轴线外墙的中上半部分连梁周围，混凝土出现大范围较大的损伤值，需加强对这些部分墙肢的配筋；在内墙垂直交叉处，多工况下出现较大范围的

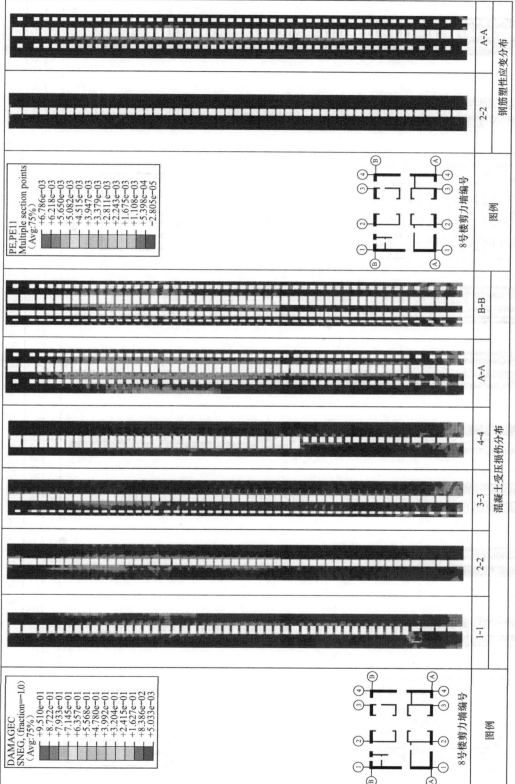

图 6.3-31　SZC_001工况作用下 8号楼剪力墙混凝土损伤和钢筋塑性应变分布图

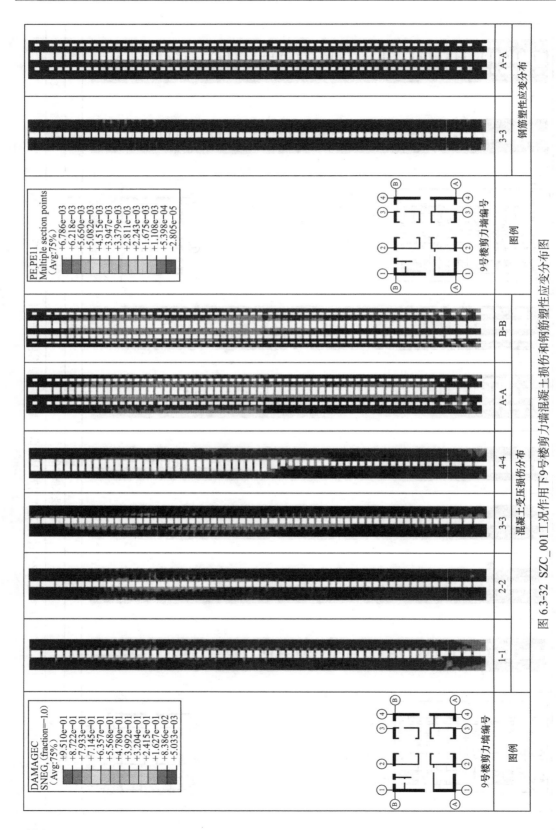

图 6.3-32 SZC_001工况作用下9号楼剪力墙混凝土损伤和钢筋塑性应变分布图

条状破坏,可能的原因是在此交界处传力复杂,应力较为集中,后续设计中对该区域的墙肢和边缘构件设计进行加强;个别地震工况下结构底部剪力墙出现一定程度的受压损伤,但面积较小,对应分析结果适当加强;剪力墙内钢筋应变较小,整体性保持较好。

（3）在设备层附近和裙房处的部分混凝土楼板出现了轻度、中度甚至比较严重的破坏,在后续设计中分别对应进行加强。

（4）对于钢筋混凝土梁,在两栋塔楼顶部（出大屋面,设备架空层）多工况都出现较为严重的损坏,对于该区域须加强设计措施,除此在两个塔楼外框架和内筒连接主梁端部也有部分出现一定损坏,可适当采取措施。

（5）裙房连接桁架处除部分型钢柱出现轻度破坏,整体保持大震不屈服。

（6）外框架型钢/钢筋混凝土柱仅在顶部（出大屋面,设备架空层）出现了少量的损伤和塑性应变,具有较大的安全储备,故结构整体还有较大的弹塑性变形能力储备,震害较轻,满足抗震性能设计目标要求。

综上,在 7 度罕遇地震作用下,结构满足预期性能目标。

主要结构构件损坏情况汇总　　　　　　　　　　表 6.3-14

结构构件	损坏程度			
	轻微损坏	轻度损坏	中度损坏	比较严重损坏
框架柱	部分柱核心混凝土出现受压损伤	个别柱核心混凝土出现受压损伤	顶部（设备架空层）部分柱	无
框架梁	部分外框架钢梁	部分外框架与内筒连接主梁端部	个别外框架与内筒连接主梁端部	顶部（设备架空层）个别混凝土梁
楼板	多数楼板受拉开裂	部分设备层附近楼板	裙房与塔楼连接处,核心筒周边、洞口附近区域	无
剪力墙	多数墙肢受拉开裂	部分墙肢	连梁附近部分墙肢,底部部分剪力墙	连梁,A-A 和 B-B 轴线上半部分连梁附近,内墙垂直交叉处

6.3.3　基于 PERFORM-3D 弹塑性时程分析

6.3.3.1　分析目的

基于构件、截面、材料非线性力学行为,构建结构整体数值模型,输入符合规范校验标准的罕遇地震波,进行结构弹塑性直接积分计算,分析非线性响应结果,定性定量判定结构性能状态。

本项目主要考察如下结构性能状态:

（1）基于地震输入能的分布情况,定性判断结构设计是否符合抗震设计理念。

（2）考察地震作用下结构的最大弹塑性层间位移角与最大楼层剪力分布。

（3）基于塑性变形指标考察结构构件的性能状态,同时基于强度截面指标监测强度使用率情况。

（4）基于分析结果发现结构可能存在的薄弱部位并为后续设计提供指导。

6.3.3.2　计算模型

基于 PERFORM-3D 建立的结构计算模型如图 6.3-33 所示。

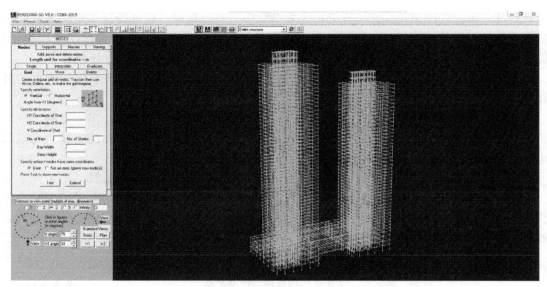

图 6.3-33　基于 PERFORM-3D 计算模型

（1）材料模型

PERFORM-3D 材料模型定义方法与 6.2.3.2 节相同。

（2）构件非线性行为模拟

剪力墙、柱及梁非线性行为模拟方法与 6.2.3.2 节基本相同，剪力墙构件采用单向纤维模型模拟，柱构件采用 FEMA column 模拟，梁构件采用 FEMA beam 模拟。本工程连梁跨高比大于 2.5，弯曲非线性行为采用转动塑性铰模拟，为考察连梁截面的受剪性能状态，沿构件轴向定义剪切强度截面进行实时监测。典型剪力墙构件模拟如图 6.3-34 所示。

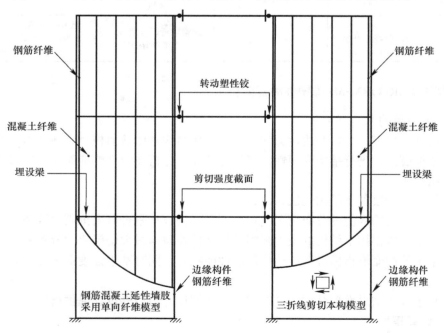

图 6.3-34　剪力墙构件非线性行为计算模型

本工程中的连体结构主桁架（上下弦杆、腹杆）采用 column type PMM 强度截面进行承载力使用率监测，主桁架强度截面定义如图 6.3-35 所示。垂直于主桁架的次梁构件承载力使用率情况则采用 beam type M 强度截面进行监测。

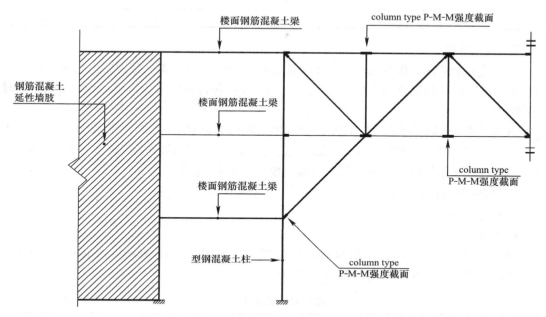

图 6.3-35　连体结构主桁架杆件强度截面定义

6.3.3.3　抗震性能目标

结合表 6.3-4，各类型构件在大震作用下的性能目标描述如表 6.3-15 所示。

结构抗震性能目标　　　　　　　　　　表 6.3-15

项　目		性能目标
核心筒		混凝土受压应变≤1 倍峰值压应变 钢筋拉应变≤3 倍屈服应变 剪切应变≤1 倍屈服剪应变
框架柱		允许弯曲屈服，但塑性转角≤IO
连梁		弯曲屈服，但塑性转角≤CP
楼面梁		允许弯曲屈服，但塑性转角≤LS
连体结构	主桁架	屈服面承载力使用率≤1.0
	次梁	截面抗弯承载力使用率≤1.0

基于构件受力状态与构件设计情况，截面塑性变形性能状态定义如表 6.3-16 所示。

一维构件截面塑性变形性能状态　　　　　　表 6.3-16

构件类型		性能指标		
		IO	LS	CP
框架柱	型钢混凝土柱	0.003	0.012	0.015
	混凝土柱	0.003	0.010	0.012

续表

构件类型		性能指标		
		IO	LS	CP
梁构件	楼面梁	0.001	0.002	0.025
	连梁	0.005	0.010	0.012

6.3.3.4 分析步

建立 2 个非线性分析步进行结构罕遇地震时程分析。第 1 步，施加竖向荷载，包括结构自重、全部附加恒荷载与 50% 的活荷载。第 2 步，保持竖向荷载作用不变，输入地震时程激励。

根据《建筑抗震设计规范》的规定，将地震主方向峰值加速度调整为 220gal，按照 1：0.85：0.65 输入地震波激励。本工程选取 1 组人工波和 2 组天然波作为弹塑性分析的时程波。

弹塑性计算结构体系阻尼机制采用瑞雷模型，定义 $T_a/T_1 = 0.25$ 与 $T_b/T_1 = 1.25$，T_a 与 T_b 对应的阻尼比取值 0.05。

6.3.3.5 计算分析结果

1. 振型

基于 PERFORM-3D 计算出的前 6 阶振型模态如图 6.3-36 所示。PERFORM-3D 与 SATWE 计算出的前 6 阶周期如表 6.3-17 所示。

结构前 6 阶周期（s）   表 6.3-17

阶数	1	2	3	4	5	6
PERFORM-3D	6.04	4.99	4.85	4.48	4.22	3.86
SATWE	5.93	5.06	4.95	4.26	4.14	3.62

由表 6.3-17 可见，PERFORM-3D 与 SATWE 计算出的结构周期基本接近，验证了模型的正确性。

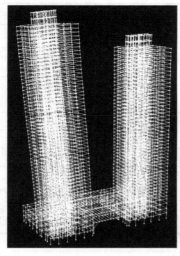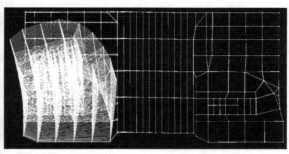

（a）

图 6.3-36　结构前 6 阶振型模态（一）

（a）第 1 振型

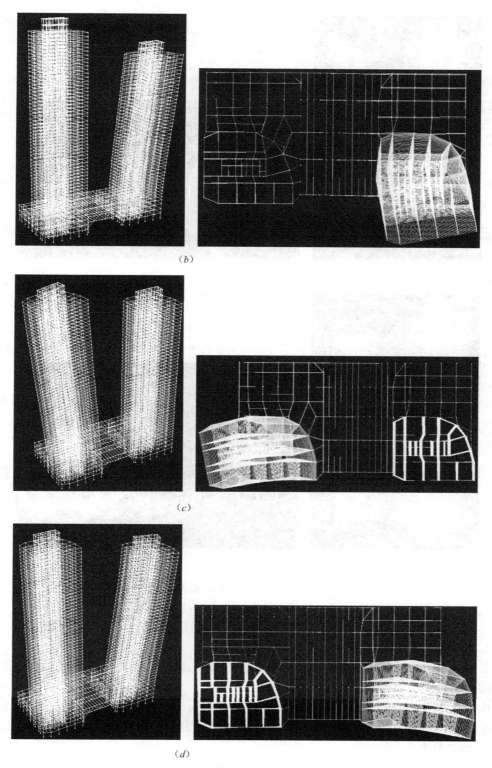

图 6.3-36　结构前 6 阶振型模态（二）

(b) 第 2 振型；(c) 第 3 振型；(d) 第 4 振型

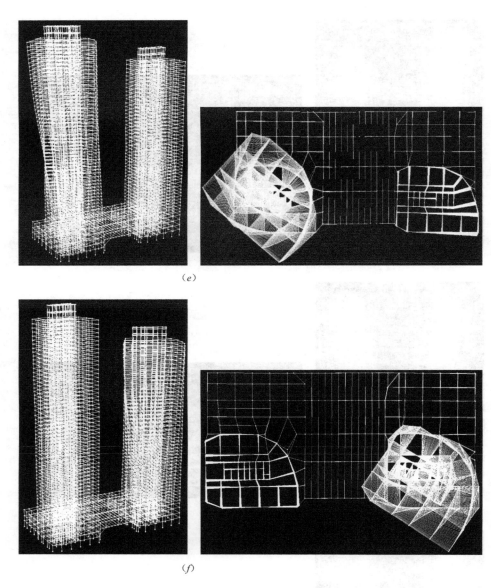

(e)

(f)

图 6.3-36 结构前 6 阶振型模态（三）

(e) 第 5 振型；(f) 第 6 振型

2. 层间位移角

各组地震波作用下结构的最大层间位移角如图 6.3-37～图 6.3-39 所示。结构各方向层间位移角最大值如表 6.3-18 所示。

由表可见，8 号楼弹塑性层间位移角，X 向最大值为 1/186，Y 向最大值为 1/174；9 号楼弹塑性层间位移角，X 向最大值为 1/235，Y 向最大值为 1/170，均满足性能目标要求。

3. 楼层剪力

罕遇地震与多遇地震作用下结构各方向基底剪力对比如表 6.3-19 所示。

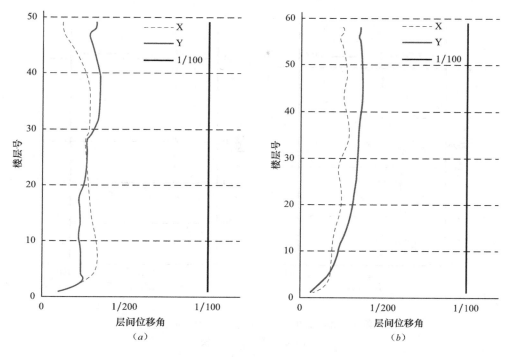

图 6.3-37　SZC_001 工况下最大层间位移角

(*a*) 8 号楼；(*b*) 9 号楼

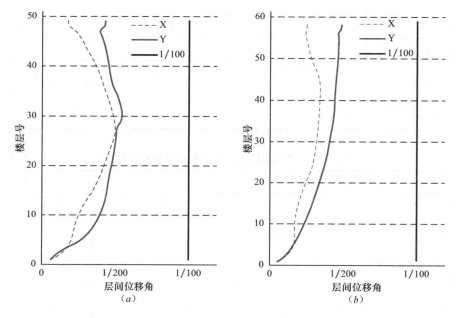

图 6.3-38　SZC_003 工况下最大层间位移角

(*a*) 8 号楼；(*b*) 9 号楼

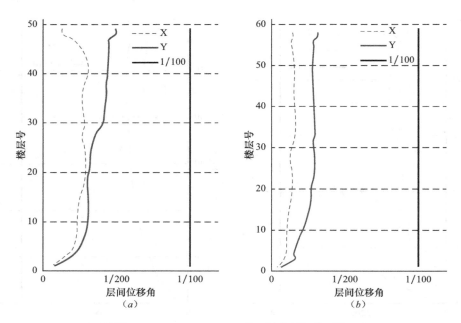

图 6.3-39　SZC_005 工况下最大层间位移角
（a）8 号楼；（b）9 号楼

罕遇地震作用下层间位移角　　　　　　　　　　　　表 6.3-18

地震工况		8 号楼	9 号楼
SZC_001	主向 X	1/296	1/229
SZC_002	主向 Y	1/246	1/235
SZC_003	主向 X	1/198	1/294
SZC_004	主向 Y	1/174	1/170
SZC_005	主向 X	1/327	1/348
SZC_006	主向 Y	1/186	1/282

罕遇地震与多遇地震作用下结构各方向基底剪力对比　　　表 6.3-19

地震工况		8 号楼比值	9 号楼比值
SZC_001	主向 X	3.2	5.9
SZC_002	主向 Y	5.6	4.9
SZC_003	主向 X	3.0	3.4
SZC_004	主向 Y	4.6	4.7
SZC_005	主向 X	3.8	2.8
SZC_006	主向 Y	4.7	5.8

罕遇地震作用下结构的最大楼层剪力分布如图 6.3-40～图 6.3-42 所示。

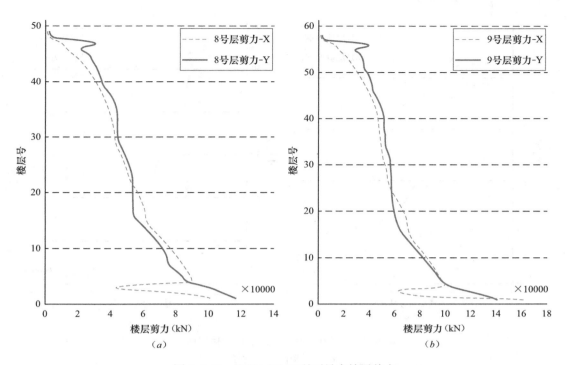

图 6.3-40　SZC＿001 工况下最大楼层剪力

(a) 8 号楼；(b) 9 号楼

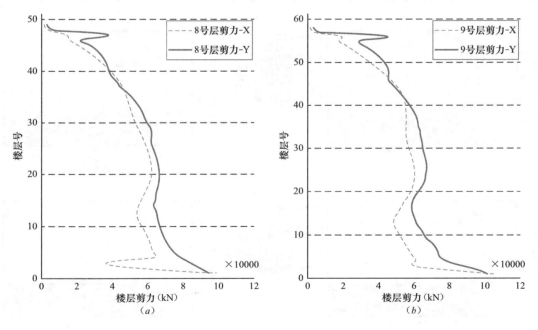

图 6.3-41　SZC＿003 工况下最大楼层剪力

(a) 8 号楼；(b) 9 号楼

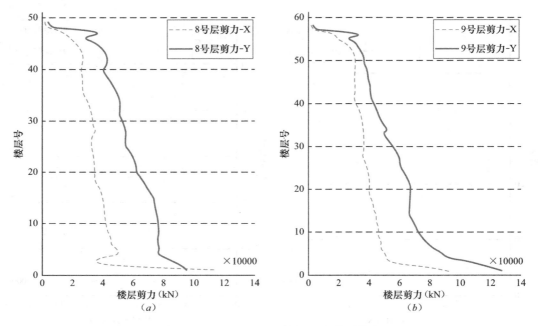

图 6.3-42　SZC_005 工况下最大楼层剪力

(a) 8 号楼；(b) 9 号楼

4. 能量耗散

结构体系在各组地震波作用下，结构能量耗散分布时程如图 6.3-43 所示。

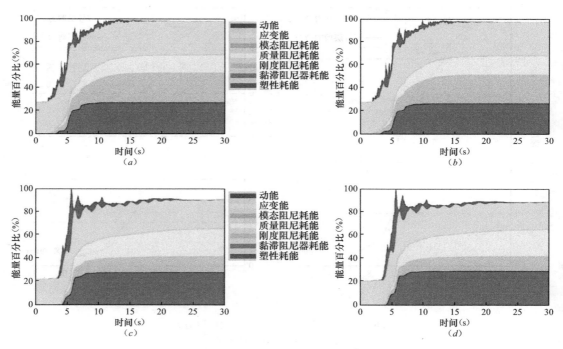

图 6.3-43　罕遇地震作用下结构能量分布时程曲线（一）

(a) SZC_001 工况；(b) SZC_002 工况；(c) SZC_003 工况；(d) SZC_004 工况

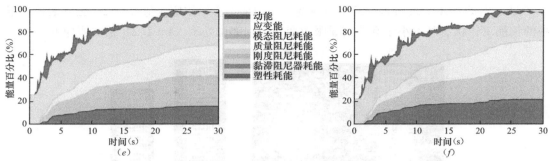

图 6.3-43　罕遇地震作用下结构能量分布时程曲线（二）

（e）SZC＿005 工况；（f）SZC＿006 工况

以 SZC＿003 工况为例说明结构体系的地震耗能，在地震发生初期，几乎所有的能量都集中于弹性应变能，而这部分能量大都源于重力作用；随着地震的加剧，结构动能有所增加，阻尼与塑性耗能开始出现，而弹性应变能基本保持不变；到 6s 左右地震波开始进入峰值区，塑性耗能以较大的幅度增加，反映结构构件塑性铰数量发展增加，塑性变形量进一步加深；到 10s 地震峰值区后塑性耗能以很低的增长率缓慢发展，表示构件塑性发展已趋稳定，主要耗能在材料和构件的阻尼上。地震结束时，大约有 28％能量消耗于构件塑性发展，而 37％的能量耗散于阻尼上，可以认为结构通过适度的塑性变形消耗了地震能量。

5. 构件性能状态

为节约篇幅，构件性能状态将以塑性损伤较大的地震工况加以阐述。

（1）剪力墙性能状态

图 6.3-44 所示为墙肢混凝土纤维压应变，使用率 1 表示压应变值 0.002，云图表明个别墙肢工作状态处于（0.8～1）倍峰值压应变。

图 6.3-44　混凝土纤维压应变

205

图 6.3-45 所示为墙肢钢筋纤维拉应变，使用率 1 表示拉应变值 0.002，云图表明墙肢中的钢筋工作状态基本小于 0.5 倍屈服应变，个别部位处于（1～1.2）倍屈服应变。

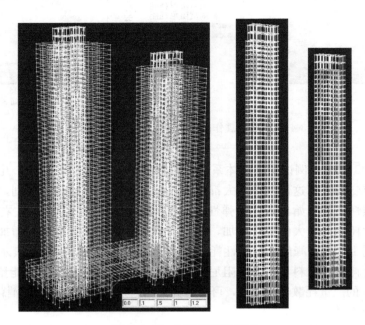

图 6.3-45　钢筋纤维拉应变

图 6.3-46 所示为剪力墙剪切应变，使用率 1 表示剪切应变值 0.004，云图表明墙肢的剪切性能小于 0.3 倍屈服剪应变。

计算结果表明，纤维应变与剪切应变均满足性能目标要求。

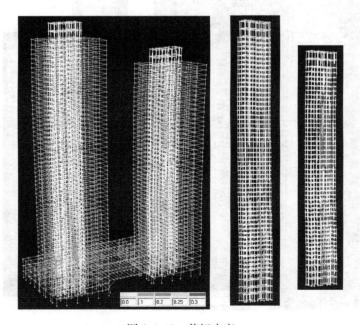

图 6.3-46　剪切应变

（2）柱性能状态

在罕遇地震作用下，柱所处的性能状态如图 6.3-47 所示。由图可见，柱塑性变形小于 IO，满足性能目标要求。

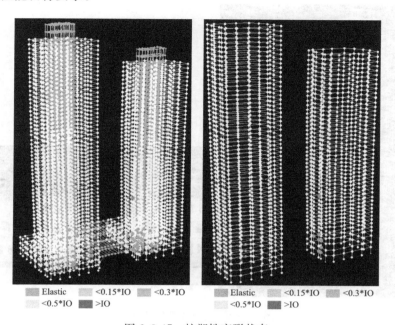

图 6.3-47　柱塑性变形状态

（3）水平构件性能状态

在罕遇地震作用下，梁的性能状态如图 6.3-48 所示。由图可见，梁塑性变形小于 CP，仅 9 号楼结构中下部连梁塑性变形状态处于 LS~CP，满足性能目标要求。

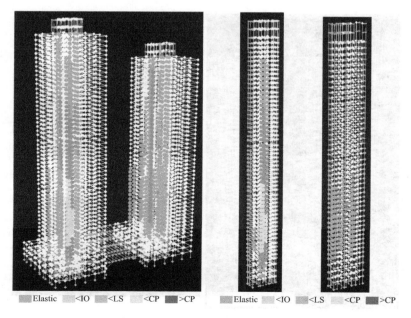

图 6.3-48　水平构件塑性变形状态

连梁受剪性能状态如图 6.3-49 所示，云图表明，剪切强度截面需求能力比小于 1，超过 50% 的连梁小于 0.6，满足剪压比限值要求。

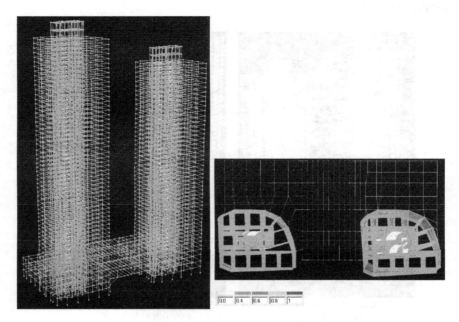

图 6.3-49 连梁受剪性能状态

（4）连体桁架性能状态

在罕遇地震作用下，连体结构主桁架杆件承载力使用率小于 1.0（图 6.3-50）。由图 6.3-51 可知，连体结构次梁杆件承载力使用率小于 1.0。满足性能目标要求。

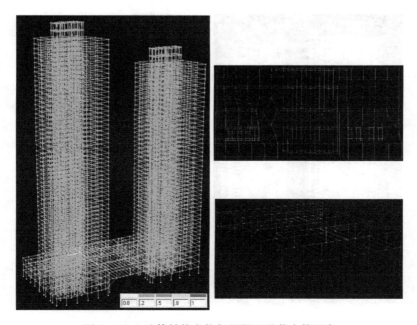

图 6.3-50 连体结构主桁架屈服面承载力使用率

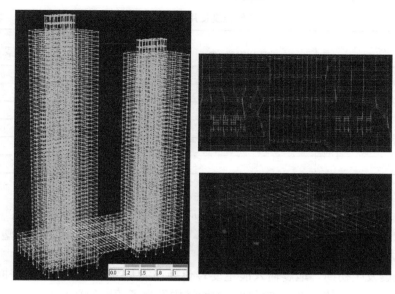

图 6.3-51　连体结构次梁截面抗弯承载力使用率

6. 计算结果汇总

罕遇地震作用下结构整体指标计算结果汇总如表 6.3-20 所示。罕遇地震作用下结构构件塑性变形状态如表 6.3-21 所示。罕遇地震作用下结构构件塑性变形状态如表 6.3-22 所示。

整体计算结果汇总　　　　　　　　　　　　　　表 6.3-20

地震工况	能量平衡		最大层间位移角		基底剪力 kN	
	阻尼耗能	塑性耗能	8 号楼	9 号楼	8 号楼	9 号楼
SZC_001	41.4%	27.5%	1/296	1/229	102189	161420
SZC_002	41.1%	26.8%	1/246	1/235	115694	104442
SZC_003	37.1%	28.2%	1/198	1/294	98990	105455
SZC_004	35.8%	29.5%	1/174	1/170	94926	101432
SZC_005	52.8%	16.4%	1/327	1/348	115014	92462
SZC_006	51.1%	22.2%	1/186	1/282	95905	124123

构件塑性变形状态汇总　　　　　　　　　　　　表 6.3-21

地震工况	剪力墙			柱	梁
	混凝土压应变 2‰	钢筋拉应变 2‰	剪切应变 4‰	IO	CP
SZC_001	0.81	1.05	0.22	0.21	0.70
SZC_002	0.84	1.10	0.27	0.24	0.72
SZC_003	0.85	1.11	0.28	0.25	0.79
SZC_004	0.86	1.18	0.30	0.30	0.82
SZC_005	0.78	1.02	0.21	0.19	0.68
SZC_006	0.83	1.07	0.25	0.23	0.71

构件强度使用率汇总　　　　　　　　表 6.3-22

地震工况	连梁剪压比限值	连体结构	
		主桁架杆件 PMM	次梁 M
SZC_001	0.85	0.82	0.71
SZC_002	0.92	0.85	0.73
SZC_003	0.96	0.87	0.76
SZC_004	1.02	0.90	0.79
SZC_005	0.81	0.79	0.69
SZC_006	0.89	0.83	0.72

6.3.3.6 结论

根据罕遇地震作用下结构的非线性地震响应，结构的抗震性能评价如下：

(1) 所采用的结构体系、延性及强度设计，在各组罕遇地震作用下，弹塑性层间位移角最大值为 1/170，满足性能目标要求。

(2) 在地震发生初期，地震输入能主要转化为动能与弹性应变能，随着时间的增加，塑性变形耗能占总耗能的比例逐步增加，说明结构发生了适度的塑性变形。

(3) 剪力墙性能状态表明，混凝土纤维压应变、钢筋纤维拉应变及混凝土剪切屈服应变，均满足性能目标要求。

(4) 柱性能状态表明，塑性变形小于 IO，且截面屈服数量较少。

(5) 梁性能状态表明，塑性变形小于 CP，仅 9 号楼结构中下部连梁塑性变形状态处于 LS～CP，满足性能目标要求。连梁剪切强度截面需求能力比小于 1.0，超过 50% 的连梁小于 0.6，满足剪压比限值要求。

(6) 连体结构主桁架与次梁，强度截面承载力使用率均小于 1.0，满足大震不屈服性能。

6.4 苏州现代传媒广场工程

6.4.1 工程概况

苏州现代传媒广场项目位于江苏省苏州市工业园区，项目由办公楼、演播楼、酒店楼、商业设施及广场组成，图 6.4-1 为项目效果图。办公楼塔楼为超高层建筑，结构体系为"钢框架＋钢筋混凝土核心筒"混合结构体系，裙房为"大桁架构成的空间钢结构＋部分混凝土剪力墙"混合结构体系，主楼与裙房之间不设抗震缝（图 6.4-2）。本项目建筑方案与扩初由日建设计完成，结构性能化分析与施工图设计工作由中衡设计完成，并在 2010年通过超限工程抗震专项审查。

本工程抗震设防烈度为 6 度，设计地震分组为第一组，场地类别为Ⅲ类，特征周期为 0.45s。

办公楼主楼地上 42 层，裙房（与演播楼相接部位）地上 7 层，地下室 3 层，地上建筑总高度 214.800m，地上结构总高度 196.800m。

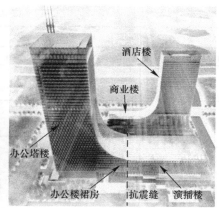

图 6.4-1 苏州现代传媒广场

主楼标准层平面规则对称，采用钢结构外框架＋钢筋混凝土核心筒的混合结构体系（图 6.4-3）。核心筒剪力墙为均匀布置，厚度从下自上 1000～500mm，同时在低区核心筒角部及受力较大部位埋设型钢。外周框架柱采用箱形截面，柱截面宽度为 400mm，高度从下至上为 900～500mm，壁厚从下至上为 80～35mm，底部 7 层柱箱形钢管内填混凝土。框架梁与混凝土核心筒采用铰接连接，与框架柱采用刚接形式。

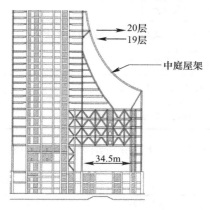

图 6.4-2 中庭和裙房主桁架剖面

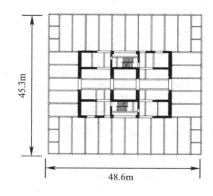

图 6.4-3 中庭以上部分的主楼标准层平面图

本工程在设计时多遇地震下（小震）参数按安评报告提供参数计算，设防地震下（中震）和罕遇地震下（大震）按《建筑抗震设计规范》GB 50011—2010 的设计参数选用，见表 6.4-1。

设计反应谱特征值   表 6.4-1

地震超越概率	多遇地震 63%（50 年）	设防地震 10%（50 年）	罕遇地震 2%（50 年）
α_{max}	0.09	0.12	0.28
T_g（s）	0.45	0.50	0.50
γ_0	0.90	0.90	0.90

结合《建筑抗震设计规范》给出的抗震性能设计方法，选用性能目标 3 作为本工程的性能目标，见表 6.4-2。

性能目标 表 6.4-2

	地震烈度水准	小震	中震	大震
	层间位移指标	1/700	1/350	1/200
构件性能	所有柱	保持弹性 满足规范小震设计要求	保持弹性	不屈服
	剪力墙	保持弹性 满足规范小震设计要求	弹性	部分可弯曲屈服
	连梁	按刚度折减计算后 满足规范小震设计要求	部分可弯曲屈服	基本弯曲屈服
	主楼外周框架梁	保持弹性 满足规范小震设计要求	不屈服	部分可弯曲屈服
	主楼外周和筒体间 S 梁	保持弹性 满足规范小震设计要求	不屈服	部分可弯曲屈服
	裙房桁架	保持弹性 满足规范小震设计要求	弹性	不屈服
	裙房其他钢梁	保持弹性 满足规范小震设计要求	不屈服	部分可弯曲屈服
整体结构性能目标	小震	结构在地震后完好、无损伤，一般不需修理即可继续使用； 人们不会因为结构损伤造成伤害，可安全出入和使用		
	中震	地震后结构的薄弱部位和重要部位的构件完好、无损伤，其他部位有部分 选定的具有一定延性的构件出现开裂或梁端屈服； 结构修理后可继续安全使用，不影响建筑的正常使用功能		
	大震	地震后结构的薄弱部位和重要部位的构件不损坏，其他部位有部分 选定的具有一定延性的构件发生中等程度损坏； 结构可整体保持稳定，不至倒塌；人们可有足够的时间安全避难		

结构整体计算采用 SATWE 和 ETABS 软件，结构整体计算分析结果见表 6.4-3。

整体分析结果 表 6.4-3

计算软件		SATWE	ETABS
计算振型数		30	30
第 1、2 平动周期		4.44 (0.00＋1.00) 3.27 (1.00＋0.00)	4.40 3.34
第一扭转周期		2.48 (0.00＋0.00)	2.54
第 1 扭转/第 1 平动周期		0.5586	0.577
地震下基底剪力（kN）	X	3.51×10^4	3.398×10^4
	Y	2.91×10^4	2.979×10^4
地面以上结构总质量（t）		1.726×10^5	1.801×10^5
地面以上单位面积重度（kN/m²）		13.58	/
剪重比（不足时已按规范要求放大）	X	0.0203	0.020
	Y	0.0169	0.017
地震下倾覆弯矩（kN·m）	X	3.24×10^6	3.157×10^6
	Y	2.87×10^6	2.856×10^6
有效质量系数	X	98.45%	98%
	Y	98.37%	97%

续表

计算软件			SATWE	ETABS
最大层间位移角 （所在楼层）	X	风（规范）	1/2838（23F）	1/2831（23F）
		地震（双向）	1/1709（27F）	1/1694（31F）
		地震（单向5%偏心）	1/1584（25F）	1/1388（24F）
	Y	风（规范）	1/1475（27F）	1/1548（27F）
		地震（双向）	1/1061（31F）	1/1090（31F）
		地震（单向5%偏心）	1/1016（31F）	1/974（31F）
楼层最大位移与平均值的比值 （所在楼层）		X	1.14（9F）	1.094（15F）
		Y	1.41（6F）	1.343（7F）
首层构件最大轴压比（SATWE）		剪力墙	0.43	/
		框架柱	0.58	/
层刚度与上层70%或上3层平均值80%比值中最 小值（层号）		X	1.0244（31F）	1.1047（31F）
		Y	1.0038（31F）	1.1139（31F）
地震荷载下本层侧向刚度与上层侧向刚度的比值 中最小值		X	0.797（31F）	0.773（31F）
		Y	0.784（31F）	0.779（31F）
楼层受剪承载力与上层的比值（层号）		X	0.89（3F）	/
		Y	0.65（3F）	/
刚重比		X	7.46	5.89
		Y	3.68	3.32

结构整体弹性分析结果表明仅个别指标超过规范限值，本章节主要介绍 MIDAS Gen 和 PERFORM-3D 软件在本工程动力弹塑性分析中的应用。

6.4.2　基于 MIDAS Gen 的弹塑性时程分析

6.4.2.1　分析模型

本工程在 2010 年通过抗震专项审查，弹塑性分析软件选用了迈达斯公司提供的 MIDAS Gen 7.8.0 版本。

在构建 MIDAS Gen 弹塑性分析模型时，基于弹性模型，同时对弹性模型进行适当修改以适应弹塑性分析条件。模型采用 ETABS 模型提供的弹性膜单元模拟楼板导荷结果，不考虑部分次梁的作用。整体模型不包括地下室，地下室顶板作为结构嵌固端。

本工程采用两种塑性铰进行了弹塑性时程分析，分别为集中塑性铰和分布塑性铰力学模型。

根据 SATWE 提供的中震弹性分析的结果，对办公楼塔楼弹塑性模型的塑性铰定义和指定考虑以下：

（1）连梁：主要考虑弯曲铰，对中震下出现抗剪屈服的部分连梁以及跨高比小于 2.5 的连梁指定剪力铰，统一连梁配筋率为 1.0%~1.2%。

（2）框架梁：考虑弯曲铰。

（3）框架柱：只考虑 PMM 铰。

（4）钢支撑：只考虑轴力铰。

由于 MIDAS Gen 中没有提供用于动力弹塑性分析的剪力墙单元，因此采用"等代柱"单元和塑性铰来近似模拟剪力墙的弹塑性受力性能。办公楼核心筒内大部分剪力墙为

213

整截面剪力墙，在侧向荷载作用下采用梁柱单元模拟在侧向荷载作用下的墙肢截面的受力情况。采用与原墙肢同样的截面尺寸，同样的混凝土强度等级的柱子代替剪力墙，并在柱顶加以刚性杆保持偏心荷载对墙肢和等效柱产生的内力相同。剪力墙竖向分布钢筋配筋率为 0.4%，端部暗柱配筋率为 $1.2\%\sim1.5\%$。

结构阻尼采用 Rayleigh 形式阻尼矩阵，在定义相关系数时，使 $0.25T_1$（T_1 为第一平动周期）以及 $0.9T_1$ 对应的阻尼比为 0.05。计算考虑更新阻尼矩阵，减小刚度阻尼耗能的误差。

6.4.2.2 等代柱模型

表 1.4-1 中提到了在目前 MIDAS Gen 软件中，对剪力墙构件模拟需要采用等代处理。在框架—核心筒或者框架—剪力墙结构中，剪力墙构件相对于梁、柱构件，具有其自身的特点：

（1）剪力墙剪切变形不可忽略，尤其是在结构首层位置容易发生剪切破坏，因此剪力墙的分析模型中应能够考虑剪切变形。

（2）剪力墙受弯屈服后，由于受拉侧钢筋屈服、混凝土开裂，中性轴会移动，剪力墙会产生较大的变形，因此剪力墙的分析模型中应能够考虑中性轴的移动。

（3）剪力墙由暗柱、墙肢共同组成，而两者的配筋率差异较大，造成了剪力墙弹塑性力学行为复杂，难以用简单的多折线恢复力模型模拟。

（4）对于梁、柱构件，能够预判其在地震作用下的内力分布形式，但是对于剪力墙则较难。

在构建的剪力墙力学模型中，要能够充分考虑以上 4 点是比较困难的。在早期弹塑性分析技术发展过程中，"等代柱"模型得到了较为广泛的应用。在"等代柱"模型中，剪力墙被替换为"柱＋刚性梁"，见图 6.4-4。弹性分析时，"等代柱"应与剪力墙具有相近的抗弯刚度、抗剪刚度和轴向刚度；弹塑性分析时，"等代柱"塑性铰定义的弯曲开裂强度、弯曲屈服强强度和剪切屈服强度也应该相近。当塑性铰截面的恢复力模型是直接给出时，在计算过程中则无法考虑由于变形产生的中性轴移动；当塑性铰截面的恢复力模型是通过纤维截面计算出来的，则可以考虑中性轴的移动，此方式的精度要高于前一种，同时计算量也会大量增加。

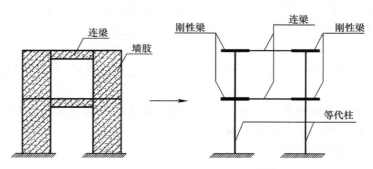

图 6.4-4 "等代柱"模型

6.4.2.3 地震波选取与地震作用

本工程的地震波由江苏省地震工程研究院提供。经过对比分析，挑选了人工波 4、天然波 1、天然波 2 和天然波 3 作为本工程动力弹塑性分析中采用的时程波。每条地震波均根据如下原则检验：每条时程波计算所得的结构底部剪力不应小于振型分解反应谱法的 65%。水平加速度峰值为 $36cm/s^2$。反应谱采用场地谱，结构阻尼比取 0.05，周期折减系数取为 1。各组时程波作用下最大基底剪力与 CQC 法对比如表 6.4-4 所示。各时程波的谱曲线见图 6.4-5。

各时程波作用下最大基底剪力　　　　　　　　　　表 6.4-4

	原始最大加速度（gal）	剪力（kN）		间步长（s）	持续时间（s）	激励方向
		X 方向	Y 方向			
CQC		27447	23079			
人工波 4	36	28816	22094	0.02	21.48	X，Y
天然波 1	428.1（主）	48752	24458	0.01	39.09	Y
	368.7（次）	26868	16282	0.01	39.09	X
天然波 2	578.2（主）	32291	34111	0.02	60.00	X
	571.6（次）	25851	20659	0.02	60.00	Y
天然波 3	281.4（主）	32229	22981	0.02	40.00	X
	265.5（次）	22735	19598	0.02	40.00	Y

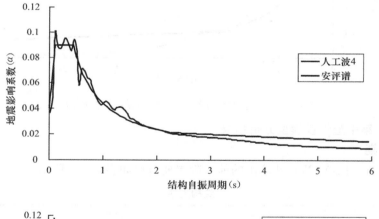

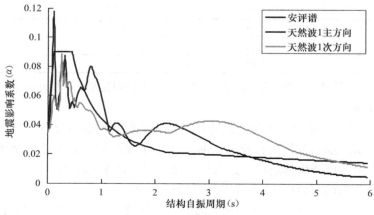

图 6.4-5　地震波谱曲线与安评谱曲线对比（一）

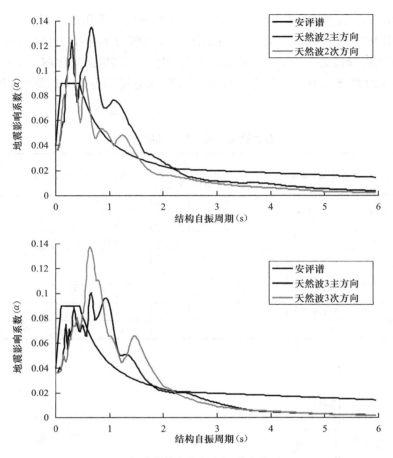

图 6.4-5　地震波谱曲线与安评谱曲线对比（二）

6.4.2.4　基于集中塑性铰模型分析结果

1. 结构周期

MIDAS Gen 与 SATWE 计算出的前三阶周期对比如表 6.4-5 所示。

结构周期　　　　　　　　　　　　　　　　　　　　　　　　表 6.4-5

周期	MIDAS Gen	SATWE	相对差值
T_1	4.56	4.44	2.7%
T_2	3.42	3.27	4.6%
T_3	2.63	2.48	6.0%

MIDAS Gen 计算出的结构前 3 阶周期略大于 SATWE 结果，相对差值在 6% 以内。

2. 位移角分布

图 6.4-6～图 6.4-9 给出了各地震波作用，结构的层间位移角分布。

结构在第 8 层的层间位移角有较明显的突变，在对结构模型和分析结果进行检查后，发现结构并未在第 8 层产生薄弱层。造成位移角突变，其主要原因有两点：

（1）第 8 层是结构立面产生收进的位置（图 6.4-10a）。

（2）软件在统计位移角时，并未采用竖向构件上下端点的位移差进行统计（图 6.4-10b）。位移监测点的 X 向投影相距较远，因此计算 8 层的层间位移角时，Y 向层位移角产生突

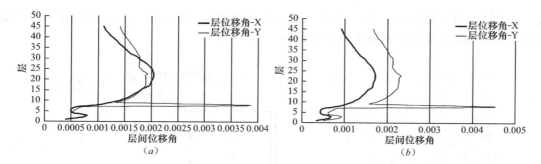

图 6.4-6 人工波 4 作用下最大层间位移角图
(a) X 主向；(b) Y 主向

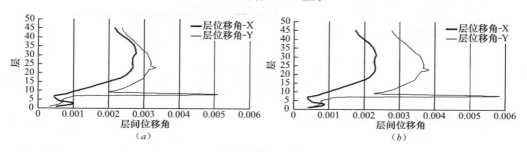

图 6.4-7 天然波 1 作用下最大层间位移角图
(a) X 主向；(b) Y 主向

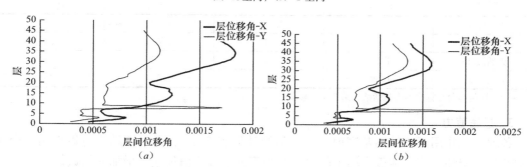

图 6.4-8 天然波 2 作用下最大层间位移角图
(a) X 主向；(b) Y 主向

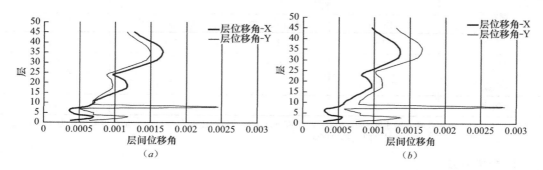

图 6.4-9 天然波 3 作用下最大层间位移角图
(a) X 主向；(b) Y 主向

变，主要由于 Y 向地震作用下，角部 Y 位移较平均值大。因此采用软件默认方式计算层间位移角，相对于结构角部最大位移角偏小。

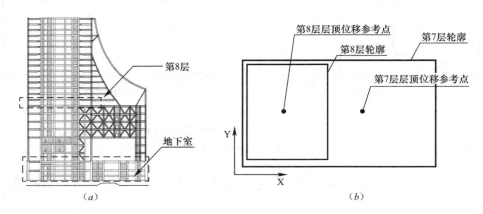

图 6.4-10　结构轮廓示意
(a) 立面轮廓；(b) 平面轮廓

结构最大层位移角统计见表 6.4-6。

大震下层间位移角　　　　　　　　表 6.4-6

地震波	X 方向		Y 方向	
	最大值	楼层号	最大值	楼层号
人工波 4	1/489	22，23	1/430	23
天然波 1	1/360	31	1/261	23
天然波 2	1/540	34	1/750	34
天然波 3	1/590	35	1/597	35

说明：层位移角计算中不再包括结构第 8 层位移角。

3. 基底剪力

各地震波作用下，结构基底剪力最大值统计见表 6.4-7。由统计结果可以看出，由于结构产生了塑性响应，地震力增加的倍数要小于地震波峰值加速度增加的倍数。

大震下基底剪力统计　　　　　　　　表 6.4-7

地震波	X 方向		Y 方向	
	剪力值（kN）	与小震比值	剪力值（kN）	与小震比值
人工波 4	60106	2.2	55901	2.7
天然波 1	75362	2.8	46107	2.0
天然波 2	76451	2.4	57697	2.8
天然波 3	64289	2.0	62767	2.7

注：1. 大震下地震波峰值加速度为 1.25m/s^2，小震下地震波峰值加速为 0.36m/s^2，加速度峰值比为 3.47；
　　2. 计算小震的基底剪力时，阻尼参数同大震。

4. 楼层剪力

图 6.4-11～图 6.4-14 是各地震波作用下的楼层剪力分布图。在天然波 2 和天然波 3 作用下，结构中上部区域出现了较为明显的高阶振型响应。

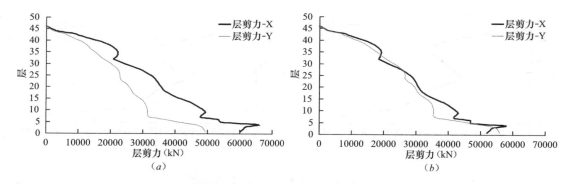

图 6.4-11　人工波 4 楼层最大剪力图

(a) X 主向；(b) Y 主向

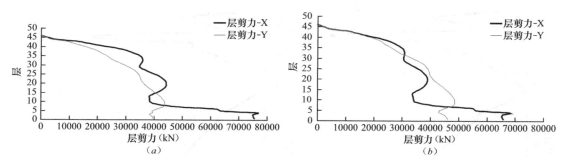

图 6.4-12　天然波 1 楼层最大剪力图

(a) X 主向；(b) Y 主向

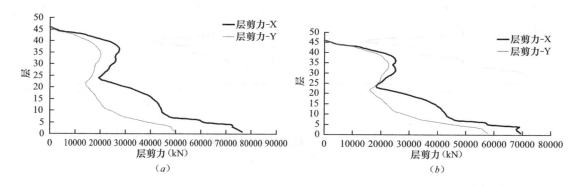

图 6.4-13　天然波 2 楼层最大剪力图

(a) X 主向；(b) Y 主向

　　检查本工程结构振型分析结果可知，结构 X 向第二平动周期约为 1.0s，振型质量参与系数为 22%；Y 向第二平动周期约为 1.28s，振型质量参与系数为 20%。相应振型在小震反应谱分析中的楼层剪力分布见图 6.4-15。

　　由图 6.4-5 各地震波谱曲线对比可知，人工波 4 及天然波 1 在 1s 范围内，谱值与设计反应谱接近，而天然波 2 及天然波 3 在 1s 范围内，谱值较设计反应谱大，第二平动振型对楼层剪力贡献增加。以上原因造成了结构中上部区域的楼层剪力会有"突变"的效果。

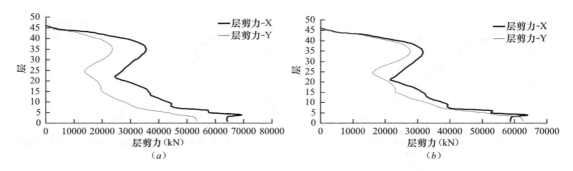

图 6.4-14　天然波 3 楼层最大剪力图
(a) X 主向；(a) Y 主向

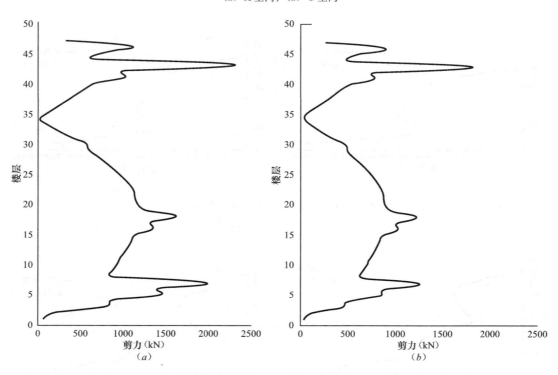

图 6.4-15　第二平动振型产生的楼层剪力分布
(a) X 方向；(b) Y 方向

5. 塑性分布

一维构件的塑性铰性能状态监测基于变形，本工程中的混凝土梁与钢梁的性能状态定义如图 6.4-16 所示。

图中 A 点为第一屈服点，B 点为第二屈服点。对于钢构件，截面的最大弯曲应力达到屈服应力时为第一屈服点，全截面的弯曲应力达到屈服应力时作为第二屈服点；对于钢筋混凝土构件，截面的最大弯曲应力达到混凝土开裂应力时为第一屈服点，混凝土的应力达到极限强度或钢筋屈服时作为第二屈服点。在 MIDAS Gen 中可以采用软件自动计算方式求解构件的屈服点参数。采用集中塑性铰模型时，还需要定义符合构件弯矩分布特点的初始刚度，本工程中部分钢梁一端铰接、一端刚接，因此定义为 $3EI/L$，其他两端刚接构件

的初始刚度仍然为 $3EI/L$。

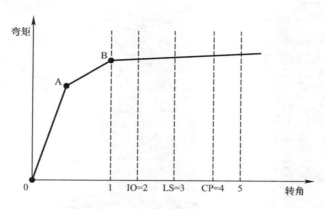

图 6.4-16　截面性能状态定义示意

MIDAS Gen 软件默认提供了 5 个性能状态定义参数，且基于第一或者第二屈服变形。本工程中将性能状态 2、3、4 分别定义为 IO、LS、CP 状态，各类型构件性能状态定义见表 6.4-8。

构件截面塑性变形性能状态　　　　　　表 6.4-8

构件类型		性能指标		
		IO	LS	CP
框架柱	钢管混凝土柱	0.003	0.010	0.012
	钢柱	$0.25\theta_y$	$1.2\theta_y$	$2.0\theta_y$
梁构件	钢梁	$1\theta_y$	$6\theta_y$	$8\theta_y$
	连梁	0.005	0.010	0.012
钢支撑	受拉	$0.25\Delta_t$	$7\Delta_t$	$9\Delta_t$
	受压	$0.25\Delta_c$	$4\Delta_c$	$6\Delta_c$

注：1. 表中数值均为塑性变形，涉及倍数关系对应于第二屈服变形；
　　2. 钢管混凝土柱和连梁构件需要进行换算。

图 6.4-17～图 6.4-19 给出了人工波 4 作用下，构件的性能状态分布。

由图 6.4-17～图 6.4-19 可以看出，大部分连梁屈服，塑性变形处于 IO～LS 之间，部分连梁塑性变形处于 LS～CP 之间。钢梁、钢柱，钢支撑构件的塑性变形并未达到 IO 状态。

6.4.2.5　基于分布塑性铰模型分析结果

采用了"等代柱"模型＋集中塑性铰模型模拟剪力墙，分析结果仅能看出剪力墙宏观的屈服情况，并不能区分钢筋及混凝土的屈服情况。为了较为精确地模拟构件在大震作用下，因混凝土开裂、压碎和钢筋屈服而造成沿构件长度方向刚度的剧烈变化，在分析中采用基于截面分割的分布塑性铰模型进行校核验算。

在保证计算精度的情况下，对每个构件采用 5 段塑性区模拟。

1. 截面分割

在纤维截面分割中，对保护层混凝土和核心区混凝土采用了不同的混凝土本构模型，主要区别在于保护层混凝土不考虑抗拉强度。典型梁、柱、墙构件的截面分割如图 6.4-20～图 6.4-22 所示。

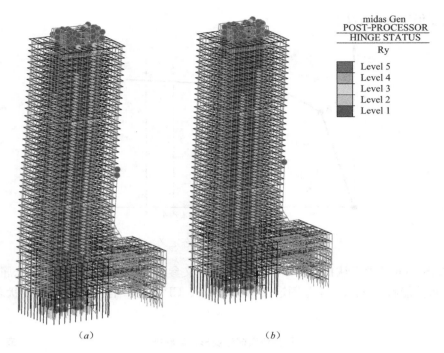

图 6.4-17　人工波 4 作用下塑性铰分布图

(*a*) X 主向；(*b*) Y 主向

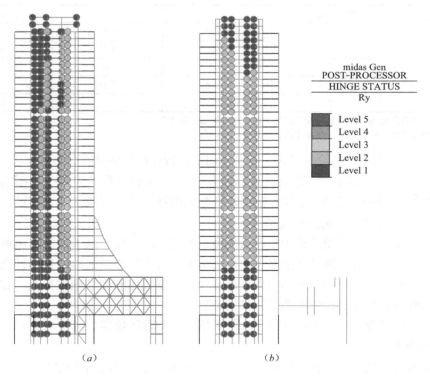

图 6.4-18　人工波 4 作用下塑性铰分布图（一）

(*a*) J 轴；(*b*) K 轴；

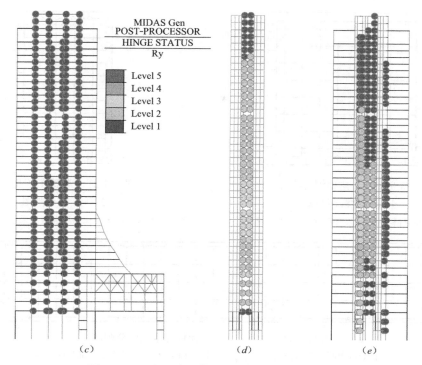

图 6.4-18 人工波 4 作用下塑性铰分布图 (二)

(*c*) L 轴；(*d*) 1/6 轴；(*e*) 9 轴

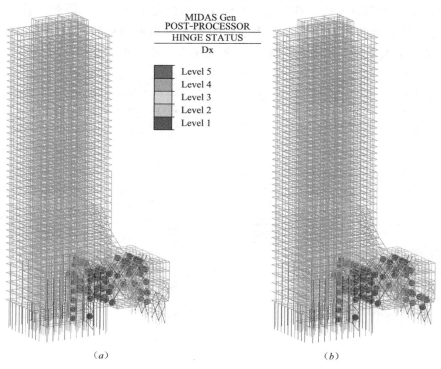

图 6.4-19 人工波 4 作用下支撑轴力铰分布图

(*a*) X 主向；(*b*) Y 主向

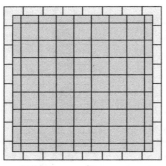

图 6.4-20　典型钢管混凝
土柱纤维截面分割图

注：外围材料为 Q345，核心区为混凝土材料。

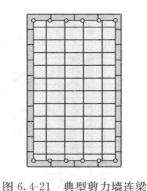

图 6.4-21　典型剪力墙连梁
纤维截面分割图

注：核心区混凝土与保护层混凝土采用不同本构模型。

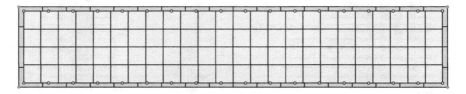

图 6.4-22　典型剪力墙等代柱纤维截面分割图

注：1. 核心区混凝土与保护层混凝土采用不同本构模型；2. 剪力墙端部暗柱单独考虑。

2. 塑性分布

MIDAS Gen 软件并未提供基于材料本构模型的性能水准定义，因此尽管采用了纤维截面，但是拉压、弯曲塑性变形性能水准仍然参考了集中塑性铰计算模型的相关参数。图 6.4-23 给出了人工波 4 作用下，结构 J、K 轴的塑性变形水平分布。

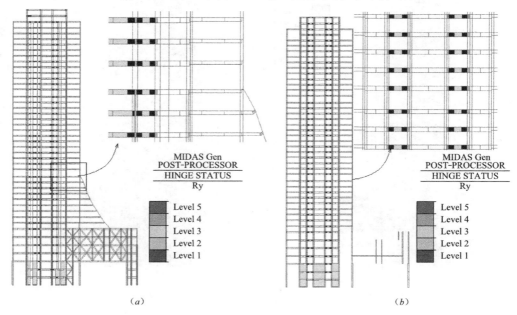

图 6.4-23　人工波 4 作用下塑性分布图—X 主向

(*a*) J 轴；(*b*) K 轴

由图 6.4-23 可以看出，采用基于纤维截面的分布塑性铰模型计算，塑性响应集中在连梁构件的端部，塑性变形程度大部分处于 LS~CP 之间。对比图 6.4-18 与图 6.4-23，两种力学模型计算的结果，结构塑性响应分布规律基本一致，但性能状态分布有所不同。

3. 滞回曲线

为了详细评估纤维梁单元在大震下耗能性能，选取 J 轴某一连梁，单元编号为 5281，X 向为地震波作用主方向。在整个时间历程中，通过对单元纤维截面的分析，连梁表现了较好的塑性耗能能力。截面在时间历程中的变形发展过程中，纤维应力—应变曲线以及弯矩—曲率滞回曲线如图 6.4-24~图 6.4-27 所示。

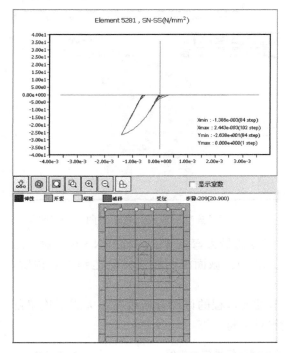
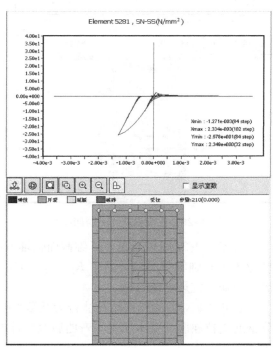

图 6.4-24　连梁保护层混凝土纤维滞回曲线　　图 6.4-25　连梁核心区混凝土纤维滞回曲线

由图 6.4-24 可以看出，保护层混凝土最大压应力 $f = 26.38$ N/mm^2 $< f_c = 26.8$N/mm^2，对应时刻为 8.4s；最大压应变 $\varepsilon = 0.001386 < \varepsilon_c = 0.00159042$，对应时刻为 8.4s；拉应力为 0，混凝土受拉开裂。

由图 6.4-25 可以看出，核心区混凝土最大压应力 $f = 25.78$N/mm^2 $< f_c = 26.8$N/mm^2，对应时刻为 8.4s；最大压应变 $\varepsilon = 0.001271 < \varepsilon_c = 0.00159042$，对应时刻为 8.4s；最大拉应力 $f = 2.349$N/mm^2 $< f_c = 2.39$ N/mm^2，对应时刻为 3.2s；最大拉应变 $\varepsilon = 0.002334 > \varepsilon_t = 0.000104051$，对应时刻为 10.2s，混凝土受拉开裂。在整个时间历程中，混凝土纤维滞回耗能达到了中等耗能程度。

由图 6.4-26 可以看出，钢筋最大压应力 $\sigma = 326.8$N/mm^2 $< f_y = 400$N/mm^2，对应时刻为 12.1s；最大压应变 $\varepsilon = 0.00136 < \varepsilon_0 = 0.002$，对应时刻 8.4s；最大拉应力 $\sigma = 407.7$N/mm^2 $> f_y = 400$N/mm^2，对应时刻为 10.1s；最大拉应变 $\varepsilon = 0.002420 > \varepsilon_0 = 0.002$，对应时刻为 10.2s，钢筋受拉屈服。在整个时间历程中，钢筋纤维进入塑性耗能的

程度一般。

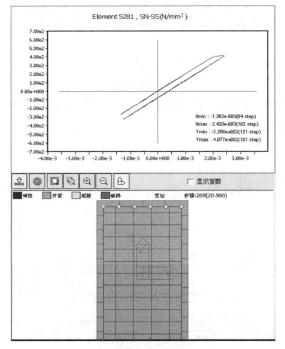

图 6.4-26　连梁钢筋纤维滞回曲线　　　　　图 6.4-27　连梁纤维截面弯矩—曲率滞回曲线

由图 6.4-27 可以看出，纤维截面强轴方向承受的最大弯矩 $M_y=2333$kN·m，对应时刻为 8.4s；强轴方向最大曲率 $R_y=0.004169$（1/m）。截面滞回耗能性能达到中等程度，满足预期的抗震性能目标。

表 6.4-9 对剪力墙连梁耗能行为及塑性变形发展过程的详细分析表明，大震下连梁部分钢筋受拉屈服，基本实现了弯曲屈服的性能设计目标。

三组地震波作用下目标单元截面纤维应力极值　　　　　　　　　表 6.4-9

地震波	X 向连梁单元 5281 号			Y 向连梁单元 12322 号		
	保护层混凝土应力（MPa）	核心区混凝土应力（MPa）	钢筋应力（MPa）	保护层混凝土应力（MPa）	核心区混凝土应力（MPa）	钢筋应力（MPa）
人工波 4	26.3/未屈服	25.8/未屈服	410/屈服	26.8/屈服	26.8/屈服	417/屈服
天然波 2	16.2/未屈服	15.1/未屈服	261/未屈服	25.2/未屈服	24.1/未屈服	427/屈服
天然波 3	17.3/未屈服	16.3/未屈服	350/未屈服	21.1/未屈服	19.6/未屈服	290/未屈服

注：1. 混凝土纤维和钢筋纤维均未屈服，不表明构件处于弹性状态，这是由于混凝土材料的本构模型并非采用理想弹塑性模型；
　　2. 天然波 1 计算未收敛。

采用纤维截面模拟底部跃层柱，能够较好地考虑轴力—弯矩耦合滞回关系，图 6.4-28 为天然波 4 作用下角部框架柱的弯曲—曲率滞回曲线。

由图 6.4-28 可以看出，弯矩—曲率滞回曲线基本处于弹性状态，外部钢纤维和核心区混凝土纤维均处于"弹性"状态，满足大震作用下框架柱不屈服的构件性能目标。

为了详细评估剪力墙在大震下耗能性能，选取 J 轴外围剪力墙，单元编号为 12829，Y 向为地震波作用主方向。在整个时间历程中，通过对单元纤维截面的分析，剪力墙进入塑性的程度较小。截面在时间历程中的变形发展过程中，外围混凝土纤维的应力应变关系如图 6.4-29 所示。

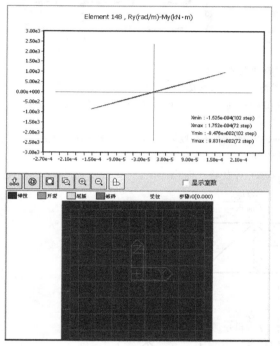

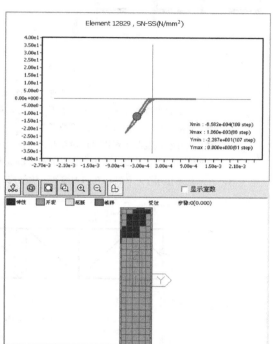

图 6.4-28　框架柱纤维截面弯矩—曲率滞回曲线　　　图 6.4-29　剪力墙混凝土纤维滞回曲线

由图 6.4-29 可以看出，剪力墙外围混凝土最大压应力 $f = 22.87 \text{N/mm}^2 < f_c = 38.5 \text{N/mm}^2$，对应时刻为 10.7s；最大压应变 $\varepsilon = 0.0006582 < \varepsilon_c = 0.00176723$，对应时刻为 10.9s；部分混凝土纤维受拉破坏。

混凝土纤维应力—应变曲线包络面积较少，表明剪力墙塑性耗能较少，截面部分区域仍处于弹性工作状态。为了进一步观察核心筒剪力墙在大震作用下塑性变形发展情况，图 6.4-30 给出了天然波 4、人工波 2、人工波 3 作用下，底层剪力墙受拉区分布。

4. 钢板墙应力

钢板墙位于大桁架跨中位置，为了满足建筑功能要求，需要对钢板墙进行开洞处理。在整体结构动力弹塑性分析中，采用了厚度等效方式进行建模（图 6.4-31），面外防屈曲措施包括设置正交加劲肋等。图 6.4-32 给出了此简化方法计算下的钢板墙等效应力分布。

表 6.4-10 对各地震波作用下的剪力墙应力分布进行了统计。

钢板剪力墙应力峰值

表 6.4-10

	等效应力最大值（N/mm²）	剪应力最大值（N/mm²）
人工波 4	93	40
天然波 1	102	59
天然波 2	62.3	35.7
天然波 3	67.0	38.4

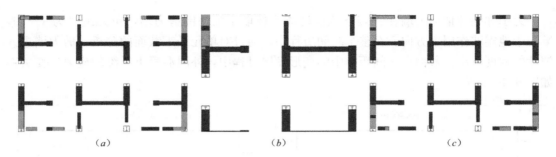

图 6.4-30　剪力墙开裂区分布

（a）人工波 4；（b）天然波 2；（c）天然波 3

注：1. 蓝色表示剪力墙在大震作用下基本不受拉力，存在少量保护层混凝土纤维受拉开裂，绿色表示剪力墙受拉且部分核心区混凝土纤维受拉开裂；

2. 剪力墙开裂区混凝土纤维受压应变和钢筋纤维的受拉应变仍处于可控状态，均小于材料的屈服应变；

3. 天然波 4 与人工波 2 作用下，钢筋的最大拉应力约为 $180N/mm^2$，应变为 0.00087；

4. 人工波 3 作用下，P 轴存在剪力墙端部钢筋应力较大，约为 $320\sim350N/mm^2$。

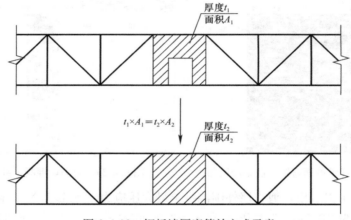

图 6.4-31　钢板墙厚度等效方式示意

　　由表 6.4-10 可知，大震作用下，钢板剪力墙等效应力最大值为 $102N/mm^2$，剪应力最大值为 $59N/mm^2$，表明钢板剪力墙在大震作用下基本保持弹性。

　　要说明的是，此简化计算方法并不能详细评估钢板墙在地震作用的抗震性能表现，同时也难以精确反映地震往复作用下钢板墙对结构的刚度贡献。设计团队在结构设计结束后，联合东南大学土木工程学院及施工单位对此种开洞钢板墙的受力性能进行了试验研究与理论分析。通过对试验数据进行拟合，构建开洞钢板墙的宏观力学模型，此力学模型应包含骨架曲线和滞回规则。最终研究团队提出了采用双向布置的非线性弹簧单元模拟钢板墙的力学行为，弹簧单元相关参数由试验结果进行拟合得到。

　　图 6.4-33 所示为其中一片钢板墙试验件及相应有限元模型。其中两片钢板墙的试验滞回曲线如图 6.4-34 所示，试验骨架曲线与有限元分析对比如图 6.4-35 所示。

5. 钢支撑应力

　　主桁架斜腹杆的长细比小于 50，稳定系数大于 0.75。在弹塑性分析时并未考虑受压屈曲及初始几何缺陷的影响，材料本构采用了双折线模型（拉压屈服强度相同）。图 6.4-36 给出了其中一榀桁架在整个时间历程内最大的受压应力分布。

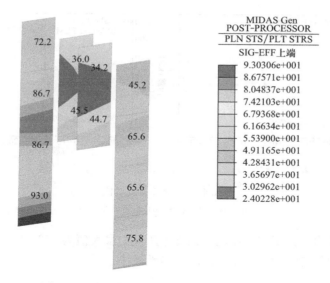

图 6.4-32　人工波 4 作用下钢板剪力墙应力云图

注：1. 利用弹塑性板单元模拟钢板剪力墙，材料采用 Von-mises 等向强化模型，硬化系数取值为 0.1；

　　2. 最大 Von-mises 等效应力为 93 N/mm² ＜345 N/mm²。

(a)　　　　　　　　　　　　　(b)

图 6.4-33　试验构件与有限元模型

(a) 试验件；(b) 有限元模型

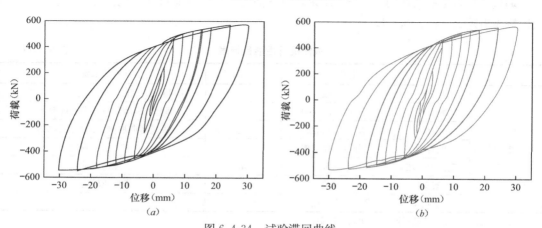

(a)　　　　　　　　　　　　　(b)

图 6.4-34　试验滞回曲线

(a) 钢板墙 1；(b) 钢板墙 2

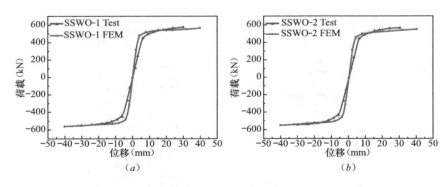

图 6.4-35　骨架曲线对比

（a）钢板墙 1；（b）钢板墙 2

由图 6.4-36 看出，人工波 4 作用下钢支撑压应力最大值为 $160N/mm^2$，约为屈服值的 0.46 倍，可认为构件实际发生受压屈曲的可能性较小。

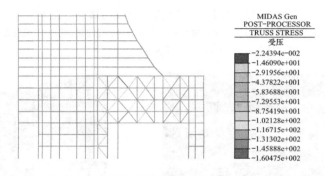

图 6.4-36　桁架支撑应力图（单位：N/mm^2）

当钢支撑的长细比较大时，应当在材料本构模型中考虑受压屈曲的影响，如常用的非对称二折线模型的骨架曲线（图 6.4-37）。

6. 指标统计

通过统计各地震波作用下的分析结果，可评估构件抗震性能目标实现情况（见表 6.4-11），结构整体指标统计见表 6.4-12。

构件抗震性能目标表　　　　　　　　　　　　　　　　表 6.4-11

		预期性能目标	是否满足	分析结果备注
主要构件	框架柱	不屈服	是	PMM 铰及纤维模型，基本保持弹性
	剪力墙	部分可弯曲屈服	是	部分外围墙受拉，满足抗剪要求
	连梁	基本弯曲屈服	是	大量弯曲屈服，满足抗剪要求
	框架梁	部分可弯曲屈服	是	基本保持弹性
	钢板剪力墙	不屈服	是	保持弹性
	桁架支撑	不屈服	是	未形成轴力铰
	裙房钢梁	部分可弯曲屈服	是	基本保持弹性

注：1. 满足抗剪要求是指通过强度截面控制；

　　2. 钢梁保持弹性是指，钢梁受弯状态，离中和轴最远的点未达到屈服应力；

　　3. 桁架支撑保持弹性是指大震下受压轴力不大于 $EA/2$。

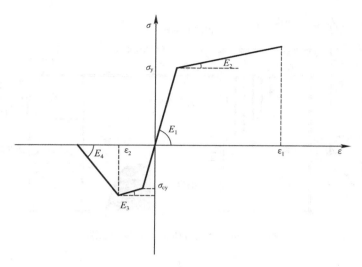

图 6.4-37　非对称二折线模型

σ_y—受拉屈服时强度；σ_{cy}—受压屈曲时强度；E_1—初始弹性刚度；E_2—受拉屈服后刚度；

E_3—受压屈曲后刚度，可以考虑为零或者负值；E_4—失稳后刚度

大震下结构宏观指标对比分析　　　　　　　　　　　　　　　表 6.4-12

		基底剪力（kN）/小震比值		层位移角			
		X	Y	X	楼层号	Y	楼层号
人工波 4	塑性铰模型	60106/2.2	55901/2.7	1/489	22，23	1/430	23
	纤维模型	65192/2.3	62143/2.9	1/520	22	1/436	23
天然波 1	塑性铰模型	75362/2.8	46107/2.0	1/360	31	1/261	23
	纤维模型	—	—	—	—	—	—
天然波 2	塑性铰模型	76451/2.4	57697/2.8	1/540	34	1/750	34
	纤维模型	81488/2.5	56293/2.7	1/434	34	1/670	35
天然波 3	塑性铰模型	64289/2.0	62767/2.7	1/590	35	1/597	35
	纤维模型	72537/2.3	59686/2.6	1/550	34	1/490	35

注：1. 大震下地震波峰值加速度为 $1.25m/s^2$，与小震下地震波峰值加速为 $0.36m/s^2$，加速度峰值比为 3.47；

　　2. 计算小震的基底剪力时，阻尼参数同大震；

　　3. 层位移角计算中不包括结构第 8 层位移角。

6.4.3　基于 PERFORM-3D 的弹塑性时程分析

采用"等代柱"形式模拟钢筋混凝土剪力墙构件，无论是直接给出截面的恢复力模型还是基于截面分割的形式，数值模型的精细化程度仍然有不足之处。采用 PERFORM-3D 软件对结构进行动力弹塑性分析，可以与 MIDAS Gen 的分析结果进行相互校核与验证。

6.4.3.1　分析模型

本项目中对于一维构件，主要基于截面的力学模型；对于二维构件，主要基于材料的力学模型。同时对不同类型构件有针对性地选择力学模型以符合其受力特点，最终形成的分析模型总装示意如图 6.4-38 所示。

在钢筋混凝土剪力墙和钢板墙构件建模中，涉及钢和混凝土材料模型。

1. 钢筋模型

采用考虑强度下降的理想弹塑性模型，图 6.4-39 所示为 HRB400 材料的本构模型。

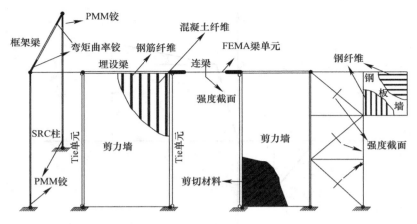

图 6.4-38 结构分析模型总装示意图

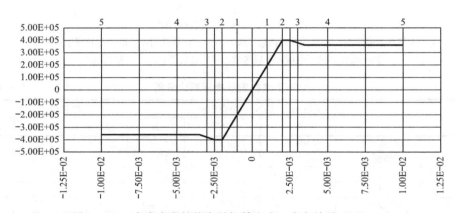

图 6.4-39 考虑应变性能点的钢筋应力—应变关系（kN，m）

2. 混凝土模型

尽管在 6.4.2.2 节中，提到了基于 MIDAS Gen 软件时，钢筋混凝土构件核心区混凝土本构模型中考虑了抗拉强度，但在 PERFORM-3D 软件建模中，对于混凝土材料并不考虑抗拉强度。主要有三点原因：

（1）本项目中一维构件的力学模型中并不涉及混凝土材料本构模型。

（2）在 PERFORM-3D 中，钢筋混凝土剪力墙的面外刚度为弹性壳，这一点与 MIDAS Gen 软件基于截面分割方式计算面外刚度有较大的不同。因此，不考虑混凝土抗拉强度仅仅对面内刚度计算有一定的影响，但影响非常小。

（3）不合理的受拉模型会对计算效率产生影响。

因此本项目中不考虑抗拉强度，对于受压采用考虑强度下降的三折线弹塑性模型，图 6.4-40 所示为 C60 的本构模型。

3. 钢材模型

采用考虑强度下降的理想弹塑性模型，图 6.4-41 所示为 Q345 的本构模型。

对于钢板剪力墙受剪截面，采用理想弹塑性模型，图 6.4-42 所示为钢板剪力墙受剪材料本构模型。

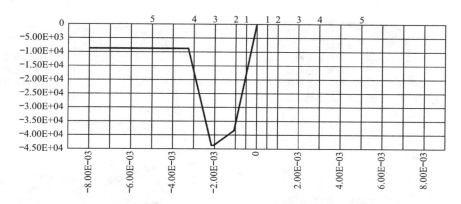

图 6.4-40 考虑应变性能点的混凝土应力—应变关系（kN，m）

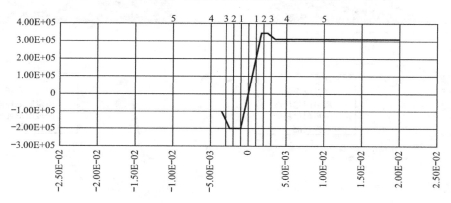

图 6.4-41 考虑应变性能点的钢材应力—应变关系（kN，m）

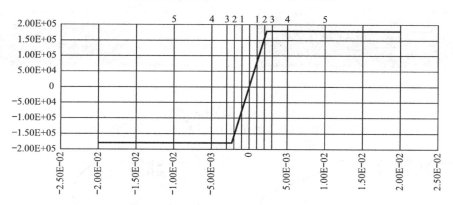

图 6.4-42 考虑应变性能点的钢材受剪应力—应变关系（kN，m）

6.4.3.2 分析结果

弹塑性分析结果主要包括有能量耗散时程、层间位移角分布和基底剪力时程等。

1. 能量耗散

图 6.4-43 给出各地震波 X 主方向作用下，结构的能量耗散时程曲线。

2. 层间位移角

图 6.4-44 给出各地震波作用下的层间位移角分布，数值提取方式采用了 4.1.2 节所述方法。

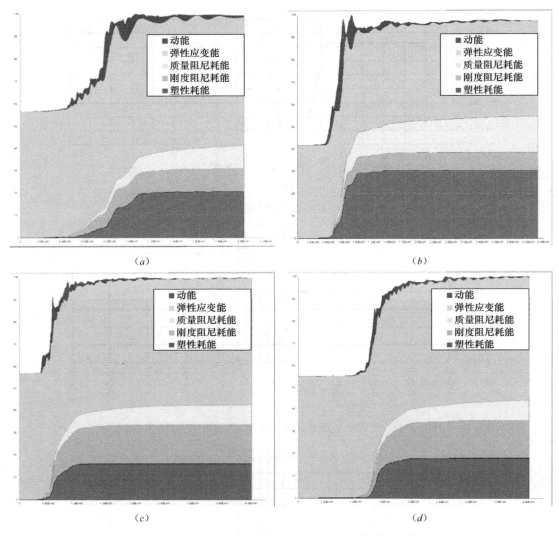

图 6.4-43　能量耗散时程

（a）人工波 4；（b）天然波 1；（c）天然波 2；（d）天然波 3

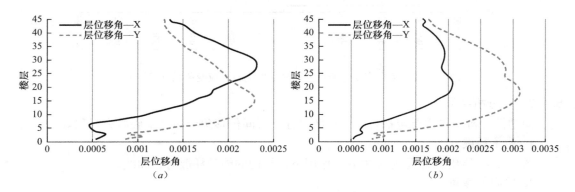

图 6.4-44　层间位移角（一）

（a）人工波 4；（b）天然波 1

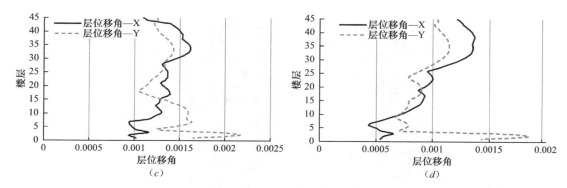

图 6.4-44　层间位移角（二）

（c）天然波 2；（d）天然波 3

3. 指标统计

表 6.4-13 给出了能量耗散、层间位移角、基底剪力等宏观指标的对比。

结构宏观反应统计表　　　　　　　　　　　　　　表 6.4-13

		能量耗散		层间位移角		基底剪力（kN）	
		阻尼耗能	滞回耗能	主方向	楼层	主方向	CQC 比值
人工波 4	X 主方向	21.6%	20.6%	1/430	28	71109	2.6
	Y 主方向	20.8%	19.7%	1/430	15	53680	2.3
天然波 1	X 主方向	24.2%	30.5%	1/485	21	74429	2.7
	Y 主方向	24.1%	30.6%	1/321	18	47088	2.1
天然波 2	X 主方向	26.2%	16.3%	1/610	34	70590	2.6
	Y 主方向	27.1%	17.5%	1/460	2	64753	2.8
天然波 3	X 主方向	25.9%	18.1%	1/710	39	61970	2.3
	Y 主方向	27.3%	19.0%	1/540	2	65397	2.8

4. 构件性能状态

对于 FEMA 梁单元模拟的连梁构件，性能状态定义见表 6.4-8。图 6.4-45 为人工波 4 作用下连梁 LS 性能状态分布图。

图 6.4-45 中，连梁塑性变形进入 IO～LS 状态的较多，少量连梁塑性变形大于 LS 状态。其他构件的变形使用率统计见表 6.4-14。

图 6.4-38 中显示了部分构件采用强度监测方式进行抗震性能评估，结构在各地震波作用下强度使用率统计结果见表 6.4-15。

由表 6.4-15 可知，存在个别剪力墙的名义剪应力达到了 $0.9\tau_0$，其中 $\tau_0 = 0.15 f_{ck}$，在结构施工图设计中对此片剪力墙需要采取抗震构造措施。经检查，人工波 4 作用下超过 1.0 的钢支撑构件为受拉屈服。

6.4.3.3　总体评估

通过对结构进行动力弹塑性分析，可以得出以下结论：

（1）从能量耗散上来说，输入结构的地震能量一部分通过动能和应变能形式转换输出，一部分由结构自身消耗包括阻尼耗能和滞回耗能。观察各地震波作用下结构能量耗散图，其中阻尼耗能约占总能量 21%～27%，滞回耗能约占总量 17%～31%，其他为动能和弹性应变能。因此可认为结构通过有限而适当的塑性变形消耗了地震能量。

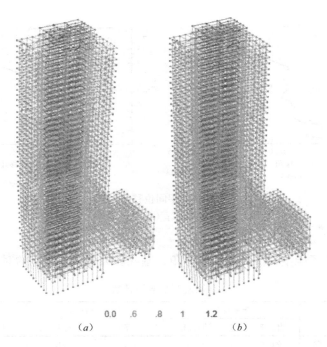

0.0　.6　.8　1　1.2
（a）　　　　　　　　　　　　（b）

图 6.4-45　人工波 4 作用下连梁 LS 水准变形使用率图
（a）X 主方向；（b）Y 主方向

构件变形使用率监测统计　　　　　　　　　　　　　表 6.4-14

		剪力墙		柱	钢板剪力墙	框架梁	Ti 单元
		混凝土 受压应变 0.001	钢筋 受拉应变 0.001	PMM 铰 曲率 $2\theta_y$	纤维 轴应变 0.001 剪应变 0.001	弯曲铰曲率 $1\theta_y$	轴向 应变 0.001
人工波 4	X 主方向	0.5653	0.2865	0.03627	0.5994	0.6325	0.5718
	Y 主方向	0.5671	0.3319	0.03586	0.5497	0.6083	0.5818
天然波 1	X 主方向	0.5893	0.34	0.03622	0.6819	0.5378	0.6584
	Y 主方向	0.6024	0.3723	0.03614	0.6345	0.5599	0.6832
天然波 2	X 主方向	0.6807	0.9344	0.04988	0.6431	0.6119	0.7064
	Y 主方向	0.7414	1.005	0.05155	0.6231	0.6315	0.7719
天然波 3	X 主方向	0.5527	0.2405	0.0391	0.6159	0.5377	0.5726
	Y 主方向	0.5999	0.3462	0.041	0.574	0.5643	0.6234

注：1. 变形统计中包含了弹性变形；
　　2. 表中使用率基于同类型中构件使用率中最大值；
　　3. 数值小于 1 表明变形小于预期目标；
　　4. θ_y 为屈服曲率。

构件强度使用率统计　　　　　　　　　　　　　表 6.4-15

		混凝土剪力墙	连梁	钢支撑
		名义剪应力 $0.9\tau_0$	剪力 $0.9V_y$	受拉 $1.0P_y$　受压 $0.7P_{cy}$
人工波 4	X 主方向	0.7466	0.7474	1.0640
	Y 主方向	0.6919	0.7473	1.0450
天然波 1	X 主方向	0.8189	0.9213	0.8950
	Y 主方向	0.7096	0.9046	0.9282

		混凝土剪力墙	连梁	钢支撑
		名义剪应力 $0.9\tau_0$	剪力 $0.9V_y$	受拉 $1.0P_y$　受压 $0.7P_{cy}$
天然波 2	X 主方向	0.963	0.7647	0.7823
	Y 主方向	1.016	0.7635	0.9052
天然波 3	X 主方向	0.7378	0.8637	0.7413
	Y 主方向	0.8251	0.8450	0.8681

注：1. 表中使用率基于同类型中构件使用率中最大值；
　　2. 表中数值小于 1 表明构件截面存在强度储备。

（2）在各地震波作用下，结构层位移角最大值为 1/320，小于预期抗震性能目标 1/200。

（3）通过构件变形使用率以及强度使用率统计表，可以看出各类构件均满足预期抗震性能目标。

（4）部分剪力墙在大震作用下受拉，且端部钢筋拉应力达到 200N/mm²，主要集中在核心筒角部。

6.5　框架—偏心支撑体系在高烈度区工程中的应用研究

框架—偏心支撑结构的每根支撑至少有一端与框架梁连接，并在支撑与梁交点和柱之间或同一跨内另一支撑与梁交点之间形成消能梁段，此结构具有较大的刚度和良好的耗能能力。其工作原理为：在小、中地震作用下，结构构件基本处于弹性工作阶段，此时支撑提供主要的抗侧力刚度，其工作性能与中心支撑框架相似；在强震作用下，让消能梁段通过剪切屈服来耗散地震能量，使支撑不先发生受压屈曲或屈服，更好地保护结构的主要受力构件，实现多道设防的抗震性能目标。因此框架—偏心支撑结构在高烈度区有较高的应用价值。但其系统的设计方法，尤其性能化设计可采用的数值模型、消能梁段加劲肋详细设计等在规范中并不明确。

本节以宿迁市宿城区文化体育中心办公楼项目为例，介绍了常见的多种方案比较结果，以及框架（矩形钢管混凝土柱＋钢梁）—偏心支撑结构体系在项目中的应用优势。分析结果表明，该结构形式在地震作用下性能表现符合预期，各项技术经济性指标合理。参考国内外有关试验及文献，提出了适用的消能梁段数值模型，并基于弹塑性分析结果对消能梁段的腹板加劲肋进行设计。

6.5.1　工程概况

项目位于宿迁市，规划总建筑面积 77479m²，其中地下室建筑面积为 12073m²。项目由体育馆、青少年活动中心与展示厅组成的综合馆、演艺厅，以及具有档案、图书阅览、办公功能的塔楼组成，建筑效果见图 6.5-1。

分析对象为塔楼，其结构长 114m，宽 28m，高 65.4m，地上 15 层，地下 1 层，地下室结构北侧为下沉广场，其他三侧均有土体约束，见图 6.5-2。建筑抗震设防烈度为 8 度，设计基本地震加速度为 0.30g，地震分组为第一组，建筑场地类别为Ⅲ类，特征周期为 0.45s。

图 6.5-1 建筑效果图

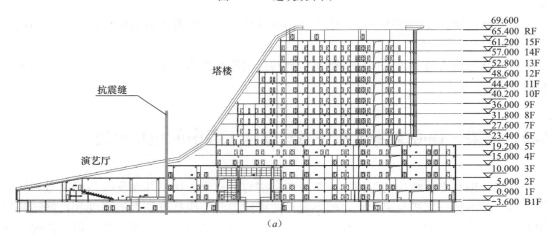

（a）

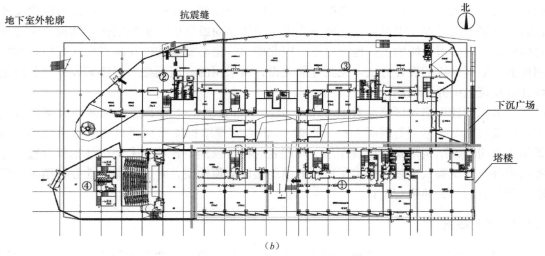

（b）

图 6.5-2 结构整体信息

（a）抗震缝划分示意图；（b）地下室平面示意图

6.5.2 结构体系选型

项目中对多种体系进行了对比与分析，可供选用的常见结构体系对应多遇地震作用下的层间位移角限值要求如表 6.5-1 所示。

结构体系位移角限值对比　　　　　　　　　　　　表 6.5-1

选型方案	结构体系	地震	规范
A	RC 框架	1/550	《抗规》
B	RC 框架—剪力墙	1/800	《抗规》
C	RC 框架—普通钢支撑	1/652	《抗规》
D	RC 框架—屈曲约束支撑①	1/652	《抗规》
E	钢框架	1/250	《抗规》
F	钢框架—中心支撑	1/250	《抗规》
G	钢框架—偏心支撑	1/250	《抗规》
H	钢管混凝土框架—偏心支撑	1/300	《矩钢混》②

① 在《建筑抗震设计规范》GB 50011—2010（简称《抗规》）中仅规定了钢支撑—混凝土框架的层间位移角限值宜根据框架和框架—抗震墙结构的层间位移角限值进行内插得到，并未区分钢支撑种类，因此 C 与 D 方案取相同限值。

② 《矩形钢管混凝土结构技术规程》CECS 159：2004[67] 在表中简称《矩钢混》。

本项目位于高烈度区，结构作用为地震作用控制。初步的结构模型计算分析表明，A 方案 RC 框架和 E 方案钢框架体系均无法满足地震作用下层间位移角的要求。

其次对于常规的 B 方案 RC 框架—剪力墙结构体系，进行了较为细致的结构方案设计。在满足相关规范指标情况下，结构的第一阶平动周期约为 1.2s，竖向构件截面尺寸较大，底层框架柱截面 1400mm×1400mm，剪力墙厚 650mm，抗侧刚度大，吸收地震力大，结构经济性差，同时也影响建筑使用面积。部分结构构件超筋现象较为严重，如剪力墙发生抗剪超筋，框架节点核心区指标无法满足。

接下来对比的是 C 方案 RC 框架—普通钢支撑和 D 方案 RC 框架—屈曲约束支撑体系。在《抗规》中规定了采用普通钢支撑时，混凝土框架部分承担的地震作用，应按框架结构和支撑框架结构两种模型计算，并宜取二者的较大值。同时《抗规》规定了底层钢支撑框架按刚度分配的地震倾覆力矩应大于结构总地震倾覆力矩的 50%。通过初步的结构方案计算，在满足规范规定的相关指标情况下，采用 C 方案 RC 框架—普通钢支撑结构体系，底层框架柱截面约为 1600mm×1600mm，框架梁截面约为 600mm×900mm，结构的整体经济性较差。

考虑到结构采用普通钢支撑的不足，对 D 方案 RC 框架—屈曲约束支撑体系进行较为详细的结构分析计算。由于屈曲约束支撑（以下简称 BRB）具有较好的延性和耗能能力，通过合理设计，在中、大震作用下并不会退出工作，屈服后仍能保持承载能力，因此不再需要进行纯框架和支撑框架的包络设计。框架部分的构件截面可减小，结构自重也相应减小，结构刚度和地震力都可进一步降低。通过多次对结构方案优化，同时采用了耗能型屈曲约束支撑（即小震保持弹性，中、大震屈服耗能）和屈曲约束支撑型阻尼器（即小震屈服耗能，芯材采用低屈服点软钢）组合方案，其中阻尼器提供的附加阻尼比约为 8%，最终结构的第一阶平动周期提高到 1.5s 左右，框架柱截面下降到 1200mm×1200mm，框架梁截面下降到 450mm×800mm。结构的经济性指标较好，同时结构的抗震性能得到了改善，因此将 RC 框架—屈曲约束支撑体系作为备选方案之一。

而对于 F 方案钢框架—中心支撑体系，其与纯框架结构相比，由于支撑的存在，使结构的整体性得到了提高，刚度显著增加。但文献［68］研究表明在大震作用下，此类结构的支撑容易产生屈曲失稳，两侧柱子产生压缩和拉伸变形，加剧支撑的内力。此时再经历余震作用，支撑易破坏，从而导致整个结构容易在某一层形成薄弱部位并形成结构的连续性破坏。鉴于中心支撑的不足，采用 G 方案钢框架偏心支撑体系，偏心支撑的设置可以改变支撑与消能梁的屈曲、屈服顺序，钢框架—偏心支撑结构的设计需要遵循"强柱、强斜杆、弱消能梁段"的原则以提高结构的耗能能力。地震作用下，消能梁段首先发生剪切型屈服消耗部分地震能量，同时结构刚度显著下降，地震力减小，可有效保护支撑构件不屈曲或后屈曲、框架梁与框架柱不屈服，实现了多道设防的抗震性能目标。

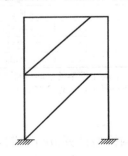

图 6.5-3　D 形偏心支撑形式

G 方案钢框架—偏心支撑体系良好的抗震性能[69]，采用 D 形偏心支撑形式（图 6.5-3）进行了分析计算。当框架柱采用钢管时，板件宽厚比要求较高，结构的用钢量偏大，结构经济指标略低。因此采用了方钢管混凝土柱，形成了 H 方案，即钢管混凝土框架—偏心支撑结构体系作为本项目的备选方案。

通过不同体系方案的比选（各方案优缺点总结见表 6.5-2），确定 D 方案 RC 框架—屈曲约束支撑结构及 H 方案钢管混凝土—偏心支撑结构两种备选结构方案。

结构方案优缺点总结　　　　　　　　　　　　　表 6.5-2

选型方案	结构体系	优缺点
A	RC 框架	无法满足位移角要求
B	RC 框架—剪力墙	梁、柱、墙截面较大，部分构件超筋严重，但在当地仍然属于基准方案
C	RC 框架—普通钢支撑	框架部分的包络设计无法避免肥梁胖柱情况
D（备选）	RC 框架—屈曲约束支撑	抗震性能好，构件截面减小
E	钢框架	无法满足位移角要求
F	钢框架—中心支撑	支撑容易在中、大震屈曲失稳，降低了结构抗震性能
G	钢框架—偏心支撑	抗震性能好，具有多道防线
H（备选）	钢管混凝土框架—偏心支撑	对 G 方案的改良，提高了经济性

考虑到 D 方案中，需要布置一定数量的屈曲约束支撑型阻尼器，其对产品的质量要求高，同时对是否能做到 8% 附加阻尼比存在一定疑虑。综合考虑技术经济性及建筑功能要求，最终选用 H 方案钢管混凝土框架—偏心支撑体系。两种备选体系与常规混凝土框架—剪力墙方案的经济性比较见表 6.5-3。

经济性比较　　　　　　　　　　　　　表 6.5-3

结构体系	B 方案	D 方案	H 方案
	框架—剪力墙	RC 框架—屈曲约束支撑	钢管混凝土框架—偏心支撑
地上总质量	65802t	54910t	48914t
基础形式	钻孔灌注桩＋后注浆	钻孔灌注桩＋后注浆	钻孔灌注桩＋后注浆
桩数量	390	332	280
屈曲约束支撑	—	312	—
混凝土用量	15310m³	11255m³	7302m³
桩造价	546 万元	465 万元	392 万元
上部结构造价	3368 万元	3131 万元	4022 万元
框架柱截面	1300mm×1300mm	1200mm×1200mm	900mm×900mm
相对比值	1.00	0.92	1.13

注：桩造价按照 400 元/m，钢筋混凝土造价按照 2200 元/m³，素混凝土造价按照 800 元/m³，屈曲约束支撑按照 21000 元/根统计。

由表 6.5-3 可知,以 B 方案为基准方案,D 方案的经济性最好。本项目最终采用的 H 方案,其造价仍然要高出 B 方案 13% 左右,但是除了抗震性能的提高外,H 方案的梁、柱截面远小于 B 方案截面,建筑使用面积得到了一定程度的增加,且钢结构的施工周期短,震后维修方便。总的来说,H 方案的综合效益较高。

整个结构地下室采用型钢混凝土柱,钢筋混凝土梁,斜撑为钢支撑,满足地下一层与地上一层的剪切刚度比大于 2,结构模型见图 6.5-4。结构钢构件抗震等级为 2 级,混凝土构件抗震等级为 1 级,抗震构造措施提高 1 级。结构主要构件信息如表 6.5-4 所示。

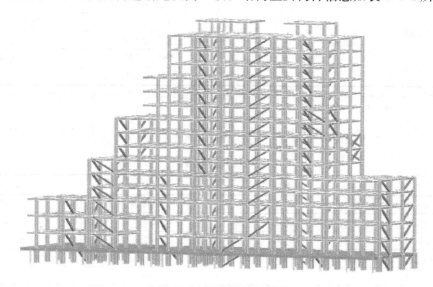

图 6.5-4　H 方案结构模型

主要构件信息　　　　　　　　　　　　　　　　表 6.5-4

构件类型	截面尺寸	材料
地下室型钢混凝土柱	SRC 1200×1200×900×900×40×40	Q345B/C50
地上矩形钢管混凝土柱	□900×900×30×30	Q345B/C50
	□700×700×20×20	Q345B/C50
框架钢梁	H 700×300×25×30	Q345B
	H 600×30×16×20	Q345B
地下室顶板混凝土梁	700×400、550×300	C30
偏心钢支撑	□400×300×30×30	Q345B
	□300×300×20×20	Q345B
楼板	120mm、150mm、200mm	C30

6.5.3　性能目标

由于本结构存在如下超限:(1)扭转位移比 X 向 1.06,Y 向 1.39,超 1.2;(2)跃层柱。且结构位于高烈度地区,故进行相应性能化设计。

设定性能目标如表 6.5-5 所示。

结构性能目标 表 6.5-5

构件类型	多遇地震	设防地震	罕遇地震
性能状态描述	基本完好	轻微损伤	中等损伤
层间位移角	1/300	1/120	1/50
矩形钢管混凝土柱	基于现行规范、规程设计	抗剪弹性	剪压比<0.15
		抗弯不屈服	弯曲屈服<IO
消能梁段		抗剪不屈服	剪切屈服
		抗弯弹性	
非消能梁段		抗剪弹性	抗剪不屈服
		弯曲屈服<IO	弯曲屈服<CP
偏心钢支撑		受拉不屈服	不先于消能梁段屈服或屈曲
		受压不屈曲	

注：表中及 6.3.3 节中，IO、LS 和 CP 系引用文献［70］中关于建筑性态的定义，大致相当于中国《抗规》的"不坏"，"可修"和"不倒"。

参考文献［70］，本工程设定构件性能水准如表 6.5-6 所示，表中数值均为塑性转角值。

构件性能水准 表 6.5-6

构件类型	IO	LS	CP
混凝土梁	0.005	0.007	0.015
钢梁	0.005	0.03	0.045
消能梁段	0.005	0.11	0.14
混凝土柱	0.003	0.006	0.012
钢管混凝土柱	0.004	0.018	0.025

注：表中消能梁段的塑性转角值包含了剪切塑性转角和弯曲塑性转角。

6.5.4 多道抗震防线

现行规范中，均将框架—支撑结构限定为双重体系，但并无条文以量化指标加以明确。参考文献［71］，将支撑框架结构与框架—支撑结构加以区分。前者是由支撑和框架组成的体系，侧向荷载主要支撑框架承受；后者是由支撑框架和经调整加强的抗弯框架共同承受侧向荷载的结构体系，该体系是双重结构体系，具有双重抗震防线。

文献［72］认为，双重体系抗侧力结构中，若框架分担的水平力达到 75% 时，此结构可看作框架结构，或支撑分担的水平力达到 75% 时，此结构可看作单一的支撑框架结构。

基于上述，形成双重结构体系的关键在于水平力在各分体系的分布，若控制支撑对于水平力的分担率处于 25%～75%，基本可实现多道抗震防线设计[71]。

文献［73］对不同的支撑形式框架进行了伪动力试验。试验结果说明在结构中设置一定能量耗散机制，满足设计构造，对提高结构的抗震性能至关重要。试验表明双重抗侧体系在结构开始承受地震作用直至破坏过程中，存在明显的抗侧演化过程。

为实现结构的多道抗震防线，《抗规》要求对于支撑、消能梁段同跨框架梁以及框架柱的内力设计值应根据消能梁段达到受剪承载力时的内力确定，其内力增大系数根据构件类型和抗震等级进行相应调整。通过内力调整和构造措施，可以保证在大震作用下结构的第一道抗震防线支撑框架部分的消能梁段首先发生剪切屈服，结构开始进入塑性耗能阶段，结构刚度下降，周期延长。同时由于支撑框架的刚度下降，地震力向第二道抗震防线"抗弯"框架部分转移，"强柱弱梁"设计保证框架梁端发生弯曲屈服，结构周期进一步下降。此时框架部分的框架梁屈服，框架部分刚度下降较快，地震力会重新转移到支撑框架部分，由于消能梁段已经屈服，支撑将承担较大的地震力，在持续增加的地震作用下，支撑出现受拉屈服或者受压屈曲现象。支撑框架部分刚度会趋向于纯框架的刚度，结构抗侧体系会出现新的演化，框架部分的框架柱底将在新的地震力重分配情况下屈服，随后支撑框架部分的框架柱也进入压弯屈服状态。即整个结构在承受地震作用过程中，结构主要抗侧体系进行了多次转移与演化。图 6.5-5 所示为框架—偏心支撑结构理想塑性发展过程图。

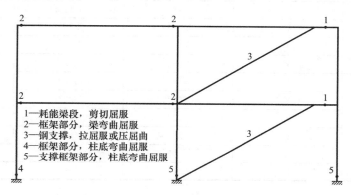

图 6.5-5　框架—偏心支撑期望塑性发展过程图

在根据规范进行细致的结构设计后，为了校验偏心支撑结构抗震性能的体现，采用了抗震性能评估软件 PERFORM-3D 进行图 6.5-5 案例结构的静力推覆分析。计算结果验证了理论分析，结构的屈服部位逐渐由消能梁段发展到框架梁，再到支撑，最后到框架柱底，如图 6.5-6 所示。

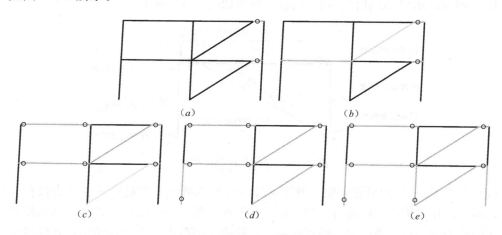

图 6.5-6　静力弹塑性分析过程

(a) 第一阶段；(b) 第二阶段；(c) 第三阶段；(d) 第四阶段；(e) 第五阶段

6.5.5　弹性计算整体指标汇总

结构计算分析采用 YJK 与 MIDAS Gen 两款软件，基于振型分解反应谱法计算结构的地震作用效应，整体指标均符合规范及性能目标要求，汇总如表 6.5-7 所示。

整体指标

表 6.5-7

指标	分项	YJK	MIDAS	备注
周期	X（s）	2.11	2.15	—
	Y（s）	1.98	2.02	—
	扭转（s）	1.27	1.31	—
周期比	T_1/T_3	0.60	0.61	<0.9
总质量（t）		48914	49058	—
剪重比	X	5.98%	6.11%	>4.8%
	Y	6.20%	6.18%	>4.8%
位移角	X	1/391	1/396	</300
	Y	1/362	1/371	</300
框架剪力分担率	X	74.8%	74.0%	<75%
	Y	64.4%	63.2%	<75%
弹性屈曲荷载系数	X	42	40	>10
	Y	36	33	>10
风振加速度（m/s²）	X	0.07	—	<0.25
	Y	0.11	—	<0.25

6.5.6 地震时程分析

为评估结构地震输入能的分布形式、塑性区的发展过程及多道抗震防线能否实现，采用 PERFROM-3D 软件进行动力弹塑性分析。

6.5.6.1 构件数值模型

基于 PERFORM-3D 软件，构件的数值模型如图 6.5-7 所示。

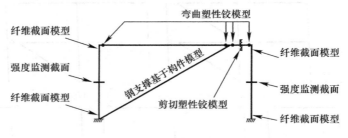

图 6.5-7 结构构件数值模型

（1）学者 Kasa[74] 的研究表明，消能梁段的抗剪承载能力和抗弯承载能力仅存在弱相关性，即可以在分析中忽略两者的相互影响，因此在模型中可以独立指定消能梁段弯曲和剪切屈服的力学参数。消能梁段剪切屈服行为模拟采用剪力—应变铰模型，其两端设置弯曲—旋转角模型。

（2）非消能梁段部分采用弯曲—旋转铰模型。

（3）框架柱采用基于平截面假定的纤维模型模拟，截面划分为 36 个混凝土纤维，20 个钢材纤维。

（4）偏心钢支撑采用 Steel Bar 单元模拟，轴力—变形恢复力模型采用文献［55］附录 D.3.1 建议公式。

6.5.6.2　地震波与阻尼

地震时程计算采用 2 组天然波 TR1、TR2 及 1 组人工波 RG，输入 3 向地震波激励，加速度峰值分别为 300gal（设防地震）与 510gal（罕遇地震）。黏滞阻尼采用 Rayleigh 模型，控制点 $0.25T_1$ 与 $1.25T_1$ 阻尼比取值：设防地震 0.04，罕遇地震 0.05。

6.5.6.3　分析结果

1. 地震输入能分布

罕遇地震作用下结构塑性耗能占总输入能量的 48%，塑性耗能各部分分担比如下：消能梁段剪切屈服占 73%，钢梁弯曲屈服占 26%，地下室顶梁弯曲屈服贡献 0.8%，框架柱弯曲屈服占 0.2%，如图 6.5-8 所示。由不同类型构件塑性耗能比例图中可以看出，钢支撑耗能仍占有一定比例。文献［75］研究表明，支撑应具有足够的刚度，支撑长细比过小会降低结构的延性和耗能性能。因此在设计中，设计师参考初步的弹塑性分析结果对地震作用下屈服程度较高的支撑构件进行了板件宽厚比调整并重新计算。

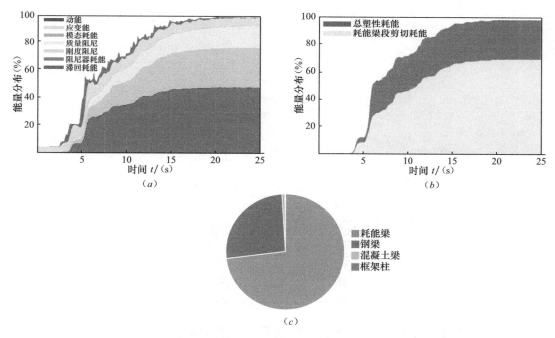

图 6.5-8　罕遇地震作用下能量统计

（a）结构整体能量；（b）消能梁段剪切屈服耗能；（c）塑性耗能分布

2. 位移角

罕遇地震作用下，弹塑性层间位移角满足性能指标要求，最大值约为 1/77，如图 6.5-9 所示。

3. 构件塑性发展

结构在整个地震作用时程阶段内，构件的屈服顺序基本符合预期状态。从消能梁段开始剪切屈服到框架梁端弯曲屈服，偏心钢支撑未发生屈服或屈曲，仅个别框架柱进入弯曲屈服状态，但塑性变形深度轻微。图 6.5-10 显示了天然波 TR1 作用下结构其中一榀构件的屈服过程。

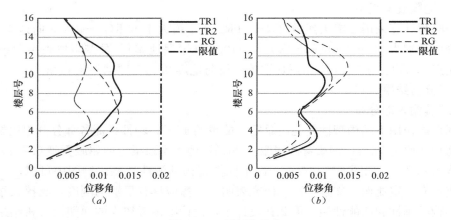

图 6.5-9　层间位移角

(*a*) X 向；(*b*) Y 向

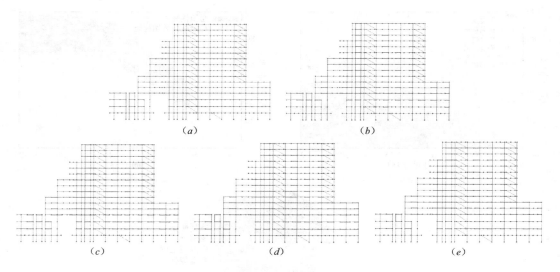

图 6.5-10　构件屈服过程

(*a*) 2.5s 时刻；(*b*) 5.5s 时刻；(*c*) 7.5s 时刻；(*d*) 3.2s 时刻；(*e*) 25s 时刻

整个结构经历地震作用后，构件塑性损伤满足性能目标要求：

（1）消能梁段大量进入剪切屈服状态，剪切屈服耗散了大部分地震输入能，塑性转角满足性能目标 LS 状态要求；

（2）框架梁发生弯曲塑性变形，大部分小于<IO，少量处于 LS 到 CP 之间状态；

（3）钢支撑未发生屈服或屈曲；

（4）框架柱剪压比满足要求，屈服变形状态<IO 状态，塑性发生区主要分布于地上结构首层柱底，实现抗震嵌固端位于地下室顶板处。

结构构件塑性变形状态如图 6.5-11 所示，消能梁段剪切塑性变形统计中采用了与屈服剪应变的比值关系，图 6.5-11 (*a*) 中数值 44 表示消能梁端剪切塑性变形约为 77mm，折算出剪切塑性转角值约为 0.085。图 6.5-11（b）为消能梁段的弯曲塑形转角最大值约为 0.013。两者合计的塑性转角值约为 0.098，小于性能目标中 LS 状态值。

尽管消能梁段设计为剪切屈服型，即长度小于 $1.6M_{lp}/V_l$，但是在往复加载情况下其抗剪强度由于钢材应力强化会达到 $1.5V_l$，消能梁段端部弯矩会达到 $1.2M_{lp}$。此时叠加消能梁段端部由重力作用产生的弯矩，造成消能梁段产生了一定的弯矩屈服。针对这一特点，在《高钢规》第 6.5.4 条文说明中建议了消能梁段长度不宜超高 $1.3M_{lp}/V_l$，此时消能梁段端部弯矩最大为 $0.975M_{lp}$。

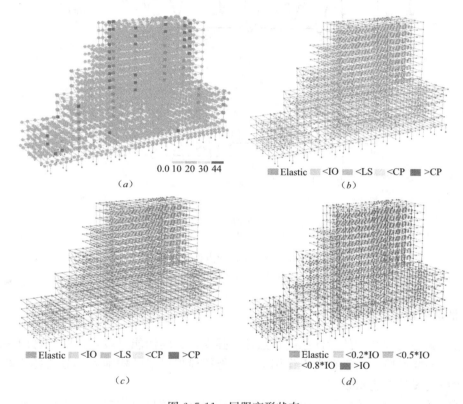

0.0 10 20 30 44

（a）

Elastic <IO <LS <CP >CP

（b）

Elastic <IO <LS <CP >CP

（c）

Elastic <0.2*IO <0.5*IO <0.8*IO >IO

（d）

图 6.5-11　屈服变形状态

（a）消能梁（剪切塑性）；（b）消能梁（弯曲塑性）；（c）框架梁；（d）框架柱

4. 基底剪力对比

不同地震水准下，基底剪力比值如表 6.5-8 所示。由于大震作用下结构消能梁段的屈服，结构刚度下降，地震反力的增加幅度远小于地震输入的增加幅度。

时程分析结果基底剪力　　　　　　　　表 6.5-8

地震水准		TR-1	TR-2	RG
小震	X	23880	22540	27730
	Y	35770	27110	26720
大震	X	67500	65600	82500
	Y	87300	67150	89340
大/小	X	2.83	2.91	2.98
	Y	2.44	2.48	3.34

5. 结构顶点位移

图 6.5-12 为其中 TR-1 天然波作用下结构顶点位移时程，由于结构的塑形损伤产生了不可恢复的塑形位移，X 向为 267mm，Y 向为 77mm。

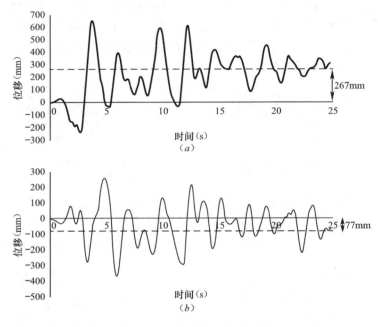

图 6.5-12　结构顶点位移时程
(a) X 向；(b) Y 向

6.5.7　消能梁段设计原则

框架—偏心支撑结构的设计原则是强柱、强支撑、弱消能梁段，在同一跨内一般设置一处或两处消能梁段。由于在大震作用下，消能梁段提供了结构绝大部分的耗能能力，因此消能梁段的设计尤为重要。

按耗能类型区分，消能梁段较短时为剪切屈服型，较长时为弯曲屈服型。剪切屈服型消能梁段具有更好的耗能能力和滞回性能，这是由于相比较于弯曲屈曲，剪切屈服时消能梁段有更多的材料进入塑性状态。然而不足之处在于剪切屈服提供塑性转角的能力要低于弯曲屈服。

文献［76］研究表明，采用延性设计的剪切屈服型消能梁段能够提供约为 0.1 的塑性转角且保持较好的耗能能力。以本工程设计为例，结构的柱跨约为 $L=8400\text{m}$，消能梁段长度约为 $a=900\text{mm}$。当消能梁段可产生 $\gamma=0.1$ 的塑性转角时，能够为结构提供约 0.0107 的塑性层间位移角。

为提高消能梁段的耗能能力和塑性变形能力，应设置腹板加劲肋以避免腹板由于剪力产生局部屈曲，而使腹板剪切屈服耗能机制失效。即腹板加劲肋间距的设计与消能梁段的塑性变形能力相关，而消能梁段的塑性转角设计需求与结构的塑性层间位移角需求相关。

《抗规》第 8.5.4 条规定"对于剪切屈服型消能梁段长度 $1.6M_{lp}/V_l$"，《抗规》第 8.5.3 条规定"剪切屈服型消能梁段的腹板加劲肋间距不应大于 $(30t_w-h/5)$"，而在《高钢规》第 8.7.5 条规定"剪切屈服型消能梁段的腹板加劲肋间距 d 不应大于（$38t_w - h/5$）"。产生差别的主要原因在于，《抗规》第 5.5.5 条规定高层钢结构大震作用下的弹塑性层间位移角限值为 1/50，而《高钢规》第 5.5.3 条规定结构层间位移角限值为 1/70。即两者不同的整体变形需求造成了消能梁段塑性变形需求的不同，从而对腹板加劲肋间距设计提出了不同的要求。

结合相关规范规定，本工程设计时从抗震性能设计的角度出发，在消能梁段长度设计和腹板加劲肋间距设计时采用了以下思路：当整体结构需要有较高的刚度和塑性耗能能力时，如高烈度区工程项目，首先将消能梁段设计为剪切屈服型，通过调整消能梁段长度以满足规范规定的弹性性能指标如层间位移角指标等。然后通过弹塑性计算，监测结构的层间位移角指标和消能梁段塑性转角，并基于消能梁段塑性转角值确定腹板加劲肋设计间距。

参考文献 [76]，消能梁段塑性转角需求和腹板加劲肋间距的关系为 $d = (k \times t_w - h/5)$。当塑性转角值 γ 分别为 0.03、0.06 和 0.09 时，k 值分别为 56、38 和 29。本工程中结构在大震下最大层间位移角为 1/75，消能梁段剪切塑性转角约为 0.085，参考文献 [76] 公式插值计算出 k 值为 28.5，继而求得加劲肋间距应小于 350mm。如按《抗规》计算出的加劲肋间距应小于 340mm，按《高钢规》计算出的加劲肋间距应小于 468mm。最终在施工图设计中取值为 300mm。采用的 D 形偏心支撑节点三维形式如图 6.5-13。

6.5.8 结论

本节以宿迁市宿城区文体中心办公楼结构为例，通过多种结构方案比较，表明在高烈度地震区框架—偏心支撑结构体系与其他结构体系相比具有明显的优点。

框架—偏心支撑结构体系具有适宜的刚度和强度，同时具有多道抗震防线，抗震性能优越。在地震作用下，结构主要抗侧体系存在明显的抗侧演化。基于 PERFORM-3D 的弹塑性分析结果

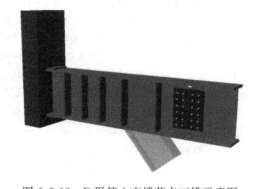

图 6.5-13 D 形偏心支撑节点三维示意图

表明，结构的屈服部位首先由消能梁段转移到框架梁，再到支撑，最后到框架柱底，符合设计预期。

由于框架—偏心支撑体系的特点，在结构设计中应注意以下方面：

（1）双重抗震体系的确定以水平剪力分担率指标加以判定，支撑部分宜大于 25%，且不应大于 75%。

（2）支撑端部的连接形式和构造对结构的延性和耗能有重要的影响，支撑的板件宽厚比限值宜参考相关规范严格控制。

（3）通过提高地下室竖向构件的承载力，从而控制塑性区发生在地下室顶板部位，使符合抗震嵌固端设计理念。

（4）对消能梁段应进行详细设计分析。消能梁段长度设定时应综合考虑结构的刚度需求和整体耗能能力需求。消能梁段的加劲肋间距设计应满足消能梁段在大震下的塑性转角需求。

参考文献

[1] 陆新征，叶列平，缪志伟等. 建筑抗震弹塑性分析——原理、模型与在 ABAQUS，MSC. MARC 和 SAP2000 上的实践 [M]. 北京：中国建筑工业出版社，2009.

[2] Anil K. Chopra. 结构动力学-理论及其在地震工程中的应用 [M]. 北京：高等教育出版社，2005.

[3] 刘文光. 橡胶隔震支座力学性能及隔震结构地震反应分析研究 [D]. 北京工业大学博士学位论文，2003.

[4] 爱德华·L·威尔逊. 结构静力与动力分析——强调地震工程学的物理方法 [M]. 北京：中国建筑工业出版社，2006.

[5] Anil K. Chopra. 结构动力学理论及其在地震工程中的应用 [M]. 北京：高等教育出版社，2007.

[6] 齐麟，黄兆纬. PERFORM-3D 在建筑结构非线性分析与性能评估中的应用 [M]. 北京：中国建筑工业出版社，2015.

[7] 傅金华. 建筑抗震设计实例——建筑结构的设计及弹塑性反应分析 [M]. 北京：中国建筑工业出版社，2008.

[8] 庄苗，由小川，廖剑晖等. 基于 ABAQUS 的有限元分析和应用 [M]. 北京：清华大学出版社，2009.

[9] 王勖成. 有限单元法 [M]. 北京：清华大学出版社，2003.

[10] 陈绍藩，顾强. 钢结构（上册）[M]. 北京：中国建筑工业出版社，2003.

[11] 曹金凤，王旭春，孔亮. Python 语言在 Abaqus 中的应用 [M]. 北京：机械工业出版社，2011.

[12] 建筑抗震设计规范 GB 50011—2010 [S]. 北京：中国建筑工业出版社，2010.

[13] 高层建筑混凝土结构技术规程 JGJ 3—2010 [S]. 北京：中国建筑工业出版社，2010.

[14] 混凝土结构设计规范 GB 50010—2010 [S]. 北京：中国建筑工业出版社，2010.

[15] 钢结构设计规范 GB 50017—2003 [S]. 北京：中国计划出版社，2003.

[16] 过镇海. 钢筋混凝土原理 [M]. 北京：清华大学出版社，1999.

[17] F. SIDOROFF. Description of Anisotropic Damage Application to Elasticity [J]. Berlin, Heidelberg，Physical Non-Linearities in Structural Analysis，1981：237-244.

[18] Lubliner，J.，J. Oliver，S. Oller，E. Oñate. A Plastic-Damage Model for Concrete [J]. International Journal of Solids and Structures，vol. 25，no. 3：229-326，1989.

[19] Lee，J.，G. L. Fenves. Plastic-Damage Model for Cyclic Loading of Concrete Structures [J]. Journal of Engineering Mechanics，vol. 124，no. 8：892-900，1998.

[20] 韩小雷，季静. 基于性能的超限高层建筑结构抗震设计—理论研究与工程应用 [M]. 北京：中国建筑工业出版社，2013.

[21] ATC40：Recommended Methodology for Seismic Evaluation and Retrofit of Existing Concrete Building [S]. Applied Technology Council，Redwood City 1996.

[22] FEMA356：Prestandard and Commentary for The Seismic Rehabilitation of Building [S]. Federal Emergency Management Agency，Wahington DC，USA，2000.

[23] FEMA400：Improvement of Static Nonlinear Analysis Procedures [S]. Federal Emergency Management Agency，Wahington DC，USA，2005.

[24] PERFORM-3D User Guide [M]. USA：Computer & Structure Inc.，2011.

[25] PERFORM-3D Getting Started [M]. USA：Computer & Structure Inc.，2011.

[26] PERFORM-3D Components and Elements [M]. USA：Computer & Structure Inc.，2011.

[27] Abaqus/CAE User's Manual [M]. USA：Dassault Systemes Simulia Corp.，2010.

[28]　Abaqus Analysis User's Manual［M］．USA：Dassault Systemes Simulia Corp.，2010．

[29]　Abaqus Keywords Reference Manual［M］．USA：Dassault Systemes Simulia Corp.，2010．

[30]　Abaqus Theory Manual［M］．USA：Dassault Systemes Simulia Corp.，2010．

[31]　Abaqus Verification Manual［M］．USA：Dassault Systemes Simulia Corp.，2010．

[32]　Abaqus User Subroutines Reference Manual［M］．USA：Dassault Systemes Simulia Corp.，2010．

[33]　Abaqus Scripting User's Manual［M］．USA：Dassault Systemes Simulia Corp.，2010．

[34]　Abaqus Scripting Reference Manual［M］．USA：Dassault Systemes Simulia Corp.，2010．

[35]　Abaqus Installation and Licensing Guide［M］．USA：Dassault Systemes Simulia Corp.，2010．

[36]　韩林海．钢管混凝土结构——理论与实践（第二版）［M］．北京：科学出版社．

[37]　张何．基于结构工程软件的精细化分析策略研究［M］．深圳：哈尔滨工业大学深圳研究生院．

[38]　阁东东，李文峰，张俊兵，苗启松．长周期地震波作用下超高层结构连续倒塌数值模拟［J］．建筑结构，2014，44（18）：54-58．

[39]　J. M. Goggins，B. M. Broderick，A. Y. Elghazouli，A. S. Lucas．Experimental cyclic response of cold-formed hollow steel bracing members［J］，Engineering Structures 27（2005）：977-989．

[40]　刘庆志，赵作周，陆新征，钱稼茹．钢支撑滞回曲线的模拟方法［J］．建筑结构，2011，41（8）：63-67．

[41]　长安万科中心项目罕遇地震弹塑性时程分析报告［R］．广州：广州数力工程顾问有限公司，广州容柏生建筑结构设计事务所，2012．

[42]　信达国际金融中心结构抗震超限专项报告［R］．上海：华东建筑设计研究总院，2013．

[43]　太原国海广场工程超限高层建筑工程抗震设防专项审查报告［R］．太原：太原市建筑设计研究院，苏州工业园区设计研究院股份有限公司，2013．

[44]　罕遇地震作用下太原国海广场工程超限高层建筑动力弹塑性时程分析报告（ABAQUS）［R］．苏州：苏州工业园区设计研究院股份有限公司，2013．

[45]　罕遇地震作用下太原国海广场工程超限高层建筑动力弹塑性时程分析报告（MIDAS Building）［R］．太原：太原市建筑设计研究院，2013．

[46]　康力电梯试验塔项目超限高层抗震专项审查报告［R］．苏州：苏州工业园区设计研究院股份有限公司，2012．

[47]　罕遇地震作用下康力电梯试验塔项目超限高层动力弹塑性时程分析报告（ABAQUS）［R］．苏州：苏州工业园区设计研究院股份有限公司，2012．

[48]　罕遇地震作用下康力电梯试验塔项目超限高层动力弹塑性时程分析报告（PERFORM-3D）［R］．苏州：苏州工业园区设计研究院股份有限公司，2012．

[49]　苏州中心广场南区8号9号楼超限高层抗震专项审查报告［R］．苏州：苏州工业园区设计研究院股份有限公司，2012．

[50]　罕遇地震作用下苏州中心广场南区8号9号楼超限高层动力弹塑性时程分析报告（PERFORM-3D）［R］．苏州：苏州工业园区设计研究院股份有限公司，2012．

[51]　苏州中心广场南区8号9号楼超限高层抗震专项审查报告［R］．苏州：苏州工业园区设计研究院股份有限公司，2013．

[52]　罕遇地震作用下苏州中心广场南区8号9号楼超限高层动力弹塑性时程分析报告（ABAQUS）［R］．苏州：苏州工业园区设计研究院股份有限公司，2013．

[53]　苏州现代传媒广场项目超限高层抗震专项审查报告［R］．苏州：苏州工业园区设计研究院股份有限公司，2010．

[54]　罕遇地震作用下苏州现代传媒广场项目超限高层动力弹塑性时程分析报告（MIDAS Gen）［R］．

苏州：苏州工业园区设计研究院股份有限公司，2010.

[55] 罕遇地震作用下苏州现代传媒广场项目超限高层动力弹塑性时程分析报告（PERFORM-3D）[R].
苏州：苏州工业园区设计研究院股份有限公司，2010.

[56] 高层建筑钢结构设计规程 DG/TJ08-32 [S]. 上海：上海市建设和交通委员会，2008.

[57] 余安东. 工程结构透视——结构的发展和原理纵横谈 [M]. 上海：同济大学出版社，2014.

[58] Graham H. Powell. Modeling for Structure Analysis—Behavior and Basic [M]. Computer & Structure Inc. ，USA，2010.

[59] 胡庆昌，孙金墀，郑琪. 建筑结构抗震减震与连续倒塌控制 [M]. 北京：中国建筑工业出版社，2007.

[60] 扶长生. 抗震工程学—理论与实践 [M]. 北京：中国建筑工业出版社，2013.

[61] 梁兴文. 结构抗震性能设计理论与方法 [M]. 北京：科学出版社，2011.

[62] 钱稼茹，赵作周，叶列平. 高层建筑结构设计（第二版）[M]. 北京：中国建筑工业出版社，2013.

[63] 杨红，白绍良. 基于变轴力和定轴力试验对比的钢筋混凝土柱恢复力滞回特性研究 [J]. 工程力学，2003，20（6）：58～64.

[64] 钱稼茹，冯宝锐. 基于 RC 柱转角的框架结构抗震性能水准判别 [J]. 建筑结构，2015，45（6）：61～67.

[65] 钱稼茹，冯宝锐. 钢筋混凝土柱弯矩—转角骨架线特征点及性能点转角研究 [J]. 建筑结构学报，2014，35（11）：10～19.

[66] 北京迈达斯技术有限公司. MIDAS Building 从入门到精通——结构大师篇 [M]. 北京：中国建筑工业出版社，2012.

[67] http://forum. simwe. com

[68] CECS 159：2004 矩形钢管混凝土结构技术规程 [S]. 北京：中国计划出版社，2004.

[69] 于安麟. EK 形、Y 形支撑的抗震性能试验研究 [J]. 西安建筑科技大学学报，1990，22（3）：253-260.

[70] JGJ 99-98 高层民用建筑钢结构技术规程 [S]. 北京：中国建筑工业出版社，1998.

[71] FEMA 356 The Seismic Rehabilitation of Existing Building [S]. USA：American Society of Civil Engineers，2007.

[72] 建筑工程抗震性态设计通则 [S]. 北京：中国计划出版社，2004.

[73] 童根树. 钢结构设计方法 [M]. 北京：中国建筑工业出版社，2007.

[74] S. C. Goel，Seismic testing of full-scale steel building [J]. Journal of Structural Engineering，Vol. 102，2056-2069，1987.

[75] Kasai and Popov，General behavior of WF steel shear link beams [J]. Journal of Structural Engineering，1986，ASCE 112（2）362-382.

[76] 钱稼茹，陈茂盛，张天中等. 偏心支撑钢框架拟动力地震反应试验研究 [J]. 工程抗震，1992，(1) 15-18.

[77] Kasai and Popov，Cyclic web buckling control for shear link beams [J]. Journal of Structural Engineering，1986，ASCE 112（2）505-523.

[78] 张谨，谈丽华，路江龙等. 苏州现代传媒广场办公楼弹塑性时程分析 [J]. 建筑结构，2012，42（S2）72-77.

[79] 谈丽华，路江龙，杨律磊等. 某双塔连体超高层公寓楼弹塑性时程分析 [J]. 建筑结构，2012，42（S2）90-95.

[80] 王干，杨律磊，赵建忠等. 苏州赛得大厦高位连体结构设计 [J]. 建筑结构，2013，43（14）1-6.

［81］ 张谨，谭丽华，路江龙等. 苏州现代传媒广场办公楼超限结构设计分析 ［J］. 建筑结构，2013，43（14）7-13.

［82］ 谈丽华，张谨，郭一峰等. 苏州中心广场连体超高层公寓结构分析与设计 ［J］. 建筑结构，2013，43（14）19-24.

［83］ 路江龙，杨律磊，朱寻焱等. 康力电梯测试塔动力弹塑性时程分析 ［J］. 建筑结构，2013，43（14）34-39.

［84］ 路江龙，杨律磊，龚敏锋等. 太原国海广场主楼罕遇地震弹塑性时程分析 ［J］. 建筑结构，2014，44（21）42-46.

［85］ 杨律磊，龚敏锋，朱寻焱等. 苏州中心 8＃&9＃楼动力弹塑性时程分析 ［J］. 建筑结构，2014，44（S2）333-339.

［86］ 王文达. 钢管混凝土柱—钢梁平面框架的力学性能研究 ［D］. 福州大学，2006.

［87］ ASCE/SEI 41-13，Seismic Evaluation and Retrofit of Existing Buildings ［S］. American Society of Civil Engineers，USA，2013.